高等学校大学计算机课程系列教材

面向对象程序设计

Java语言描述·微课版·基于IntelliJ IDEA

伞晓丽 沈泽刚 主编
孙蕾 董研 刘雪娜 副主编

清华大学出版社
北京

内 容 简 介

面向对象程序设计是当今主流的程序设计技术,掌握面向对象编程语言和编程方法是一名程序员必备的技能。本书以 Java 作为描述语言,介绍面向对象编程的基础知识。全书共分为 12 章,包括 Java 入门,数据类型与运算符,结构化编程,类、对象和方法,数组,面向对象特征,Java 的核心类库,接口与内部类,异常处理,泛型与集合,输入输出,图形界面编程等。

本书重点强调三方面主题:面向对象编程方法、Java 语言的基础知识和 Java 核心类库。本书采用 JDK 21 版讲解,融入 Java 部分新特征,使用流行的 IntelliJ IDEA 开发工具。本书每章配有习题与上机实验,提供教学大纲、教学课件、电子教案、程序源码、在线题库、习题答案及教学视频等配套资源。

本书可作为高等院校计算机相关专业"面向对象程序设计"或"Java 语言程序设计"课程教材。

版权所有,侵权必究。举报:010-62782989,beiqinquan@tup.tsinghua.edu.cn。

图书在版编目(CIP)数据

面向对象程序设计:Java 语言描述:微课版:基于 IntelliJ IDEA/伞晓丽,沈泽刚主编. -- 北京:清华大学出版社,2025.5. --(高等学校大学计算机课程系列教材). -- ISBN 978-7-302-68746-7

Ⅰ. TP312.8

中国国家版本馆 CIP 数据核字第 2025GN9435 号

策划编辑:魏江江
责任编辑:王冰飞　薛　阳
封面设计:刘　键
责任校对:王勤勤
责任印制:刘海龙

出版发行:清华大学出版社
　　　　　网　　址:https://www.tup.com.cn,https://www.wqxuetang.com
　　　　　地　　址:北京清华大学学研大厦 A 座　　邮　　编:100084
　　　　　社 总 机:010-83470000　　　　　　　　　邮　　购:010-62786544
　　　　　投稿与读者服务:010-62776969,c-service@tup.tsinghua.edu.cn
　　　　　质量反馈:010-62772015,zhiliang@tup.tsinghua.edu.cn
　　　　　课件下载:https://www.tup.com.cn,010-83470236
印 装 者:三河市龙大印装有限公司
经　　销:全国新华书店
开　　本:185mm×260mm　　印　张:21.5　　字　数:526 千字
版　　次:2025 年 5 月第 1 版　　　　　　　　　印　次:2025 年 5 月第 1 次印刷
印　　数:1~1500
定　　价:69.80 元

产品编号:105713-01

前言

党的二十大报告指出：教育、科技、人才是全面建设社会主义现代化国家的基础性、战略性支撑。必须坚持科技是第一生产力、人才是第一资源、创新是第一动力，深入实施科教兴国战略、人才强国战略、创新驱动发展战略，这三大战略共同服务于创新型国家的建设。高等教育与经济社会发展紧密相连，对促进就业创业、助力经济社会发展、增进人民福祉具有重要意义。

面向对象程序设计是当今程序设计的主流技术，掌握面向对象编程语言和编程方法是一名程序员必备的技能。Java 语言作为经典的面向对象语言，受到了程序设计人员的广泛欢迎。Java 语言也是学习面向对象编程思想的理想工具，尤其适合无编程基础的人作为第一语言学习。

本书以 Java 作为描述语言，在简要介绍程序设计的基础知识后，着重讲解了 Java 面向对象的编程思想，通过精选示例与案例的学习与实践，读者可以快速掌握面向对象编程思想和 Java 编程的核心技术。

本书内容

全书共分为 12 章，每章的具体内容如下。

第 1 章介绍编程语言的基本概念以及 Java 开发环境的构建和简单程序的开发，其中包括 IntelliJ IDEA 开发环境的使用。

第 2 章介绍 Java 语言的数据类型、变量、表达式以及常用运算符的使用。

第 3 章介绍 Java 的程序流程控制语句，包括选择结构和循环结构，这是结构化编程的基础。

第 4 章重点介绍类的定义、方法的设计以及对象的创建，变量作用域以及对象初始化和清除。

第 5 章介绍数组及其应用。

第 6 章介绍面向对象基本特征，包括包与类库、封装性与访问修饰符、类的继承、对象转换与多态。本章重点介绍封装、继承和多态，这是面向对象的三大特征。

第 7 章介绍 Java 的核心类库，包括 Object 类、字符串类、基本类型包装类、Math 类以及日期-时间 API 等。

第 8 章介绍接口、记录类型、枚举类型、内部类和注解类型。

第 9 章介绍异常处理，包括异常的概念、异常捕获与处理以及自定义异常。

第 10 章介绍泛型与集合，包括泛型编程的基本概念和各种类型集合的使用。

第 11 章介绍 Java 输入/输出的基础知识，包括二进制 I/O 和文本 I/O 以及对象序列化。

第12章介绍Java的图形界面编程,简单介绍Swing图形界面程序的开发,包括组件和容器、容器布局、事件处理以及常用组件。

读者对象

本书以程序设计初学者为读者对象,介绍面向对象编程方法和Java语言的入门知识。读者可将Java作为第一语言学习,不需要任何其他编程语言基础。

本书专门为计算机相关专业的学生打造,可作为高等院校计算机相关专业"面向对象程序设计"课程教材以及程序设计基础教材。

本书特点

(1) 采用案例式教学方法,强调基础入门,重点介绍面向对象编程思想和Java语言基础,帮助读者快速进入编程状态,从案例学习中逐步掌握面向对象编程思想。

(2) 强调学生实践能力、思考能力和创新能力的培养,内容和实例新颖,具有可操作性和实用性。

(3) 提供丰富的教学配套资源,包括教学大纲、教学课件、电子教案、程序源码、在线题库、习题答案及1200分钟的教学视频等。

资源下载提示

课件等资源:扫描封底的"图书资源"二维码,在公众号"书圈"下载。

素材(源码)等资源:扫描目录上方的二维码下载。

在线自测题:扫描封底的作业系统二维码,再扫描自测题二维码,可以在线做题及查看答案。

微课视频:扫描封底的文泉云盘防盗码,再扫描书中相应章节的视频讲解二维码,可以在线学习。

致谢

本书由伞晓丽和沈泽刚任主编,孙蕾、董研、刘雪娜任副主编。感谢清华大学出版社魏江江分社长的大力支持以及王冰飞等编辑的辛勤工作,在此谨向以上各位表示衷心感谢。本书写作参考了大量文献,向这些作者表示衷心感谢。

由于编者水平有限,书中难免存在不妥和错误之处,恳请广大读者和同行指正。

编 者

2025年3月

目 录

扫一扫
源码下载

第1章　Java 入门 …………………………………………… 1
  1.1　编程语言概述 …………………………………… 2
    1.1.1　编程语言 ………………………………… 2
    1.1.2　编程语言范式 …………………………… 3
  1.2　建立开发环境 …………………………………… 5
    1.2.1　JDK 的下载与安装 ……………………… 5
    1.2.2　JDK 目录 ………………………………… 6
    1.2.3　关于环境变量 …………………………… 7
    1.2.4　Java API 文档 …………………………… 7
  1.3　第一个 Java 程序 ……………………………… 8
    1.3.1　编写 Java 程序 ………………………… 8
    1.3.2　编译 Java 程序 ………………………… 9
    1.3.3　执行 Java 程序 ………………………… 9
    1.3.4　第一个程序分析 ………………………… 10
  1.4　IntelliJ IDEA 开发工具 ………………………… 11
    1.4.1　IntelliJ IDEA 的下载和安装 …………… 11
    1.4.2　创建 Java 项目 ………………………… 12
    1.4.3　Java 程序的编辑、编译和运行 ………… 13
    1.4.4　IntelliJ IDEA 代码完成功能 …………… 13
    1.4.5　代码错误及修改 ………………………… 15
  1.5　本章小结 ………………………………………… 16
  1.6　习题与实践 ……………………………………… 16
  1.7　上机实验 ………………………………………… 16

第2章　数据类型与运算符 ………………………………… 17
  2.1　Java 的数据类型 ………………………………… 18
    2.1.1　基本数据类型 …………………………… 19
    2.1.2　引用数据类型 …………………………… 19

2.2 变量与赋值 · 20
　2.2.1 Java 关键字 · 20
　2.2.2 Java 标识符 · 21
　2.2.3 变量与赋值 · 21
　2.2.4 语句 · 22
2.3 文档风格和注释 · 23
　2.3.1 块的风格 · 23
　2.3.2 代码的缩进和空白 · 23
　2.3.3 程序注释 · 24
2.4 字面值 · 24
　2.4.1 整数型字面值 · 24
　2.4.2 浮点型字面值 · 25
　2.4.3 字符型字面值 · 27
　2.4.4 布尔型字面值 · 28
2.5 字符串类型 · 29
2.6 软件开发过程 · 29
2.7 数据类型转换 · 32
　2.7.1 自动类型转换 · 32
　2.7.2 强制类型转换 · 33
　2.7.3 表达式类型自动提升 · 33
2.8 运算符 · 34
　2.8.1 算术运算符 · 34
　2.8.2 比较运算符 · 36
　2.8.3 逻辑运算符 · 37
　2.8.4 赋值运算符 · 38
　2.8.5 位运算符 · 40
　2.8.6 运算符的优先级 · 42
2.9 案例学习——显示当前时间 · 43
2.10 本章小结 · 45
2.11 习题与实践 · 45
2.12 上机实验 · 45

第 3 章　结构化编程 · **46**

3.1 编程方法 · 47
3.2 选择结构 · 49
　3.2.1 简单 if 语句 · 49
　3.2.2 双分支 if…else 语句 · 50
　3.2.3 多分支 if…else 语句 · 51
　3.2.4 条件运算符 · 52

3.3　案例学习——两位数加减运算 ··· 53
3.4　switch 语句与 switch 表达式 ··· 55
　　3.4.1　switch 语句 ··· 55
　　3.4.2　switch 表达式 ··· 57
3.5　循环结构 ··· 58
　　3.5.1　while 循环 ·· 59
　　3.5.2　do…while 循环 ··· 60
　　3.5.3　for 循环 ·· 61
　　3.5.4　循环的嵌套 ·· 62
　　3.5.5　break 语句和 continue 语句 ··· 63
3.6　案例学习——求最大公约数 ·· 65
3.7　案例学习——打印输出若干素数 ·· 67
3.8　本章小结 ··· 69
3.9　习题与实践 ··· 69
3.10　上机实验 ·· 69

第4章　类、对象和方法　70

4.1　面向对象概述 ··· 71
　　4.1.1　OOP 的产生 ·· 72
　　4.1.2　基本概念 ·· 72
　　4.1.3　OOP 的优势 ·· 73
4.2　类的定义与对象的创建 ·· 74
　　4.2.1　类的定义 ·· 74
　　4.2.2　创建和使用对象 ·· 76
　　4.2.3　用 UML 图表示类 ··· 77
　　4.2.4　对象的引用赋值 ·· 78
　　4.2.5　理解栈与堆 ·· 78
4.3　构造方法 ··· 79
　　4.3.1　无参数构造方法 ·· 79
　　4.3.2　带参数构造方法 ·· 80
　　4.3.3　构造方法的重载 ·· 80
　　4.3.4　this 关键字 ·· 81
4.4　案例学习——使用 Date 日期类 ··· 82
4.5　方法的设计 ··· 83
　　4.5.1　如何设计方法 ·· 84
　　4.5.2　方法的调用 ·· 85
　　4.5.3　方法重载 ·· 86
　　4.5.4　方法参数的传递 ·· 87
4.6　案例学习——分数类 Fraction 的设计 ·· 88

4.7 静态变量和静态方法 ········· 91
    4.7.1 静态变量 ········· 92
    4.7.2 静态方法 ········· 93
4.8 递归 ········· 94
4.9 案例学习——打印斐波那契数列 ········· 95
4.10 对象初始化 ········· 97
    4.10.1 实例变量的初始化 ········· 97
    4.10.2 静态变量的初始化 ········· 99
4.11 变量的作用域 ········· 100
4.12 局部变量类型推断 ········· 101
4.13 垃圾回收 ········· 102
4.14 本章小结 ········· 103
4.15 习题与实践 ········· 104
4.16 上机实验 ········· 104

第5章 数组 ········· 105

5.1 创建和使用数组 ········· 106
    5.1.1 数组的定义 ········· 107
    5.1.2 访问数组元素 ········· 108
    5.1.3 数组初始化器 ········· 109
    5.1.4 增强的for循环 ········· 110
5.2 数组的应用 ········· 111
    5.2.1 数组元素的复制 ········· 111
    5.2.2 数组参数与返回值 ········· 112
    5.2.3 可变参数方法 ········· 113
5.3 案例学习——数组冒泡排序 ········· 114
5.4 java.util.Arrays类 ········· 116
5.5 案例学习——桥牌随机发牌 ········· 117
5.6 二维数组 ········· 120
    5.6.1 二维数组的定义 ········· 120
    5.6.2 数组元素的使用 ········· 121
    5.6.3 数组初始化器 ········· 122
    5.6.4 不规则二维数组 ········· 122
5.7 案例学习——打印10行杨辉三角形 ········· 123
5.8 案例学习——打印输出魔方数 ········· 124
5.9 本章小结 ········· 126
5.10 习题与实践 ········· 127
5.11 上机实验 ········· 127

第 6 章 面向对象特征 ··· 128

- 6.1 面向对象特征概述 ···································· 129
- 6.2 包与类库 ·· 131
  - 6.2.1 包与 package 语句 ···················· 131
  - 6.2.2 类的导入 ·· 132
  - 6.2.3 Java 类库 ······································· 134
- 6.3 案例学习——开发自定义类库 ············ 134
- 6.4 封装性与访问修饰符 ····························· 137
  - 6.4.1 类的访问权限 ································ 137
  - 6.4.2 类成员的访问权限 ······················· 138
- 6.5 类的继承 ·· 139
  - 6.5.1 类继承的实现 ································ 140
  - 6.5.2 方法覆盖 ·· 142
  - 6.5.3 super 关键字 ································· 143
  - 6.5.4 调用父类的构造方法 ··················· 144
- 6.6 final 修饰符 ··· 145
  - 6.6.1 final 修饰类 ··································· 145
  - 6.6.2 final 修饰方法 ······························· 146
  - 6.6.3 final 修饰变量 ······························· 146
- 6.7 类的关系 ·· 146
  - 6.7.1 关联关系 ·· 147
  - 6.7.2 聚合关系 ·· 147
  - 6.7.3 组合关系 ·· 147
  - 6.7.4 依赖关系 ·· 148
  - 6.7.5 多重性与关联导航 ······················· 149
- 6.8 抽象类 ··· 150
- 6.9 对象转换 ·· 152
  - 6.9.1 对象转换简介 ································ 152
  - 6.9.2 instanceof 运算符 ························ 153
- 6.10 理解多态 ··· 154
- 6.11 本章小结 ··· 156
- 6.12 习题与实践 ·· 156
- 6.13 上机实验 ··· 156

第 7 章 Java 的核心类库 ··· 157

- 7.1 Object 类 ·· 158
  - 7.1.1 toString()方法 ································ 159
  - 7.1.2 equals()方法 ·································· 159
  - 7.1.3 hashCode()方法 ··························· 160

7.2 String 类 …… 162
    7.2.1 创建 String 类对象 …… 162
    7.2.2 字符串的基本操作 …… 162
    7.2.3 字符串的查找 …… 164
    7.2.4 字符串的比较 …… 165
    7.2.5 字符串转换为数组 …… 167
    7.2.6 字符串的拆分与组合 …… 167
    7.2.7 String 对象的不变性 …… 169
    7.2.8 命令行参数 …… 169
    7.2.9 格式化输出 …… 170
7.3 StringBuilder 类 …… 171
    7.3.1 创建 StringBuilder 对象 …… 171
    7.3.2 StringBuilder 的常用方法 …… 172
    7.3.3 运算符"＋"的重载 …… 173
7.4 案例学习——字符串加密解密 …… 173
7.5 基本类型包装类 …… 176
    7.5.1 Character 类 …… 176
    7.5.2 Boolean 类 …… 177
    7.5.3 创建数值类对象 …… 177
    7.5.4 自动装箱与自动拆箱 …… 179
    7.5.5 字符串与基本类型转换 …… 180
7.6 案例学习——一个整数栈的实现 …… 181
7.7 Math 类 …… 184
7.8 BigInteger 类和 BigDecimal 类 …… 185
7.9 日期-时间 API …… 187
    7.9.1 LocalDate 类 …… 187
    7.9.2 LocalTime 类 …… 189
    7.9.3 LocalDateTime 类 …… 190
    7.9.4 Instant 类、Duration 类和 Period 类 …… 191
    7.9.5 日期时间解析和格式化 …… 193
7.10 案例学习——打印输出月历 …… 195
7.11 本章小结 …… 197
7.12 习题与实践 …… 197
7.13 上机实验 …… 197

第 8 章 接口与内部类 …… **198**

8.1 接口 …… 199
    8.1.1 接口的定义 …… 200
    8.1.2 接口的实现 …… 201

        8.1.3 接口的继承 ………………………………………………… 201
        8.1.4 接口类型的使用 …………………………………………… 203
        8.1.5 常量 ………………………………………………………… 204
    8.2 接口方法 …………………………………………………………… 204
        8.2.1 默认方法 ……………………………………………………… 204
        8.2.2 私有方法 ……………………………………………………… 204
        8.2.3 静态方法 ……………………………………………………… 205
        8.2.4 关于接口与抽象类 …………………………………………… 205
    8.3 接口示例 …………………………………………………………… 205
        8.3.1 Comparable＜T＞接口 ……………………………………… 206
        8.3.2 Comparator＜T＞接口 ……………………………………… 207
    8.4 案例学习——比较员工对象大小 ………………………………… 209
    8.5 记录类型 …………………………………………………………… 212
    8.6 枚举类型 …………………………………………………………… 214
        8.6.1 枚举的定义和使用 …………………………………………… 214
        8.6.2 在 switch 中使用枚举 ………………………………………… 215
        8.6.3 枚举的构造方法 ……………………………………………… 216
    8.7 内部类 ……………………………………………………………… 217
        8.7.1 成员内部类 …………………………………………………… 217
        8.7.2 静态内部类 …………………………………………………… 219
        8.7.3 匿名内部类 …………………………………………………… 220
        8.7.4 局部内部类 …………………………………………………… 222
    8.8 注解类型 …………………………………………………………… 223
        8.8.1 注解概述 ……………………………………………………… 223
        8.8.2 标准注解 ……………………………………………………… 224
        8.8.3 定义注解类型 ………………………………………………… 226
    8.9 本章小结 …………………………………………………………… 228
    8.10 习题与实践 ………………………………………………………… 228
    8.11 上机实验 …………………………………………………………… 228

第9章 异常处理 …………………………………………………………… **229**

    9.1 异常与异常类 ……………………………………………………… 230
        9.1.1 异常的概念 …………………………………………………… 230
        9.1.2 异常类型 ……………………………………………………… 232
    9.2 用 try…catch 捕获异常 …………………………………………… 233
    9.3 捕获多个异常 ……………………………………………………… 236
    9.4 throws 和 throw 关键字 …………………………………………… 237
    9.5 try…with…resources 语句 ………………………………………… 239
    9.6 自定义异常类 ……………………………………………………… 241

9.7 案例学习——数组不匹配异常 ………… 242
9.8 本章小结 ………… 244
9.9 习题与实践 ………… 244
9.10 上机实验 ………… 244

第 10 章 泛型与集合 245

10.1 泛型 ………… 246
    10.1.1 泛型类 ………… 247
    10.1.2 泛型接口 ………… 248
    10.1.3 泛型方法 ………… 249
    10.1.4 通配符"?"的使用 ………… 250
    10.1.5 方法中的有界参数 ………… 251
10.2 集合框架 ………… 253
10.3 List 接口及实现类 ………… 253
    10.3.1 List 的操作 ………… 253
    10.3.2 ArrayList 类 ………… 254
    10.3.3 遍历集合元素 ………… 255
    10.3.4 数组转换为 List 对象 ………… 257
10.4 Set 接口及实现类 ………… 257
    10.4.1 HashSet 类 ………… 258
    10.4.2 TreeSet 类 ………… 258
    10.4.3 对象顺序 ………… 259
10.5 Queue 接口及实现类 ………… 260
    10.5.1 Queue 接口和 Deque 接口 ………… 260
    10.5.2 ArrayDeque 类和 LinkedList 类 ………… 261
    10.5.3 集合转换 ………… 263
10.6 案例学习——用集合存储、遍历学生信息 ………… 263
10.7 Map 接口及实现类 ………… 267
    10.7.1 Map 接口 ………… 267
    10.7.2 HashMap 类 ………… 267
    10.7.3 TreeMap 类 ………… 268
10.8 Collections 类 ………… 269
10.9 本章小结 ………… 271
10.10 习题与实践 ………… 272
10.11 上机实验 ………… 272

第 11 章 输入输出 273

11.1 I/O 概述 ………… 274
    11.1.1 File 类 ………… 275
    11.1.2 文本 I/O 与二进制 I/O ………… 276

11.2 二进制 I/O 流 277
11.2.1 OutputStream 类和 InputStream 类 277
11.2.2 FileOutputStream 类和 FileInputStream 类 277
11.2.3 缓冲 I/O 流 279
11.2.4 DataOutputStream 类和 DataInputStream 类 280
11.2.5 PrintStream 类 282
11.2.6 标准输入输出流 282
11.3 案例学习——文件加密解密 283
11.4 文本 I/O 流 286
11.4.1 Writer 类和 Reader 类 286
11.4.2 FileWriter 类和 FileReader 类 287
11.4.3 BufferedWriter 类和 BufferedReader 类 288
11.4.4 PrintWriter 类 289
11.4.5 使用 Scanner 对象 290
11.5 案例学习——统计文件字符数、单词数和行数 292
11.6 对象序列化 294
11.6.1 对象序列化与对象流 294
11.6.2 向 ObjectOutputStream 中写对象 294
11.6.3 从 ObjectInputStream 中读对象 295
11.6.4 序列化数组 297
11.7 本章小结 298
11.8 习题与实践 298
11.9 上机实验 298

第 12 章 图形界面编程 **299**
12.1 组件和容器 300
12.1.1 Swing 概述 300
12.1.2 组件 301
12.1.3 容器 301
12.1.4 简单的 Swing 程序 301
12.2 容器布局 303
12.2.1 FlowLayout 布局 303
12.2.2 BorderLayout 布局 304
12.2.3 GridLayout 布局 305
12.2.4 JPanel 类及容器的嵌套 306
12.3 事件处理 307
12.3.1 事件处理模型 308
12.3.2 事件类 308
12.3.3 事件监听器 309

12.3.4　事件处理的基本步骤 ……………………………………………… 310
12.4　常用组件 …………………………………………………………………… 313
　　　12.4.1　JTextArea 类 ………………………………………………………… 313
　　　12.4.2　JCheckBox 类 ………………………………………………………… 313
　　　12.4.3　JRadioButton 类 ……………………………………………………… 314
　　　12.4.4　JComboBox 类 ………………………………………………………… 316
　　　12.4.5　JOptionPane 类 ……………………………………………………… 317
　　　12.4.6　JFileChooser 类 ……………………………………………………… 319
　　　12.4.7　菜单组件 ……………………………………………………………… 320
12.5　案例学习——八皇后问题解 ……………………………………………… 323
12.6　案例学习——简单的日历程序 …………………………………………… 326
12.7　本章小结 …………………………………………………………………… 329
12.8　习题与实践 ………………………………………………………………… 329
12.9　上机实验 …………………………………………………………………… 329
参考文献 ……………………………………………………………………………… 330

第 1 章 Java入门

CHAPTER 1

本章知识点思维导图

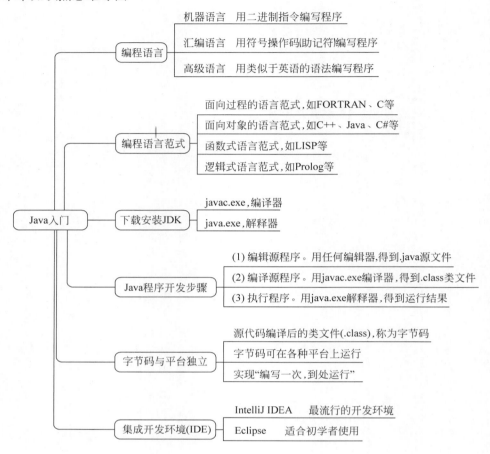

1.1 编程语言概述

电子计算机是人类 20 世纪最伟大的发明之一,它在各行各业具有广泛的应用。用计算机解决现实问题需要编写程序。**程序**(program)是人们向计算机发出的完成各种操作的指令,写程序的人是**程序员**(programmer),程序员已成为一种职业。编写程序需要使用编程语言。如果说人类的语言是人与人之间交流的工具,那么**编程语言**(programming language)就是人与计算机之间的交流工具。

1.1.1 编程语言

编程语言大致分为三个层次:机器语言、汇编语言和高级语言。**机器语言**(machine language)是 CPU 唯一能理解的编程语言。机器语言指令是用二进制编写的。这种方式书写和记忆程序都很困难,因此称为低级语言。

汇编语言(assembly language)是比机器语言高一级的语言,它允许程序员使用符号操作码来编写程序,而不是将程序写成二进制序列。用汇编语言编写的程序不能被 CPU 识别,需要使用**汇编程序**(assembler)将汇编语言编写的程序翻译成机器语言的等价形式。与用机器语言编写程序相比,用汇编语言编写程序要快得多,但对于编写复杂的程序来说还不够快。

高级语言(high-level language)的开发是为了使程序员能够比使用汇编语言更快地编写程序。高级语言类似于英语,易于学习和使用。有许多高级语言,每种都为特定的目的而设计。表 1-1 列出了几种目前比较流行的高级编程语言。

表 1-1 流行的高级编程语言

语言	描述
Python	是一种简单的通用目的的脚本语言,适合编写小程序。在人工智能和大数据方面应用广泛
C	C 语言具有汇编语言的强大功能以及高级语言的易学性和可移植性
C++	基于 C 语言开发,是一种面向对象程序设计语言
Java	由 Sun 公司(现在属于 Oracle)开发,是面向对象程序设计语言,广泛用于开发平台独立的互联网应用程序
C#	读作"C Sharp",是由 Microsoft 公司开发的面向对象程序设计语言

C 语言是 20 世纪 70 年代初由美国的 AT&T 贝尔实验室开发的编程语言。C 语言可以说是最伟大的编程语言,直到今日,仍然具有巨大的生命力。尤其是当 C 应用于对性能至关重要的小型设备时,它的表现十分出色。

现代的编程语言大多支持面向对象。C++是在 20 世纪 80 年代早期作为 C 语言的继承者开发的,目的是增加对面向对象编程的支持。Java 也是目前流行的、应用广泛的面向对象编程语言,适合开发企业应用程序。在大数据处理和机器学习领域也处于前沿地位,受到了工业界和学术界的广泛关注。

1.1.2 编程语言范式

计算机编程语言可以根据其解决问题的方法进行分类。**范式**是描述程序如何处理数据的模型或者框架。有多种范式分类方法,常见的有下面 4 种:面向过程的编程语言、面向对象的编程语言、函数式编程语言和逻辑式编程语言,如图 1-1 所示,图中还显示了各种语言所属的范式。

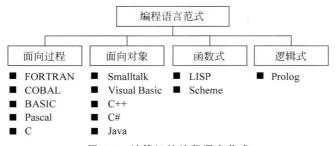

图 1-1 计算机的编程语言范式

下面简单介绍面向过程的编程语言范式和面向对象的编程语言范式。

1. 面向过程的编程语言范式

在**面向过程**(procedural)的编程语言范式中,程序是一组命令。每条命令的执行都会更改与该问题相关的内存状态。例如,假设我们想要求解任意两个值的和。程序将在内存中分配3个位置,分别称为a、b和sum。这3个内存位置的组合构成一个状态,程序代码执行将改变这个状态。完成这个问题的代码如下:

```
input a
input b
sum = a + b
output sum
```

为了将第一个数值a的值存入内存,需要使用一条输入命令(input a),执行此命令,用户从键盘输入一个数值,该数值就存储在第一个内存位置,内存状态改变。执行第二条命令后,内存状态再次改变。此时,a、b两个值都已存储在内存中。执行第三条命令时,就将a和b的值相加并将结果存储在sum中,内存状态继续改变。最后一条命令(output sum)输出程序运行结果。

面向过程的编程语言范式还允许封装指令和数据项。如果为不同的程序编写代码,可以将代码封装成函数(或过程),一个函数只需编写一次,然后就可以在不同的程序中复用。语言库也可以有标准函数。

对于数据集,如果是一个大的数据集(例如,成千上万个记录),可以将数据集存储在一个包中(如,数组或记录),然后将这些数据一次性输入、处理、输出。

下面代码显示了面向过程的编程语言范式如何使用3行代码对任意大小的数值列表进行排序。

```
input(list);
sort(list);
output(list);
```

采用面向过程编程语言范式的编程方法也称为**结构化编程**(structured programming)方法。该方法中,只允许使用三种基本的程序结构,它们是顺序结构、分支结构(包括多分支结构)和循环结构,这三种基本结构的共同特点是只允许有一个入口和一个出口,仅由这三种基本结构组成的程序称为**结构化程序**。

2. 面向对象的编程语言范式

面向过程的编程语言范式的一个缺点是,**数据集和函数集之间没有明确的关系**。当解决一个问题时,需要选择数据包,然后寻找合适的函数集来处理数据。

而采用面向对象的编程语言范式,就可以将数据集和函数集封装在一起,这个封装的整体被称为一个**对象**(object)。

面向对象编程(Object Oriented Programming,OOP)就是以对象为核心,该方法认为程序由一系列对象组成。**类**(class)是对现实世界的抽象,包括表示静态属性的数据和动态特性的操作集,对象是类的实例化。OOP的优势包括代码可复用、代码易维护和可扩展性。

面向对象编程方法起源于信息隐藏和抽象数据类型概念。它的基本思想是把构成问题的各个事物抽象成对象,每个对象是将一组数据和使用它的一组基本操作封装在一起而构成的实体。对象之间的联系主要是通过消息的传递实现。对象作为程序的基本单位,将程序和数据封装其中,以提高代码的复用性、灵活性和可扩展性。

和传统的过程化方法相比较,面向对象编程的最显著的特点是它更接近于人们通常的思维规律,因而设计出的软件系统能够更直接地、自然地反映客观现实中的问题。事实上,现实世界总是由许多不同的对象组成,每个对象都有自己的运动规律和内部状态,不同对象之间的相互作用和相互通信构成了完整的客观世界。而面向对象的程序设计正是按照这样一种思维模式来描述现实世界中问题的求解过程的。

3. Java 语言支持的范式

Java 是一种面向对象的编程语言,但它也支持面向过程的一些方法,比如语句指令、选择结构和循环结构等。但它的核心是支持面向对象的方法,比如,类和接口的定义与使用,程序员使用 Java 编写程序,应该使用面向对象的思维设计程序和编写代码。从 Java 8 开始,Java 语言还支持函数式编程范式,这是通过 Lambda 表达式和流(Stream)API 实现的。本书第 3 章将讨论结构化编程方法,从第 4 章开始将重点介绍面向对象编程方法。

1.2 建立开发环境

俗话说"工欲善其事,必先利其器"。要开发 Java 程序必须首先下载和安装 JDK(Java Development Kit),有它才可以编译和运行 Java 程序。

1.2.1 JDK 的下载与安装

下面来看如何下载和安装 JDK 以及如何用它编译和运行程序。从 Oracle 官方网站下载 JDK,地址如下。

http://www.oracle.com/technetwork/java/javase/downloads/index.html

假设下载的最新 JDK 文件名为 jdk-21_windows-x64_bin.exe,下面是在 Windows 10 系统中安装 JDK 的具体步骤。

(1) 双击安装文件,在安装向导启动界面中单击 Next 按钮,进入指定 JDK 的安装路径界面,如图 1-2 所示。默认的安装路径为 C:\Program Files\Java\jdk-21\,可以单击 Change 按钮更改安装路径,这里不更改。

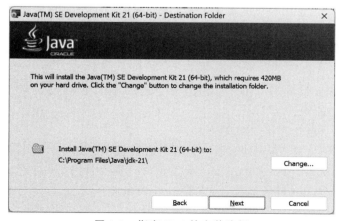

图 1-2 指定 JDK 的安装路径

（2）单击 Next 按钮，开始安装 JDK，最后出现安装完成对话框，单击 Close 按钮结束安装。安装结束后，安装程序在安装目录中建立了几个子目录。

1.2.2　JDK 目录

JDK 安装完后，会在硬盘上创建一个目录，该目录被称为 JDK 安装目录，如图 1-3 所示。为了更好地学习 Java 语言，初学者应该了解 JDK 安装目录下的子目录及文件的作用，下面介绍一下 JDK 安装目录下的子目录。

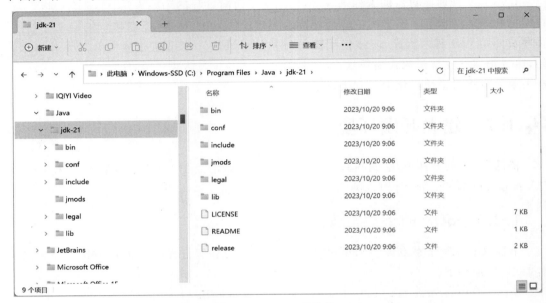

图 1-3　JDK 目录结构

（1）bin 目录：存放编译、执行和调试 Java 程序的工具。如 javac.exe 是 Java 编译器、java.exe 是 Java 解释器、javadoc.exe 是 HTML 格式的 API 文档生成器、jar.exe 是将.class 文件打包成 JAR 文件的工具、javap.exe 是类文件的反编译工具、jdb.exe 是 Java 程序的调试工具。

（2）conf 目录：包含用户可编辑的配置文件，例如，security 目录下的 java.policy 安全策略文件等。

（3）include 目录：包含要在以前编译本地代码时使用的 C/C++ 头文件。它只存在于 JDK 中。

（4）jmods 目录：包含 JMOD 格式的平台模块文件。创建自定义运行时映像时需要它。它只存在于 JDK 中。

（5）legal 目录：包含法律声明文件。

（6）lib 目录：包含非 Windows 平台上的动态链接本地库。其子目录和文件不应由开发人员直接编辑或使用。其中的 src.zip 是 Java API 源文件的打包文件。

在上面的目录中，bin 目录最重要，它存放着很多可执行程序，其中最重要的是 javac.exe 和 java.exe，分别称为 Java 编译器和 Java 解释器，其主要作用如下。

Java 编译器用于将编写好的 Java 源文件编译成 Java **字节码文件**（可执行的 Java 程

序)。Java 源文件是文本文件,扩展名为.java,如 Hello.java,编译后生成字节码文件,扩展名为.class,如 Hello.class,字节码文件也叫类文件。

Java 解释器是执行字节码文件的工具,它启动一个 Java 虚拟机进程。**Java 虚拟机**(Java Virtual Machine,JVM)相当于一个虚拟的操作系统,专门负责解释执行由 Java 编译器生成的字节码文件(.class 文件)。

1.2.3 关于环境变量

按照 1.2.1 节步骤安装完 JDK 21 后,就可以在系统的任何位置编译和运行 Java 程序了,可以按下列步骤测试一下 Java 编译器和解释器是否可用。

启动一个 Windows 的"命令提示符"窗口,在提示符下输入 javac,如果出现编译器的选项,说明编译器正常。输入 java -version,如果显示 Java 版本号信息,说明解释器正常。如图 1-4 所示。这样就可以使用 JDK 编译和运行 Java 程序了。

实际上,JDK 21 的安装程序默认将几个常用的开发工具(包括 javac.exe、java.exe、javaw.exe 和 jshell.exe)自动复制到 C:\Program Files\Common Files\Oracle\Java\javapath 目录中,并且将该目录添加到 PATH 环境变量中。因此无须再设置 PATH 环境变量。

但是,如果读者下载的 JDK 是压缩文件,那么解压后就需要自己设置 PATH 环境变量,将 Java 安装目录中的 bin 目录添加到 PATH 环境变量中。关于如何设置 PATH 环境变量,这里不再讨论,读者可参考其他文献。

图 1-4 查看 Java 版本

1.2.4 Java API 文档

Java 提供了大量现成的类供编程时使用,这些类称为**应用编程接口**(Application Program Interface,API),也称为**类库**,包括为开发 Java 程序而预定义的类和接口。

Java API 文档就是对类库的完整说明,类似于开发手册。在 Java 编程时,肯定会需要用到核心类库中的类。即使资深的 Java 程序员,在编程过程中也需要经常从 Java API 文档中查看有关类库。以下网址提供了在线 API 文档。

https://docs.oracle.com/en/java/javase/21/docs/api/index.html

该文档由 Java SE 和 JDK 两部分组成,所有的 API 又都组织成**模块**(module),常用的 API 属于 java.base 模块。单击模块名链接进入模块页面,其中列出了该模块所有的**包**(package),单击包名链接进入包页面,这里可以看到该包中定义的接口、类、异常等类型,单击类型名链接进入类型描述页面,其中列出了类的构造方法、方法、字段说明。

也可以将 API 文档下载在本地计算机中,在下载 JDK 的页面可以找到下载 API 文档的链接。

扫一扫
视频讲解

1.3 第一个 Java 程序

安装了 JDK 并配置好环境变量后,就可以编写和运行 Java 程序了。开发 Java 程序通常分 3 步:编写源程序;编译源程序;执行程序,得到程序输出结果。图 1-5 给出了具体步骤。

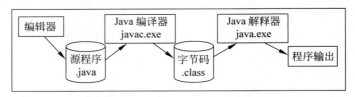

图 1-5　Java 程序的编辑、编译和执行过程

程序 1-1 是一个简单的 Java 程序,在控制台输出一个字符串。这里演示了程序编写、编译和运行这几个步骤。

程序 1-1　HelloWorld.java

```java
public class HelloWorld{
    public static void main(String[] args){
        System.out.println("千里之行,始于足下!");
    }
}
```

1.3.1 编写 Java 程序

我们可以用任何文本编辑器(如 Windows 的记事本)编写 Java 源程序,也可以使用专门的集成开发环境(如 IntelliJ IDEA、Eclipse 等)。若使用 Windows 的记事本编写源程序,如图 1-6 所示。

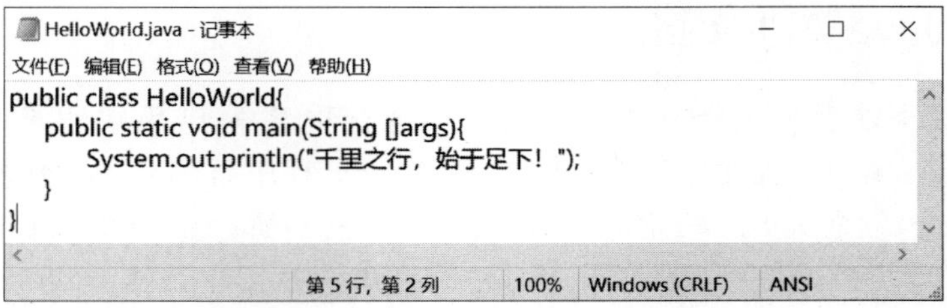

图 1-6　Java 源文件的编辑

源程序输入完毕后,执行"文件"→"保存"命令,打开"另存为"对话框,在"保存在"列表框中选择文件的保存位置,这里将文件保存在 D:\study 目录中(假设该目录已经存在),在"文件名"框中输入源程序的文件名,如"HelloWorld.java"。

注意　输入文件名时应加双引号,否则文件将可能被保存为后缀为.txt 的文本文件。

启动命令行窗口，进入 D:\study 目录，使用 DIR 命令可以查看到文件 HelloWorld.java 被保存到磁盘上。

1.3.2 编译 Java 程序

使用 JDK 安装目录 bin 目录中的 javac 编译 Java 程序。假设已经按 1.2.1 节正确安装了 JDK，就可以从任何目录调用 javac。若要编译程序 1-1 中的 HelloWorld 类，步骤如下。

打开一个命令提示符窗口，并将目录更改为保存 HelloWorld.java 文件的目录。输入以下命令：

D:\study> **javac** HelloWorld.java

若源程序没有语法错误，该命令执行后返回到命令提示符，编译成功。在当前目录下产生一个 HelloWorld.class 字节码文件，该文件的扩展名为.class，主文件名与程序中的类名相同，该文件也称为**类文件**。可以使用 DIR 命令查看生成的类文件。

提示 假如正确安装了 JDK，而在尝试编译程序时，计算机提示找不到 javac，说明没有指定命令工具的路径。在 Windows 中，需要设置 PATH 环境变量，使其指向 JDK 的 bin 目录。

1.3.3 执行 Java 程序

源程序编译成功生成字节码文件后可以使用 Java 解释器执行该程序。要执行 Java 程序，需要使用 JDK 中的 java.exe 程序。同样，在设置了 PATH 环境变量之后，就能从任何目录调用 Java 解释器。在工作目录中，键入以下内容并按 Enter 键。注意，这里**不加扩展名**.class，运行结果如图 1-7 所示。

D:\study> **java** HelloWorld

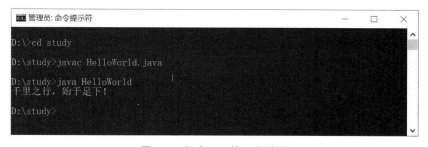

图 1-7 程序 1-1 的运行结果

该命令启动 JVM 执行 Java 程序，JVM 首先用一个称为**类加载器**（class loader）的程序将程序的字节码加载到内存中。如果程序还要用到其他类，类加载程序会在需要它们之前动态地加载它们。当加载该类后，JVM 使用一个称为**字节码校验器**（bytecode verifier）的程序来校验字节码的合法性，确保字节码不违反 Java 的安全规范。最后，经过校验的字节码由**运行时解释器**（runtime interpreter）翻译和执行。

在 Java 程序的编译阶段和运行阶段都可能出现错误，如果程序出现错误，需要修改源程序，然后再重新编译、运行，直到得到正确的运行结果。

1.3.4 第一个程序分析

下面对第一个程序中涉及的内容作简单说明。

1．类定义

Java 程序的任何代码都必须放到一个类的定义中，本程序定义一个名为 HelloWorld 的类。public 为类的访问修饰符，class 为关键字，其后用一对花括号括起来，称为**类体**。

2．main()方法

Java 应用程序的标志是类体中定义一个 main()方法，称为**主方法**。主方法是程序执行的入口点。main()方法的格式如下：

```
public static void main(String[] args){
    …
}
```

public 是方法的访问修饰符，static 说明该方法为静态方法，void 说明该方法的返回值为空。main()方法必须带一个字符串数组参数 String[] args，可以通过命令行向程序传递参数。方法的定义也要括在一对花括号中，花括号内可以书写合法的 Java 语句。

3．输出语句

本程序 main()方法中只有如下一行语句：

```
System.out.println("千里之行,始于足下!");
```

该语句的功能是在标准输出设备上打印输出一个字符串，字符串字面值用双引号定界。Java 的**语句要以分号（;）结束**。

System 为系统类，out 为该类中定义的静态成员，它是标准输出设备，通常指显示器。println() 是输出流 out 中定义的方法，功能是打印输出字符串并换行。若不带参数，仅起到换行的作用。另一个常用的方法是 print()，使用该方法输出后不换行。

4．源程序命名

在 Java 语言中，一个源程序文件被称为一个**编译单元**(compile unit)。它是包含一个或多个类定义的文本文件。Java 编译器要求源程序文件必须以.java 为扩展名。**当编译单元中有 public 类时，主文件名必须与 public 类的类名相同**(包括大小写)，如本例的源程序文件名应该是 HelloWorld.java。若编译单元中没有 public 类，源程序的主文件名可以任意命名。

提示 Java 程序在任何地方都区分大小写，如 main 不能写成 Main，否则编译器可以编译，但在程序执行时解释器会报告一个错误，因为它找不到 main()方法。

多学一招

从 JDK 9 开始提供了一种功能，即对由单个文件构成的 Java 程序，无须编译，直接使用 java 解释器执行，使用这种方法也不产生.class 类文件。但如果程序有错误，同样提示错误信息。使用这种方式执行程序可以快速测试程序。

1.4 IntelliJ IDEA 开发工具

扫一扫

视频讲解

本书所有程序都可以使用 JDK 提供的命令行工具编译和运行，但为了加快程序的开发，可以使用**集成开发环境**（Integrated Development Enviroment，IDE）。使用 IDE 可以帮助检查代码的语法，还可以自动补全代码，提示类中包含的方法，可以对程序进行调试和跟踪。此外，编写代码时，还会自动进行编译。运行 Java 程序时，只需单击按钮就可以了。因此，在开发和部署商业应用程序时，IDE 十分有用。

对于初学者，建议在熟练使用 JDK 命令行工具编译和运行程序的基础上使用 IDE，毕竟 IDE 可以大大缩短程序的开发和调试时间，大大提高学习效率。最常用的 IDE 包括 IntelliJ IDEA、Eclipse 和 Visual Studio Code 等，本书使用 IntelliJ IDEA 开发 Java 程序。

1.4.1 IntelliJ IDEA 的下载和安装

IntelliJ IDEA 是 JetBrains 公司的产品，简称 IDEA，它是业界被公认为最好的 Java 开发工具。IntelliJ IDEA 以其高度"智能化"而闻名，IDEA 有两个版本：旗舰版（Ultimate）和社区版（Community）。旗舰版需要付费，但有 30 天试用期，社区版是免费开源的。开发 Java SE 应用程序使用社区版就足够了，本书所有程序都可以使用该版本运行。

IntelliJ IDEA 下载地址是 http://www.jetbrains.com/idea/download。假设下载的社区版，文件是 ideaIC-2023.2.5.exe，双击该文件安装 IDEA。在图 1-8 对话框中选择创建桌面快捷方式和使用的语言。

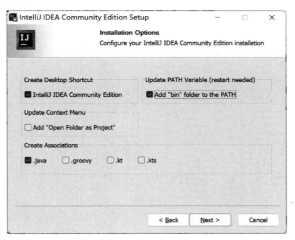

图 1-8 IDEA 安装选项对话框

单击 Next 按钮，在后面出现的页面中单击 Install 开始安装，安装结束后需要重新启动计算机。

若要启动 IDEA，可以双击桌面快捷图标或双击安装目录 bin 目录中的 idea64.exe 文件，第一次启动后显示的界面如图 1-9 所示。

在图 1-9 中，单击 New Project 按钮，可以新建项目，单击 Open 按钮可以打开已存在的项目。

图 1-9　IDEA 首次启动界面

1.4.2　创建 Java 项目

编写 Java 程序前，首先需要创建一个项目，项目类似于文件夹，用于存放 Java 程序以及所有的支持文件。在图 1-9 中单击 New Project 按钮，打开新建项目对话框，如图 1-10 所示。

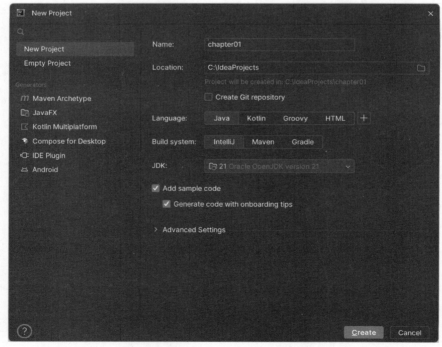

图 1-10　New Project 对话框

在图 1-10 所示的对话框中,输入项目名称(如 chapter01)以及项目存放的路径(如 C:\IdeaProjects,该目录需事先创建),选择使用的语言(如 Java),选择使用的构建系统(如 IntelliJ 或 Maven),选择使用的 JDK 版本,最后单击 Create 按钮创建并打开项目。IntelliJ 主编辑窗口如图 1-11 所示。

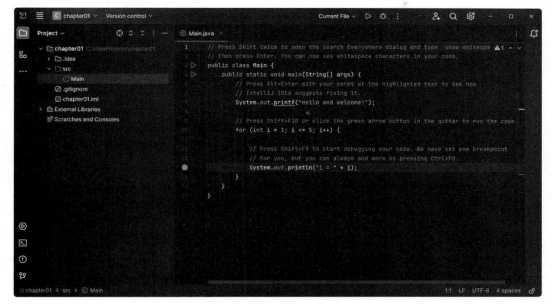

图 1-11　IntelliJ 主编辑窗口

✍多学一招

　　默认情况下,IntelliJ IDEA 使用深色(Dark)主题,如图 1-11 所示。用户也可以设置其他主题。具体操作是:选择 File→Settings,在打开的 Settings 窗口中,选择左侧窗格的 Appearance & Behavior 下的 Appearance,在右侧窗格的 Theme 下拉列表中选择要使用的主题。比如,选择浅色(IntelliJ Light)主题。本书后面的截图都使用浅色主题。

1.4.3　Java 程序的编辑、编译和运行

　　创建 Java 项目后,可以按下面步骤创建 Java 类。Java 类通常属于某个包,因此可先创建包。右击项目的 src 目录,在弹出菜单中选择 New→Package,在打开的对话框中输入包名(如,com.boda.xy),按 Enter 键。右击包名,选择 New→Java Class,在打开的对话框中输入类名(如,HelloWorld),按 Enter 键。IDEA 将创建该类并在编辑窗格中显示类的源代码。之后就可以对源代码编辑和修改了。

　　要运行 Java 应用程序(包含 main 方法),在编辑窗格中单击 main()方法左侧的箭头号,在弹出菜单中选择'Run HelloWorld.main()',即可执行程序。也可以按快捷键 Ctrl+Shift+F10 执行程序。程序的执行结果在输出窗格中显示,如图 1-12 所示。

1.4.4　IntelliJ IDEA 代码完成功能

　　使用 IntelliJ IDEA 的一个好处是它提供了代码完成功能,这个功能不但可以加快代码

图 1-12　在 IDEA 中编辑和运行 Java 程序

录入的速度，还可帮助我们快速找到要使用的方法，这样我们就不必死记硬背那些方法名和参数了。例如，假设要写一行新的代码，其中用到 System 类的某个方法，在编辑窗口中输入 System，再输入点（.），IDEA 就会弹出一个对话框，其中列出 System 类的所有成员和可用方法，如图 1-13 所示。

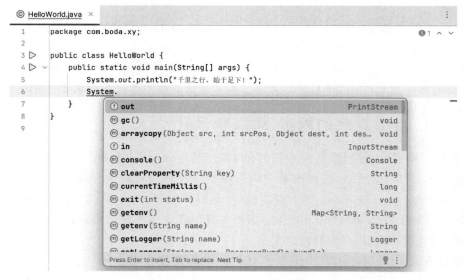

图 1-13　Eclipse 自动完成功能

只需要上下移动光标，选中要使用的方法，按下 Enter 键，IDEA 就替你输入该方法，并且给出方法需要的参数。这就是代码完成功能，它可以帮助程序员节省程序的录入时间。

✍ 多学一招

为了加快代码输入速度，读者可以使用 IntelliJ IDEA 的**实时模板**功能。比如，要输入

main 方法的完整格式,只需在类体中输入 main,然后直接按 Enter 键,IDEA 将自动生成 main 方法的完整代码。再比如,如果需要一个输出语句,只需要输入 sout 后按 Enter 键。此外还有 if、for、foreach、try…catch 等实时模板。用户也可以自定义实时模板。

1.4.5 代码错误及修改

当编写的 Java 程序越来越复杂时,不可避免地会犯一些错误。尤其是初学者,可能会犯各种错误。程序错误大致可以分为三类:编译错误或称语法错误、运行时错误和逻辑错误。

对于初学者通常易出现的错误是编译错误,编译器和 IDE 很容易检测到。运行时错误也不难找,因为程序异常结束时,错误的原因和位置会在控制台显示。

下面介绍在 IDEA 中如何发现和处理语法错误。下面代码中有 3 处错误,现在你能都找出来吗?

```
public class HelloWorld{
    public static void main(String[] args){
        system.out.printl("千里之行,始于足下!")
    }
}
```

在 IDEA 中输入上述代码,我们将看到 system 显示为红色,将鼠标指针指向 system,在弹出框中显示错误原因,如图 1-14 所示。

图 1-14 错误信息框

从弹出框中的信息可以了解到错误原因,这里给出的"Cannot resolve symbol 'system'"含义是无法解析"system",也就是编译器不知道 system 是什么。Java 语言中,系统类 System 的首字母应该大写。

若在 IDEA 中直接修改这个错误。之后,我们再看 printl() 方法,它也是红色的,鼠标指向该方法,显示提示信息"Cannot resolve method 'printl' in 'PrintStream'",它表明在 PrintStream 类中不包含 printl 方法,这里少些一个字母 n,正确的方法名应该是 println。修改这个错误。最后,再看该行的最后有一个红色波浪线,它表示这里仍然有错误,另外一个程序中若包含错误,显示的类名也带红色波浪线。将鼠标指针指向语句的波浪线处,IDEA 将给出错误提示,其中信息表示缺少分号,如图 1-15 所示。在语句末尾加上分号即可。

图 1-15 错误信息框

至此,程序中不再有编译错误,程序可被编译成 HelloWorld.class 文件。

可以看到，源代码的一个不起眼的小错误将导致程序不能编译和正确运行，因此，我们在学习编程时一定要仔细认真，不要在这些小的错误上浪费时间。

1.5 本章小结

本章简单概述了 Java 语言及其优点，介绍了 Java 程序的运行机制和一些关键术语，学习了如何建立 Java 开发环境以及第一个程序的编写、编译和运行。此外，本章还介绍了使用 IntelliJ IDEA 开发和运行程序。

下一章将介绍 Java 语言的基本语法元素，包括数据类型、变量与赋值和数据类型转换等。

1.6 习题与实践

习题

自测题

1.7 上机实验

上机实验

第 2 章

数据类型与运算符

CHAPTER 2

本章知识点思维导图

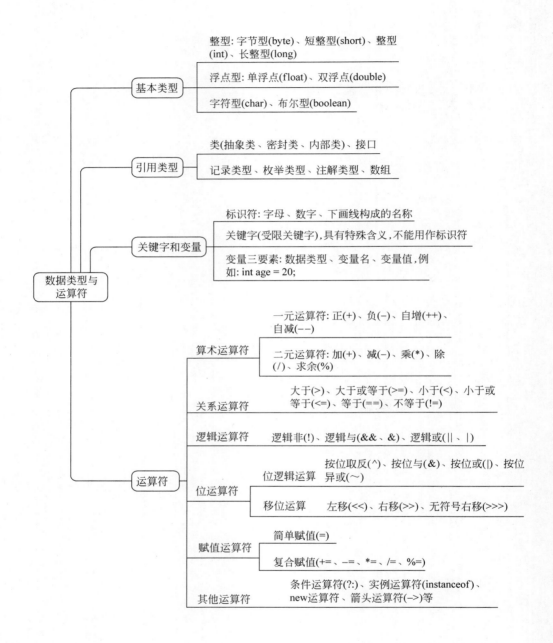

扫一扫

视频讲解

2.1 Java 的数据类型

在程序设计中,数据是程序的必要组成部分,也是程序处理的对象。不同的数据有不同的类型,不同的数据类型有不同的数据结构、不同的存储方式,并且参与的运算也不同。

Java 的数据类型可分为**基本数据类型**(primitive data type)和**引用数据类型**(reference data type)两大类。下面简单介绍这两种数据类型。

2.1.1 基本数据类型

Java 共有 8 种基本数据类型。基本数据类型在内存中所占的位数是固定的,不依赖于所用的机器,这也正是 Java 跨平台的体现。各种基本数据类型名称、在内存中所占位数及取值范围如表 2-1 所示。

表 2-1 Java 的基本数据类型

基本类型名	占字节数	所占位数	值 的 范 围
byte	1	8	$-128 \sim 127(-2^7 \sim 2^7-1)$
short	2	16	$-32\,768 \sim 32\,767(-2^{15} \sim 2^{15}-1)$
int	4	32	$-2\,147\,483\,648 \sim 2\,147\,483\,647(-2^{31} \sim 2^{31}-1)$
long	8	64	$-9\,223\,372\,036\,854\,775\,808 \sim 9\,223\,372\,036\,854\,775\,807(-2^{63} \sim 2^{63}-1)$
float	4	32	$1.4 \times 10^{-45} \sim 3.4 \times 10^{38}$,IEEE 754 标准
double	8	64	$4.9 \times 10^{-432} \sim 1.79 \times 10^{308}$,IEEE 754 标准
boolean	1	1	只有 true 和 false 两个值
char	2	16	$0 \sim 65\,535$

前 6 种基本类型(byte、short、int、long、float 和 double)用于存储数值,它们能够存储数值的大小不同。例如,一个 byte 型值可以存储−128 到 127 之间的整数。通过它的位数可以获得整数的最小和最大值。一字节有 8 位,所以有 256(2^8)个可能的值,它的范围是−128 到 127。前 128 个值是−128 到−1,然后是 0,剩下是 127 个正值。

如果需要存储数字 1 000 000,那么需要一个 int 型数。long 型数能够存储的值更大,你可能会问,如果 long 可以包含比 byte 和 int 数更大的数字,为什么不总是使用 long 呢?这是因为 long 需要 64 位,会比 byte 或 int 型数占用更多的内存空间。

基本类型 byte、short、int 和 long 只能保存整数,对于带有小数点的数字,需要 float 或 double。float 是用 32 位存储的浮点值,符合电气和电子工程师协会(Institute of Electrical and Electronics Engineer,IEEE)754 标准。double 是符合相同标准的 64 位浮点值。

char 类型可以保存一个 Unicode 字符,比如'A'、'9'或'&'。Unicode 也允许使用不包含在英语字母表中的字符。boolean 类型值可以包含两种可能状态之一(false 或 true)。

2.1.2 引用数据类型

除基本类型外,Java 还支持 6 种引用数据类型,其中包括类、接口、枚举、记录、注解和数组。正是由于有引用数据类型,才使 Java 可以编写面向对象程序。表 2-2 给出了 Java 所有的引用数据类型。

表 2-2 Java 的引用数据类型

引 用 类 型	定 义 方 法	创 建 对 象
类	**class** Student{}	Student stud = new Student();
接口	**interface** Player{}	Player p = new MusicPlayer();

续表

引用类型	定 义 方 法	创 建 对 象
枚举	**enum** Color{ 　　RED，GREEN，BLUE；}	Color c ＝ Color.BLUE；
记录	**record** Point(int x,int y){}	Point p ＝ new Point(5,8)；
注解	**@interface** Author{}	@Author{} public class Employee{}
数组	**int** [] marks；	int[] marks ＝ new int[5]；

　　类(class)是 Java 语言最重要的引用类型,任何 Java 程序都离不开类的使用。有了类才能创建对象或实例,程序就是对实例进行操作。

　　接口(interface)是对类的一种扩展,它也是一种引用类型,但接口不能实例化。接口在类型的多继承和多态性具有广泛应用。

　　枚举(enum)是一种特殊的引用类型,它用来定义具有确定几个值的类型,比如交通灯有绿色、红色、黄色三种颜色,我们就可以定义一个枚举类型表示这三种颜色。

　　记录(record)也是一种特殊的引用类型,它用来声明用于存储数据的类,使用记录可使程序员不必自己定义访问方法、toString()、equals()以及 hashCode()等方法。

　　注解(annotation)类型主要用于以结构化的方式为程序元素(类、方法等)提供信息,这些信息能够被编译器、解释器等外部工具自动处理。

　　对于上述这些类型,我们可以使用 Java 类库中定义的(比如 System 类),也可以由程序员自己定义,还可以使用第三方提供的类库。

　　数组(array)是一种特殊的引用类型,它不需要程序员自己定义类型。只要声明和创建数组对象,就可以像其他引用类型实例一样使用数组。

　　从第 4 章开始,我们将重点介绍引用数据类型,本章先探讨如何使用基本类型,这里从变量开始讨论。

扫一扫

视频讲解

2.2　变量与赋值

　　本节首先介绍 Java 关键字与标识符,然后学习变量的定义与赋值。

2.2.1　Java 关键字

　　每种语言都定义了自己的关键字。所谓**关键字**(keywords)是该语言事先定义的一组词汇,这些词汇具有特殊的用途,用户不能将它们定义为标识符。Java 语言定义了 51 个关键字,分别如下。

```
abstract      continue      for           new           switch
assert        default       goto          package       synchronized
boolean       do            if            private       this
break         double        implements    protected     throw
byte          else          import        public        throws
case          enum          instanceof    return        transient
catch         extends       int           short         try
char          final         interface     static        void
```

class	finally	long	strictfp	volatile
const	float	native	super	while
_(下画线)				

说明如下。

(1) goto 和 const 尽管是 Java 语言中保留的两个关键字,但没有被使用,也不能将其作为标识符使用。

(2) true、false 和 null 不是关键字,true 和 false 是 boolean 型数据的字面值,null 表示引用类型的空。

(3) var 和 yield 是受限关键字,它们具有特殊含义。var 用作局部变量声明的类型占位符,yield 用于 switch 结构的 case 中返回一个值。

(4) 下面 10 个字符序列是受限关键字:open、module、requires、transitive、exports、opens、to、uses、provides 和 with,它们用于模块声明,在其他地方可以用作标识符。

2.2.2　Java 标识符

在 Java 程序中,**标识符**(identifier)用来为变量、方法和各种类型(类、接口等)进行命名。Java 语言规定,标识符必须以字母、下画线(_)或美元符($)开头,其后可以是字母、下画线、美元符或数字,长度没有限制。下面是一些合法的标识符:

intTest, Manager_Name, _var, $ Var

Java 标识符是区分大小写的,下面 3 个标识符是不同的:

myname, myName, MyName

不推荐使用无意义的单个字母命名标识符,应该使用有意义的单词或单词组合为对象命名。

Java 标识符采用驼峰(Camel Case)命名法,有两种形式,一种是**大写的 CamelCase 命名法**,这种命名方法是所有单词的首字母大写,然后直接连接起来,单词之间没有空格或连接符。在 Java 程序中类名和接口名使用这种写法,且应该用名词命名,下面是几个例子。

Student,BankAccount,ArrayIndexOutOfBoundsException

另一种是**小写的 camelCase 命名法**,它与 CamelCase 命名法的不同之处是将第一个单词的首字母小写,其后单词的首字母大写。在 Java 程序中变量名和方法名使用 camelCase 拼写法,下面是几个例子。

firstName,currentValue,setName(),getTheNumberOfStudent()

2.2.3　变量与赋值

变量(variable)是在程序运行中其值可以改变的量。一个变量通常由三个要素组成,数据类型、变量名和变量值。Java 有两种类型的变量:基本类型的变量和引用类型的变量。基本类型的变量包括数值型(整数型和浮点型)、布尔型和字符型。引用类型的变量包括类、接口、枚举和数组等。

变量在使用之前必须定义,变量的定义包括变量的声明和赋值。变量声明的一般格式如下:

```
类型 变量名[ = 值][,变量名 2[ = 值 2]…];
```

定义变量首先指定变量类型,然后是变量名,变量名必须是合法的标识符。变量在声明时也可以初始化。下面声明了几个不同类型的变量:

```
int   age;
double  d1, d2;
char   letter, ch2;
```

使用**赋值运算符**"="给变量赋值,一般称为变量的初始化。如下是几个赋值语句:

```
age = 21;
letter = 'A';
d1 = d2 = 0.618;   ←── 将一个值同时赋给 2 个变量
```

也可以在声明变量的同时给变量赋值,如下所示:

```
boolean b = false;
```

也可以声明引用类型的变量,例如下面代码声明了一个 Student 类型变量 s,同时创建了一个 Student 类实例,并用 s 指向它。

```
Student s = new Student();
```

2.2.4 语句

程序由一系列指令组成,这些指令称为**语句**(statement)。Java 有许多类型的语句,有简单的语句(如声明语句、赋值语句),也有流程控制语句(如 if、while、for、switch)等语句。在 Java 中,语句以分号结束。

下面是一个变量声明语句:

```
long bigNumber;
```

下面是给变量赋值的语句:

```
x = z + 5;
```

在 Java 中,空语句也是合法的,它不完成任何工作。下面一个分号就是一个空语句:

```
;
```

多个语句可以写在一行中:

```
x = y + 1; z = y + 2;
```

不过,不建议在一行中书写多个语句,因为那会降低代码的可读性。

有些表达式只要在末尾加上一个分号,就可成为语句。例如,"x++"是一个表达式,但是像下面这样就是一个语句了:

```
x++;                    //这是一个语句,不是表达式
```

语句可以集中放在一个块中。根据定义,**块**(block)是花括号内的一系列编程元素。这些编程元素可以是局部变量声明语句、普通执行语句、控制结构语句甚至是类的定义。

2.3 文档风格和注释

写出正确的、可运行的Java程序固然重要,但是,编写出易于阅读和可维护的程序同样重要。一般来说,在软件的生命周期中,80%的花费耗费在维护上,因此在软件的生命周期中,很可能由其他人来维护代码。无论谁拿到你的代码,都希望它是清晰的、易读的代码。

采用统一的编码规范可以使代码易于阅读。编码规范包括文件的组织、文件名、缩进、注释、声明、语句、空格以及命名规范等。

2.3.1 块的风格

代码块是由花括号围起来的一组语句,如类体、方法体、初始化块等。代码块的花括号有两种写法,一种是**行末格式**,即左花括号写在上一行的末尾,右花括号写在下一行开头,如程序1-1所示。另一种格式称为**次行格式**,即将左花括号单独写在下一行,右花括号与左花括号垂直对齐,如下面代码所示:

```java
public class HelloWorld
{
    public static void main(String[] args)
    {
        System.out.println("千里之行,始于足下!");
    }
}
```

这两种格式没有好坏之分,但Java的文档规范推荐使用行末格式,这样可以使代码更紧凑,且占据较少空间。本书与Java API源代码保持一致,采用行末格式。

2.3.2 代码的缩进和空白

保持一致的缩进会使程序更加清晰、易读、易于调试和维护。即使将程序的所有语句都写在一行中,程序也可以编译和运行,但适当的缩进可以使人们更容易读懂和维护代码。缩进用于描述程序中各部分或语句之间的结构关系。如类体中代码应缩进,方法体中的语句也应有缩进。Java规范建议的缩进为4个字符,有的学者也建议缩进2个字符,这可以根据读者自己的习惯决定,只要一致即可。

二元操作符的两边也应该各加一个空格,如下面语句所示:

```
System.out.println(3 + 4 * 5);          // 不好的风格
System.out.println(3 + 4 * 5);          // 好的风格
```

2.3.3 程序注释

像其他大多数编程语言一样,Java 允许在源程序中加入注释。注释是对程序功能的解释或说明,是为阅读和理解程序的功能提供方便。所有注释的内容都被编译器忽略。

Java 源程序支持如下三种类型的注释。

(1) 单行注释,以双斜杠(//)开头,在该行的末尾结束,如下所示:

```
// 这里是注释内容
```

(2) 多行注释,以/* 开始,以 */结束的一行或多行文字,如下所示:

```
/*
 该文件的文件名必须为: MyProgram.java
 */
```

(3) 文档注释,以/** 开始,以 */结束的多行。文档注释是 Java 特有的,主要用来生成类定义的 API 文档。具体使用 JDK 的 javadoc 命令将文档注释提取到一个 HTML 文件中。关于文档注释的更详细信息,请参阅有关文献。

扫一扫

视频讲解

2.4 字面值

字面值(literals)是某种类型值的表示形式,例如,99 是 int 类型的字面值。字面值有三种类型:基本类型的字面值、字符串字面值以及 null 字面值。基本类型的字面值有 4 种类型:整数型、浮点型、布尔型、字符型。如 456、-78 为 int 型字面值,3.456、2e3 为 double 型字面值,true、false 为布尔型字面值,'g'、'我'为字符型字面值。字符串字面值是用双引号定界的字符序列,如"Hello"是一个字符串字面值。

2.4.1 整数型字面值

Java 提供 4 种整数类型,分别是字节型(byte)、短整型(short)、整型(int)和长整型(long)。这些**整数类型都是有符号数**,可以为正值或负值。每种类型的整数在内存中占的位数不同,因此能够表示的数的范围也不同。

注意,不要把整数类型的宽度理解成实际机器的存储空间,一个 byte 型的数据可能使用 32 位存储空间。

整型字面值有如下 4 种表示方法。

(1) 十进制数,如 0、257、-365。

(2) 二进制数,是以 0b 或 0B 开头的数,如 0B00101010 表示十进制数 42。

(3) 八进制数,是以 0 开头的数,如 0124 表示十进制数 84,-012 表示十进制数-10。

(4) 十六进制数,是以 0x 或 0X 开头的整数,如 0x124 表示十进制数的 292。

注意 整型字面值具有 int 类型，在内存中占 32 位。若要表示 long 型字面值，可以在后面加上 l 或 L，如 125L，它在内存占 64 位。

整型变量使用 byte、short、int、long 等声明，下面是几个整型变量的定义：

```java
byte   num1 = 120;
short  num2 = 1000;
int    num3 = 99999999;
long   num4 = 12345678900L;        // 超出 int 值范围必须用 L 表示
```

注意下面代码的输出：

```java
byte a = 0b00101010;               // 二进制整数
int b = 0200;                      // 八进制整数
long c = 0x1F;                     // 十六进制整数
System.out.println("a = " + a);    // 42
System.out.println("b = " + b);    // 128
System.out.println("c = " + c);    // 31
```

注意，在给变量赋值时，不能超出该类型所允许的范围，否则会发生编译错误。

```java
byte b = 200;
```

编译错误说明类型不匹配，不能将一个 int 型的值转换成 byte 型值。因为 200 超出了 byte 型数据的范围（−128～127），因此编译器拒绝编译。

在表示较大的整数时，可能需要用到长整型 long。下面程序 2-1 为计算一光年的距离。

程序 2-1 LightYear.java

```java
package com.boda.xy;
public class LightYear{
    public static void main(String[] args){
        int speed = 300000;                          // 设光速为每秒 300000 千米
        long seconds = 365 * 24 * 60 * 60;           // 假设一年为 365 天
        long distance = speed * seconds;
        System.out.println("一光年的距离是 " + distance + " 千米。");
    }
}
```

程序的运行结果如图 2-1 所示。

💣**脚下留神**

如果把该程序的变量 seconds 和 distance 的类型声明为 int 类型，编译不会出现错误，但结果不正确。原因是 seconds 和 distance 变量范围超出了 int 类型的范围，数据被截短。可见，对具体的问题应该选择合适的数据类型。

图 2-1 程序 2-1 的运行结果

2.4.2 浮点型字面值

浮点类型的数就是通常所说的实数。在 Java 中有两种浮点类型的数据：float 型和

double 型。这两种类型的数据在内存中所占的位数不同,float 型占 32 位,double 型占 64 位。它们符合 IEEE-754 标准。

浮点型字面值有如下两种表示方法。

(1) 十进制数形式,由数字和小数点组成,且必须有小数点,如 0.256、345、256.、256.0 等。

(2) 科学记数法形式,如 256e3、256e－3,它们分别表示 256×10^3 和 256×10^{-3}。e 之前必须有数字,e 后面的指数必须为整数。

浮点型变量的定义使用 float 和 double 关键字,如下两行分别声明了两个浮点型变量 d 和 pi。

```
double d = .00001005;
float pi = 3.1415926F;              // float 型字面值必须加 F 或 f
System.out.println("double d = " + d);
System.out.println("float pi = " + pi);
```

代码的运行结果如图 2-2 所示。

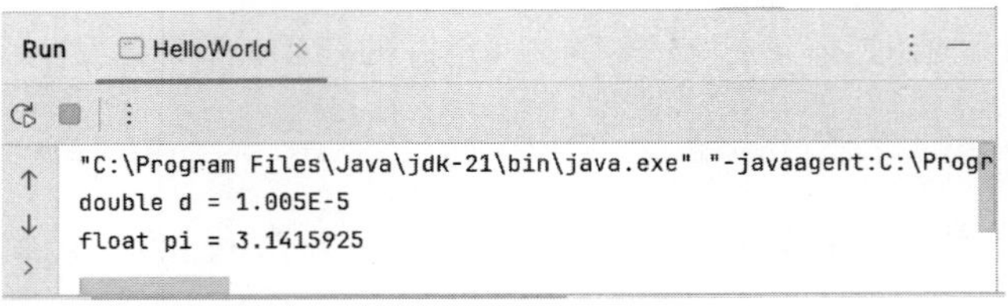

```
"C:\Program Files\Java\jdk-21\bin\java.exe" "-javaagent:C:\Progr
double d = 1.005E-5
float pi = 3.1415925
```

图 2-2　上述代码的运行结果

注意　浮点型字面值默认是 double 型数据。如果表示 float 型字面值数据,必须在后面加上 F 或 f,double 型数据也可加 D 或 d。

浮点数运算结果可能溢出,但不会因溢出而导致异常。如果下溢,则结果为 0,如果上溢,结果为正无穷大或负无穷大(显示为 Infinity 或－Infinity)。此外若出现没有数学意义的结果,则用 NaN(Not a Number)表示,如 0.0/0.0 的结果为 NaN。这些常量已在基本数据类型包装类中定义。

如果一个数值字面值太长,读起来会比较困难。从 Java 7 开始,对数值型字面值的表示可以使用下画线(_)将一些数字进行分组,这可以增强代码的可读性。下画线可以用在浮点型数和整型数(包括二进制、八进制、十六进制和十进制)的表示中。下面是一些使用下画线的例子:

```
210703_19901012_2415      // 表示一个身份证号
6222_5204_5001_3456       // 表示一个信用卡号
0b0110_00_1               // 二进制字面值表示一字节
3.14_15F                  // 表示一个 float 类型值
```

在数值字面值中使用下画线对数据的内部表示和显示没有影响。例如,如果用 long 型表示一个信用卡号,这个值在内部仍使用 long 型数表示,显示也是整数。

```
long creditNo = 6222_5204_5001_3456L;
System.out.println(creditNo);        // 输出为 6222520450013456
```

注意,在数值字面值中使用下画线只是为了提高代码的可读性,编译器将忽略所有的下画线。另外,下画线不能放在数值的最前面和最后面,也不能放在浮点数小数点的前后。

● 脚下留神

浮点数计算可能存在舍入误差,因此,浮点数不适合做财务计算,而财务计算中的舍入误差是不能接受的。例如,下面语句的输出结果是 0.8999999999999999,而不是所期望的 0.9。

```
System.out.println(2.0 - 1.1);      // 结果不是0.9!
```

这样的舍入误差是因为浮点数在计算机中使用二进制表示导致的。分数 1/10 没有精确的二进制表示,就像 1/3 在十进制系统无法精确表示一样。如果需要精确而无舍入误差的数字计算,可以使用 BigDecimal 类和 BigInteger 类,见 7.8 节内容。

2.4.3 字符型字面值

字符是程序中可以出现的任何单个符号。字符型字面值用英文单引号定界,大多数可见的字符都可以用这种方式表示,如'a'、'@'、'我'等。对于不能用单引号直接括起来的符号,需要使用转义序列来表示。表示方法是用反斜杠(\)表示转义,如'\n'表示换行、'\t'表示水平制表符,常用的转义字符序列如表 2-3 所示。

表 2-3 常见的转义字符序列

转 义 字 符	说　　明	转 义 字 符	说　　明
\'	单引号字符	\b	退格
\"	双引号字符	\r	回车
\\	反斜杠字符	\n	换行
\f	换页	\t	水平制表符

在 Java 程序中还可以使用反斜杠加 3 位八进制数表示字符,格式为'\ddd',如'\141'表示字符'a'。也可以使用反斜杠加 4 位十六进制数表示字符,格式为'\uxxxx',如'\u0062'表示字符'b','\u4F60'和'\u597D'分别表示中文的"你"和"好"。任何的 Unicode 字符都可用这种方式表示。

字符型变量使用 char 定义,在内存中占 16 位,表示的数据范围是 0~65 535。下面语句定义了一个字符型变量。

```
char  c = 'A';
```

Java 字符型数据实际上是 int 型数据的一个子集,因此可以将一个正整数的值赋给字符型变量,只要范围在 0~65 535 即可,但输出仍然是字符。

```
char  c2 = 65;
System.out.println(c2);         // 输出字符 A
```

字符型数据可以与其他数值型数据混合运算。一般情况下,char 类型的数据可以直接转换为 int 类型的数据,而 int 类型的数据转换成 char 类型的数据需要强制转换。

```
int  i = 66;
char  c = 'A';
int n= i + c;              // 合法,c 自动转换成 int 类型
c = i;                     // 不合法,i 不能自动转换成 char 类型
```

字符在计算机内部以一组 0 和 1 的序列表示。将字符转换为其二进制表示的过程称为**编码**(encoding)。字符有多种不同的编码方法,编码方案定义了字符如何编码。大多数计算机采用 ASCII 码,它是表示所有大小写字母、数字、标点符号和控制字符的 7 位编码方案。

Java 语言使用 Unicode(**统一码**)为字符编码,它是由 Unicode Consortium 建立的一种编码方案。Unicode 字符集最初使用两字节(16 位)为字符编码,这样就可表示 65 536 个字符。新版 Unicode 15.0 标准(2022 年公布)可以表示更多的字符,所收录的字符总数多达 143 859 个。它可以表示世界各国的语言符号,包括希腊语、阿拉伯语、日语以及汉语等,新版中还包括表情符号。ASCII 码字符集是 Unicode 字符集的子集。

2.4.4 布尔型字面值

布尔型数据用来表示逻辑真或逻辑假。布尔型字面值很简单,只有两个值 true 和 false,分别用来表示逻辑真和逻辑假。

布尔型变量使用 boolean 关键字声明,如下面语句声明了布尔型变量 isLogged 并为其赋初值 true。

```
boolean isLogged = true;
```

所有关系表达式的返回值都是布尔型的数据,如表达式 10<9 的结果为 false。布尔型数据也经常用于选择结构和循环结构的条件中,请参阅 3.2 节和 3.5 节的内容。

注意 与 C/C++语言不同,Java 语言的布尔型数据不能与数值数据相互转换,即 false 和 true 不对应于 0 和非 0 的整数值。

程序 2-2 演示了字符型数据和布尔型数据的使用。

程序 2-2 CharBoolDemo.java

```java
package com.boda.xy;
public class CharBoolDemo{
    public static void main(String[] args){
        boolean b;
        char ch1,ch2;
        ch1 = 'Y';
        ch2 = 65;                          // 可以将一个整数赋给字符型变量
        System.out.println("ch1 = " + ch1 +",ch2 = " + ch2);
        b = ch1 == ch2;
        System.out.println(b);
        ch2 = (char)(ch2 + 1);             // 字符型数据可以执行算术运算
        System.out.println("ch2 = " + ch2);
    }
}
```

运行结果如图 2-3 所示。

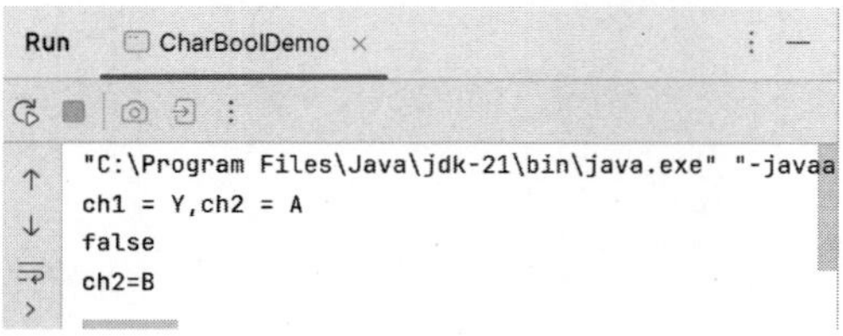

语句 b = ch1 == ch2;是将 ch1 和 ch2 的比较结果赋给变量 b,由于 ch1 与 ch2 的值不相等,因此输出 b 的值为 false。语句 ch2=(char)(ch2 + 1);说明字符型数据可以完成整数运算,但运算结果不能超出 char 类型的

图 2-3 程序 2-2 的运行结果

范围。如果 ch2 的初值是 65 536，程序会产生编译错误。

2.5 字符串类型

程序中经常要使用字符串，**字符串是字符序列**，不属于基本数据类型，它是一种引用类型。Java 字符串是通过 String 类实现的。可以使用 String 声明和创建一个字符串对象。可以通过双引号定界符创建一个字符串字面值，如下：

```
String s = "Java is cool.";
```

注意，一个字符串字面值不能分在两行来写。例如，下面代码会产生编译错误：

```
String s = "学而时习之,
            不亦说乎?";          ← 发生编译错误
```

对于较长的字符串，可以使用加号运算符（+）将两个字符串连接，如下所示。

```
String s1 = "有朋自远方来" + ",不亦乐乎?";
String s2 = "人不知而不愠"
          + ",不亦君子乎?";      ← 无编译错误
```

还可以将一个 String 和一个基本类型或者另一个对象连接在一起。例如，下面代码就是字符串常量和一个 int 型变量及 double 型变量连接。

```
int age = 25;
double salary = 8000;
System.out.println("我的年龄是: " + age);
System.out.println("我的工资是: " + salary);
```

字符串与其他类型值连接，系统首先将其他类型值转换为字符串，然后两个字符串再连接。上述代码的运行结果如下。

```
我的年龄是: 25
我的工资是: 8000.0
```

我们将在 7.2 节详细介绍字符串的使用。

2.6 软件开发过程

软件开发过程（software development process）是指软件**设计思路和实现方法**的一般过程。软件开发是一个工程过程。软件产品无论大小，一般都是一个多阶段过程，通常包括需求确定、系统分析、系统设计、实现、测试、部署和维护。

本节通过一个简单的计算圆面积及周长的程序，说明 Java 程序的开发过程。本书的案例都比较小，所以可能不包括所有步骤，这里重点讨论几个重要步骤。

1. 理解问题

程序设计的第一步是理解问题，也就是需求分析。作为程序员，首先需要仔细阅读并准

确理解需求说明书,这通常包括提问以确认对问题的理解是否正确。例如,对于上述问题,可能需要提出下面问题:

需要处理的数据类型(整型还是浮点型),数据的范围如何(是否可以为负数),数据输出格式有什么要求(比如,保留的小数位),等等。

对于这样一个小问题,就有这些问题都需要澄清。可以想象,对于有成千上万行代码的程序,需要澄清的问题数量将非常大。

2. 开发解决方案

理解了问题并澄清了可能遇到的问题,接下来就需要以算法的形式开发出一个解决方案。**算法**(algorithm)是解决问题所需的一组逻辑步骤。算法有两个重要特点:第一,它们独立于计算机,可用自然语言或伪代码(自然语言和编程语言的混合)描述。第二,算法接收数据作为输入(input),对数据处理(process),最后,得到输出(output),简称 IPO。

例如,对上述求圆面积和周长的问题可以描述如下所示。

第 1 步:读取半径值,存入变量 radius 中。
第 2 步:使用下面公式计算圆面积 area 和周长 perimeter。
    area = π * radius * radius
    perimeter = 2 * π * radius
第 3 步:显示面积值 area 和周长 perimeter。

3. 实现

实现也称为**编码**(编写代码)。编写代码就是将算法转换成程序。在 Java 程序中首先定义一个 ComputeArea 类,其中定义 main()方法,如下所示。

```java
public class ComputeArea{
    public static void main(String[] args){
        // 第 1 步:读入半径值
        // 第 2 步:计算面积和周长
        //第 3 步:显示面积和周长
    }
}
```

本程序的第 2 步和第 3 步比较简单。第 1 步的读取半径值比较难。首先应该定义变量 radius、area 和 perimeter 来存储半径、面积和周长。

要从键盘读取一个 double 数可以使用 Scanner 类的 nextDouble()方法。首先创建 Scanner 类的一个实例,然后调用 nextDouble()方法读取 double 数据。

求圆面积和周长的完整程序如程序 2-3 所示。

程序 2-3   ComputeArea.java

```java
package com.boda.xy;
import java.util.Scanner;
public class ComputeArea{
    public static void main(String[] args){
        double radius;
        double area, perimeter;
        Scanner input = new Scanner(System.in);        ←── 创建 Scanner 实例
        System.out.print("请输入半径值:");
        radius = input.nextDouble();                   ←── 读取一个 double 值
```

```
        area = Math.PI * radius * radius;
        perimeter = 2 * Math.PI * radius;
        System.out.println("圆的面积为:" + area);
        System.out.println("圆的周长为:" + perimeter);
    }
}
```

程序中创建了一个 Scanner 类实例 input,然后调用它的 nextDouble()方法从键盘读取一个 double 型数,将其存储到 radius 变量中,最后用该变量计算并输出圆的面积。图 2-4 是该程序输入半径 10.0 的一个运行结果。

图 2-4　程序 2-3 的运行结果

由于 Scanner 类存放在 java.util 包中,因此程序使用 import 语句导入该类。在 main()方法中使用 Scanner 类的构造方法创建一个 Scanner 类的对象,在其构造方法中以标准输入 System.in 作为参数。得到 Scanner 对象后,就可以调用它的有关方法来从键盘获得各种类型的数据。程序中使用 nextDouble()方法得到一个 double 型数据,然后将其赋给 double 型变量 radius。最后输出语句输出以该数为半径的圆的面积和周长。程序中圆周率使用 Math 类的 PI 常量。

提示　输入的数据与要获得的数据类型不匹配,会产生 InputMismatchException 运行时异常。

使用 Scanner 类对象还可以从键盘上读取其他类型的数据,如 nextInt()读取一个整数,nextLine()读取一行文本。关于 Scanner 类的其他方法可参阅本书 11.4 节。

4. 测试

在编写程序后,必须对其进行测试。**程序测试**(program testing)可能是程序开发中一个非常烦琐和耗时的部分。测试的目的是发现程序的错误。程序员必须对程序进行全面的测试,必须保证对程序的每一条指令和每一种可能情况都进行测试。

程序错误有多种,比如编译错误(语法错误)、运行时错误以及逻辑错误。**语法错误**由编译器检查,这种错误最容易修改。**运行时错误**是在程序运行时可能发生的错误。比如,对于本节的例子,在运行时用户输入了错误数据(如输入"abc"而不是数值),程序将产生运行时错误(抛出 InputMismatchException 异常)。**逻辑错误**是最难发现和纠正的错误,对于本例,假如将计算圆周长公式错写成 perimeter = Math.PI * radius,程序会计算并输出结果,但结果不正确,这就是逻辑错误。程序员可以利用工具软件检测和修改逻辑错误,例如,JUnit 就是最常用的单元测试工具。

✐**多学一招**

编译通过的程序还可以使用 IDEA 的**调试器**(debugger)进行调试。在编辑窗格中单击

main()方法左侧的箭头号,在弹出菜单中选择'Debug HelloWorld.main()',即可启动调试器。调试器启动后,我们可以单步执行程序,观察变量值。当然,首先需要设置断点,单击行号右侧空白处即可设置断点,再单击取消断点。

2.7 数据类型转换

通常整型、浮点型、字符型数据可能需要混合运算或相互赋值,这就涉及类型转换的问题。Java 语言是强类型的语言,即每个常量、变量、表达式的值都有固定的类型,而且每种类型都是严格定义的。在 Java 程序编译阶段,编译器要对类型进行严格的检查,任何不匹配的类型都不能通过编译器。比如在 C/C++中可以把浮点型的值赋给一个整型变量,在 Java 中这是不允许的。如果一定要把一个浮点型的值赋给一个整型变量,需要进行类型转换。

在 Java 中,基本数据类型的转换分为自动类型转换和强制类型转换两种。

2.7.1 自动类型转换

自动类型转换也称为加宽转换,它是指将具有较少位数的数据类型转换为具有较多位数的数据类型。下面代码是自动转换:

```
byte   b = 120;
int    i = b;         // 字节型数据 b 自动转换为整型
```

将 byte 型变量 b 的值赋给 int 型变量 i,这是合法的,因为 int 型数据占的位数多于 byte 型数据占的位数,这就是自动类型转换。

这种转换关系可用图 2-5 表示。图中箭头方向表示可从一种类型自动转换成另一种类型。从一种整数类型扩大转换到另一种整数类型时,不会有信息丢失的危险。同样,从 float 转换为 double 也不会丢失信息。但从 int 或 long 转换为 float,从 long 转换为 double 可能发生信息丢失。图中 6 个实心箭头表示不丢失精度的转换,3 个虚线箭头表示的转换可能丢失精度。

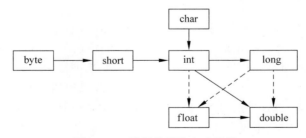

图 2-5 数据类型的自动转换

例如,下面代码的输出就丢失了精度。

```
int n = 123456789;
float f = n;                    ← 可自动转换,但丢失了精度
System.out.println(f);          // 输出:1.23456792E8
```

当使用二元运算符对两个值进行计算时,如果两个操作数类型不同,一般要自动转换成更宽的类型。例如,计算 n + f,其中 n 是整数,f 是浮点数,则结果为 float 型数据。对于宽度小于 int 型数据的运算,结果为 int 型。

注意 布尔型数据不能与任何其他类型的数据相互转换。

2.7.2 强制类型转换

若需要将位数较多的数据类型转换为位数较少的数据类型,如将 double 型数据转换为 byte 型数据,这时需要通过**强制类型转换**来完成。其语法是在圆括号中给出要转换的目标类型,随后是待转换的表达式,如下所示:

```
double d = 200.5;
byte b = (byte)d;          ←─┤ 将 double 型值强制转换成 byte 型值
System.out.println(b);     // 输出:-56
```

上面语句的最后输出结果是-56。转换过程是先把 d 截去小数部分转换成整数,但转换成的整数也超出了 byte 型数据的范围,因此最后只得到该整数的低 8 位,结果为-56。

由此可以看到,强制类型转换有时可能会丢失信息。因此,在进行强制类型转换时应测试转换后的结果是否在正确的范围。

2.7.3 表达式类型自动提升

除了赋值可能发生类型转换外,在含有变量的表达式中也有类型转换的问题,如下所示:

```
byte  a = 40;
byte  b = 50;
byte  c = a + b;           ←─┤ 这里表达式 a+b 结果类型提升为 int 型
c = (byte)(a + b);         // 正确
int i = a + b;
```

上面代码中,尽管 a + b 的值没有超出 byte 型数据的范围,但是如果将其赋给 byte 型变量 c 将产生编译错误。这是因为,在计算表达式 a + b 时,编译器首先将操作数类型提升为 int 类型,最终计算出的 a + b 的结果 90 是 int 类型。如果要将计算结果赋给 c,必须使用强制类型转换。这就是所谓的表达式类型的提升。

常量表达式不发生类型提升,如下面代码不发生编译错误。

```
c = 40 + 50;
```

通过使用类型转换可以实现四舍五入功能。比如,圆周率在 Java 中用 Math.PI 常量表示,默认情况下输出它的值是 3.141592653589793。假设希望将该值四舍五入保留 4 位小数,可以通过下面程序 2-4 实现。

程序 2-4 CastDemo.java

```
package com.boda.xy;
public class CastDemo{
    public static void main(String[] args){
```

```
        System.out.println(Math.PI);        // 输出 PI
        double pi = Math.PI;
        pi = pi * 10000 + 0.5;              // 保证四舍五入
        pi = (int) pi;                      // 保留整数部分
        pi = pi / 10000;                    // 得到结果
        System.out.println(pi);
    }
}
```

运行结果如图 2-6 所示。

图 2-6　程序 2-4 的运行结果

2.8　运算符

运算符和表达式是 Java 程序的基本组成要素。把表示各种不同运算的符号称为**运算符**(operator)，参与运算的各种数据称为**操作数**(operand)。为了完成各种运算，Java 提供了多种运算符，不同的运算符用来完成不同的运算。

表达式是由运算符和操作数按一定语法规则组成的符号序列。以下是合法的表达式：

```
(7 + 3) * (8 - 5)
a > b && c < d
```

一个字面值或一个变量是最简单的表达式。每个表达式经过运算后都会产生一个确定的值。

2.8.1　算术运算符

算术运算符一般用于对整型数和浮点型数运算。算术运算符有加(＋)、减(－)、乘(＊)、除(/)和取余数(％)5 个二元运算符和正(＋)、负(－)、自增(＋＋)、自减(－－)4 个一元运算符。

1. 二元运算符

二元运算符有加(＋)、减(－)、乘(＊)、除(/)和取余数(％)。这些运算符都可以应用到整数和浮点数上。

注意，在使用除法运算符(/)时，如果两个操作数都是整数，商为整数，例如：5 / 2 的结果是 2 而不是 2.5，而 5.0 / 2 的结果是 2.5。

"％"运算符用来求两个操作数相除的余数，操作数可以为整数，也可以为浮点数。例如，7 ％ 4 的结果为 3，10.5 ％ 2.5 的结果为 0.5。当操作数含有负数时，情况有点复杂。这时的规则是余数的符号与被除数相同且余数的绝对值小于除数的绝对值,如下所示。

```
10 % 4 = 2
10 % -4 = 2
-10 % 4 = -2
-10 % -4 = -2
```

在操作数涉及负数求余运算中,可通过下面规则计算:先去掉负号,再计算结果,结果的符号取被除数的符号。如求−10 % −4 的结果,去掉负号求 10 % 4,余数为 2。由于被除数是负值,因此最终结果为−2。

在程序设计中,求余数运算是非常有用的。例如,偶数%2 的结果总是 0,而正奇数%2 的结果总是 1。所以,可以利用这一特性来判定一个数是偶数还是奇数。如果今天是星期三,7 天之后就又是星期三。那么 10 天之后是星期几呢?使用下面的表达式,我们就可以知道那天是星期六(下面表达式的结果是 6)。

```
(3 + 10) % 7
```

在整数除法及取余运算中,如果除数为 0,则抛出 ArithmeticException 异常。当操作数有一个是浮点数时,如果除数为 0,除法运算将返回 Infinity 或−Infinity,求余运算将返回 NaN。有关异常的概念请参阅第 9 章"异常处理"。

"+"运算符不但用于计算两个数值型数据的和,还可用于字符串对象的连接。例如,下面的语句输出字符串"abcde"。

```
System.out.println("abc" + "de");
```

当"+"运算符的两个操作数一个是字符串而另一个是其他数据类型,系统会自动将另一个操作数转换成字符串,然后再进行连接。例如下面代码输出"sum = 123"。

```
inta = 1, b = 2, c = 3;
System.out.println("sum = " + a + b + c);
```

但要注意,下面代码输出"sum = 6"。

```
System.out.println("sum = " + (a + b + c));        ←──┤ 先计算括号内表达式
```

2．自增(＋＋)和自减(−−)运算符

"＋＋"和"−−"运算符主要用于对变量的操作,分别称为自增和自减运算符,"＋＋"表示加 1,"−−"表示减 1。它们又都可以使用在变量的前面或后面,如果放在变量前,表示给变量加 1 后再使用该变量;若放在变量的后面,表示使用完该变量后再加 1。例如,假设当前变量 x 的值为 5,执行下面语句后 y 和 x 的值如下所示。

```
y = x++;          //语句执行后 y = 5    x = 6
y = ++x;          //语句执行后 y = 6    x = 6
y = x--;          //语句执行后 y = 5    x = 4
y = --x;          //语句执行后 y = 4    x = 4
```

自增和自减运算符可用于浮点型变量，如下列代码是合法的：

```
double d = 3.15;
d + + ;        // 执行后 d 的结果为 4.15
```

下面通过程序 2-5 来说明自增运算符的使用。请注意程序的输出结果。

程序 2-5　IncrementDemo.java

```
package com.boda.xy;
public class IncrementDemo{
  public static void main(String[] args){
    int i = 3;
    int s = (i++) + (i++) + (i++);      ← 先使用 i,后自增
    System.out.println("s = "+s+",i = "+i);
    i = 3;
    s = (++i) + (++i) + (++i);          ← i 先自增,后使用
    System.out.println("s = "+s+",i = "+i);
  }
}
```

运行结果如图 2-7 所示。

图 2-7　程序 2-5 的运行结果

第一次计算 s 时是 3＋4＋5,最后 i 的值为 6,第二次计算 s 时是 4＋5＋6,最后 i 的值也为 6。

扫一扫

视频讲解

2.8.2　比较运算符

比较运算符(也称关系运算符)用来比较两个值的大小或是否相等。Java 有 6 种比较运算符，如表 2-4 所示。

表 2-4　比较运算符

运算符	含义	运算符	含义
>	大于	<=	小于或等于
>=	大于或等于	==	相等
<	小于	!=	不相等

比较运算符一般用来构成条件表达式,比较的结果返回 true 或 false。假设定义了下面的变量：

```
int x = 99;
int y = 108;
char c = 'D';
```

下面的语句的输出都是 true：

```
System.out.println(x < y);
System.out.println(c >= 'A');
```

在 Java 语言中，任何类型的数据（包括基本类型和引用类型）都可以用"=="和"!="比较是否相等，但只有基本类型的数据（布尔型数据除外）可以比较哪个大哪个小。比较结果通常作为判断条件，如下所示。

```
if (n % 2 == 0)
    System.out.println( n + "是偶数");
```

2.8.3 逻辑运算符

逻辑运算符的运算对象只能是布尔型数据，并且运算结果也是布尔型数据。逻辑运算符包括以下几种：逻辑非（!）、短路与（&&）、短路或（||）、逻辑与（&）、逻辑或（|）、逻辑异或（^）。假设 A、B 是两个布尔型数据，则逻辑运算的规则如表 2-5 所示。

表 2-5 逻辑运算的运算规则

A	B	!A	A&B	A|B	A^B	A&&B	A||B
false	false	true	false	false	false	false	false
false	true	true	false	true	true	false	true
true	false	false	false	true	true	false	true
true	true	false	true	true	false	true	true

从表 2-5 可以看到，对一个逻辑值 A，逻辑非（!）运算是当 A 为 true 时，!A 的值为 false，当 A 为 false 时，!A 的值为 true。

对逻辑"与"（&& 或 &）和逻辑"或"（|| 或 |）运算都有两个运算符，它们的区别是："&&"和"||"为**短路运算符**，而"&"和"|"为**非短路运算符**。对短路运算符，当使用"&&"进行"与"运算时，若第一个（左面）操作数的值为 false 时，就可以判断整个表达式的值为 false，因此，不再继续求解第二个（右边）表达式的值。同样当使用"||"进行"或"运算时，若第一个（左面）操作数的值为 true 时，就可以判断整个表达式的值为 true，因此，不再继续求解第二个（右边）表达式的值。对非短路运算符（& 和 |），将对运算符左右的表达式求解，最后计算整个表达式的结果。

对"异或"（^）进行运算，当两个操作数一个是 true，另一个是 false 时，结果就为 true，否则结果为 false。

下面程序 2-6 说明了在相同的初始条件下，使用短路逻辑运算符和非短路逻辑运算符，对同一表达式的计算结果可能不同。

程序 2-6 LogicalDemo.java

```
package com.boda.xy;
public class LogicalDemo{
   public static void main(String[] args){
      int a = 1, b = 2, c = 3;
```

```
    boolean u = false;
    u = (a >= --b || b++ < c--) && b == c;
    System.out.println("u = " + u);
    // 使用&和|运算符
    b = 2;
    u = (a >= --b | b++ < c--) & b == c;
    System.out.println("u = " + u);
  }
}
```

运行结果如图 2-8 所示。

图 2-8　程序 2-6 的运行结果

程序在第一次求 u 时先计算 a >= --b，结果为 true，此时不再计算 b++ < c--，因此 b 的值为 1，c 的值为 3，再计算 b == c 时结果为 false，因此 u 的值为 false。在第二次计算 u 的值时，a、b、c 的值仍然是 1、2、3，在计算 a >= --b 的结果为 true 后，仍然要计算 b++ < c-- 的值，结果 b 与 c 的值都为 2，因此最后 u 值为 true。

上面的结果说明，在相同的条件下，使用不同的逻辑运算符（短路的还是非短路的），计算的结果可能不同。

2.8.4　赋值运算符

赋值运算符（assignment operator）用来为变量指定新值。赋值运算符主要有两类，一类是使用等号（＝）赋值，它把一个表达式的值赋给一个变量或对象；另一类是复合的赋值运算符。下面分别讨论这两类赋值运算符。

1. 赋值运算符"＝"

赋值运算符"＝"的一般格式如下：

```
变量名 = 表达式;
```

这里，该赋值语句功能是将等号右边表达式的值赋给左边的变量。如下所示：

```
int x = 10;
int y = x + 20;
```

赋值运算必须是类型兼容的，即左边的变量必须能够接收右边的表达式的值，否则会产生编译错误。如下面的语句产生编译错误。

```
int pi = 3.14;        ←── 编译错误
```

3.14 是 double 型数据,不能赋给整型变量,否则可能丢失精度。

使用等号(=)可以给对象赋值,这称为**引用赋值**。下面将右边对象的引用值(地址)赋给左边的变量。

```
Student s1 = new Student();
Student s2 = s1;
```

此时 s1、s2 指向同一个对象。对象引用赋值与基本数据类型的拷贝赋值是不同的。在第 4 章将详细讨论对象的引用赋值。

2. 复合赋值运算符

在赋值运算符(=)前加上其他运算符,即构成**复合赋值运算符**。它的一般格式如下:

```
变量名 运算符 = 表达式;
```

用变量当前值与右侧表达式值进行运算,最后将运算结果赋给变量。例如,下面两行是等价的:

```
a += 3;
a = a + 3;
```

复合赋值运算符有 11 个,设 a = 15,b = 3,表 2-6 给出了所有的复合赋值运算符及其使用方法。

表 2-6 扩展赋值运算符

扩展赋值运算符	表 达 式	等价表达式	结　　果
+=	a += b	a = a + b	18
-=	a -= b	a = a - b	12
*=	a *= b	a = a * b	45
/=	a /= b	a = a / b	5
%=	a %= b	a = a % b	0
&=	a &= b	a = a & b	3
|=	a |= b	a = a | b	15
^=	a ^= b	a = a ^ b	12
<<=	a <<= b	a = a << b	120
>>=	a >>= b	a = a >> b	1
>>>=	a >>>= b	a = a >>> b	1

在复合赋值运算中,如果等号右侧是一个表达式,表达式将作为一个整体参加运算,例如下面代码的输出结果为 13。

```
int a = 5;
a += 5 * ++a / 5 + 2;        ←┤ 等号右边表达式结果为 8
System.out.println(a);       // 输出:13
```

上面的复合赋值运算等价于下面代码:

```
a = a + (5 * ++a / 5 + 2);
```

扫一扫

视频讲解

2.8.5 位运算符

位运算是在整数的二进制位上进行的运算。在学习位运算符之前,先回顾一下整数是如何用二进制表示的。在Java语言中,整数是用二进制的补码表示的。在补码表示中,最高位为符号位,正数的符号位为0,负数的符号位为1。若一个数为正数,补码与原码相同;若一个数为负数,补码为原码的反码加1。

例如,int型整数+42用4个字节32位的二进制补码表示为如下形式。

```
00000000 00000000 00000000 00101010
```

−42的补码如下所示:

```
11111111 11111111 11111111 11010110
```

位运算有两类:**位逻辑**运算(bitwise)和**移位**运算(shift)。位逻辑运算符包括按位取反(~)、按位与(&)、按位或(|)和按位异或(^)4种。移位运算符包括左移(<<)、右移(>>)和无符号右移(>>>)3种。位运算符只能用于整型数据,包括byte、short、int、long和char类型。设a = 10,b = 3,表2-7列出了各种位运算符的功能与示例。

表2-7 位运算符的功能与示例

运算符	功能	示例	结果
~	按位取反	~a	−11
&	按位与	a & b	2
|	按位或	a | b	11
^	按位异或	a ^ b	9
<<	按位左移	a << b	80
>>	按位右移	a >> b	1
>>>	按位无符号右移	a >>> b	1

1. 位逻辑运算符

位逻辑运算是在整数的二进制位进行运算。设A、B表示操作数中的一位,位逻辑运算的规则如表2-8所示。

表2-8 位逻辑运算的运算规则

A	B	~A	A&B	A|B	A^B
0	0	1	0	0	0
0	1	1	0	1	1
1	0	0	0	1	1
1	1	0	1	1	0

~运算符是对操作数的每一位按位取反。例如,~42的结果为−43。因为42的二进制补码为:00000000 00000000 00000000 00101010,按位取反后的结果为11111111

1111111 11111111 11010101,即为-43。对任意一个整型数 i,都有下面等式成立:

```
~i = -i-1
```

再看以下按位与运算:

```
int a = 51, b = -16;        ← 用二进制位运算
int c = a & b;
System.out.println("c = " + c);
```

上面代码的输出结果如下所示:

```
c = 48
```

按位与运算的过程如下所示:

```
  00000000 00000000 00000000 00110011              51
& 11111111 11111111 11111111 11110000           & -16
  -----------------------------------             -----
  00000000 00000000 00000000 00110000              48
```

如果两个操作数的宽度(位数)不同,在进行按位运算时要进行扩展。例如一个 int 型数据与一个 long 型数据按位运算,需要先将 int 型数据扩展到 64 位,若为正,高位用 0 扩展,若为负,高位用 1 扩展,然后再进行位运算。

2. 移位运算符

Java 语言提供了 3 个移位运算符:左移运算符(<<)、右移运算符(>>)和无符号右移运算符(>>>)。

左移运算符(<<)用来将一个整数的二进制位序列左移若干位。移出的高位丢弃,右边添 0。例如,整数 7 的二进制序列如下:

```
00000000 00000000 00000000 00000111
```

若执行 7 << 2,结果如下:

```
00000000 00000000 00000000 00011100
```

7 左移 2 位结果是 28,相当于 7 乘 4。

右移运算符(>>)用来将一个整数的二进制位序列右移若干位。移出的低位丢弃。若为正数,移入的高位填 0,若为负数,移入的高位填 1。

无符号右移运算符(>>>)也是将一个整数的二进制位序列右移若干位。它与右移运算符的区别是,不论正数还是负数左边一律移入 0。例如,-192 的二进制序列如下。

```
11111111 11111111 11111111 01000000
```

若执行-192 >> 3,结果为-24。

```
11111111 11111111 11111111 11101000
```

若执行-192 >>> 3,结果为536870888。

```
00011111 11111111 11111111 11101000
```

注意 位逻辑运算符和移位运算符都只能用于整型数据或字符型数据,不能用于浮点型数据。

2.8.6 运算符的优先级

运算优先级是指在一个表达式中出现多个运算符又没有用括号分隔时,先运算哪个后运算哪个。常说的"先算乘除后算加减"指的就是运算符的优先级问题。不同的运算符有不同的运算优先级。

假设有下面一个表达式:

```
3 + 4 * 5 > (5 * (2 + 4) - 10) && 8 - 4 > 5
```

这个表达式的结果是多少呢?这涉及运算符的优先级问题。程序首先计算括号中的表达式(如果有嵌套括号,先计算里层括号中的表达式)。当计算没有括号的表达式时,会按照运算符的优先级和结合性进行运算。

结合性是指对某个运算符构成的表达式,计算时如果先取运算符左边的操作数,后取运算符,则该运算符是左结合的,若先取运算符右侧的操作数,后取运算符,则是右结合的。所有的二元运算符(如+、<<等)都是左结合的,而赋值运算符(=、+=等)是右结合的。表2-9按优先级的顺序列出了各种运算符和结合性。

表2-9 按优先级从高到低的运算符

优先级	运算符	名称	结合性
1	++ -- +、- ~ ! (cast)、new ->、:: .	自增 自减 正、负 按位取反 逻辑非 类型转换、创建对象 箭头和方法引用 字段访问和方法调用	右结合 左结合
2	*、/、%	乘、除和求余	左结合
3	+、- +	加、减 字符串连接	左结合 左结合
4	<<、>>、>>>	左移、右移、无符号右移	左结合
5	<、<=、>、>=、instanceof	小于、小于或等于、大于、大于或等于、实例运算符	左结合
6	==、!=	相等、不相等	左结合
7	&	按位与、逻辑与	左结合
8	^	按位异或、逻辑异或	左结合
9	|	按位或、逻辑或	左结合
10	&&	逻辑与(短路)	左结合

续表

优先级	运算符	名称	结合性
11	||	逻辑或（短路）	左结合
12	?:	条件运算符	右结合
13	= +=、-=、*=、/=、%=、&=、|=、 ^=、<<=、>>=、>>>=	赋值 复合赋值	右结合 右结合

不必死记硬背运算符的优先级。必要时可以在表达式中使用圆括号，**圆括号的优先级最高**。圆括号还可以使表达式显得更加清晰。例如，考虑以下代码：

```
int x = 5;
int y = 5;
boolean z = x * 5 == y + 20;
```

因为"*"和"+"的优先级比"=="高，比较运算之后，z 的值是 true。但是，这个表达式的可读性较差。使用圆括号把最后一行修改如下：

```
boolean z = (x * 5) == (y + 20);
```

最后结果相同。该表达式要比不使用括号的表达式清晰得多。

2.9 案例学习——显示当前时间

扫一扫

视频讲解

1．问题描述

编写程序，以 GMT（格林尼治时间）来显示当前的时间，即以"小时:分钟:秒"的格式来显示时间。要求得到类似下面的输出结果。

当前时间是：14:8:24

2．运行结果

下面是程序一次的运行结果，如图 2-9 所示。

图 2-9　CurrentTime 程序的运行结果

3．设计思路

编程语言大多都提供获得系统时间的方法。Java 语言有多种方法可以获得系统的当前时间。比如，可以用 System.currentTimeMillis()方法的返回值来计算当前系统时间。该方法返回 GMT 1970 年 1 月 1 日 00:00:00 开始到当前时刻的毫秒数。

通过利用这个方法的返回值,按下列步骤计算出当前的秒数、分钟数和小时数。

(1) 调用 System.currentTimeMillis()方法返回 1970 年 1 月 1 日午夜到现在的毫秒数(例如,1 592 279 143 003ms),将其存放到变量 t 中。

(2) 计算 t/1000,可以得到当前的总秒数(例如,1 592 280 564 718/1000=1 592 280 564s),将其存到变量 seconds 中。

(3) 计算 seconds%60,结果就是当前的秒数(1 592 280 564%60=24s),将其存放到变量 s 中。

(4) 计算 seconds/60,可以得到当前的总分钟数(1 592 280 564/60=26 538 009min),将其存放到变量 minutes 中。

(5) 计算 minutes%60,结果就是当前的分钟数(26 538 009%60=9min),将其存放到变量 m 中。

(6) 计算 minutes/60,可以得到当前的总小时数(例如,26 538 009/60=442 300h),将其存放到变量 hours 中。

(7) 计算 hours%24,就可以得到当前的小时数(例如,442 300%24=4),将其存放到变量 h 中。

通过上述步骤我们就得到了当前时间(h 是小时数、m 是分钟数、s 是秒数),应该为 4 时 9 分 24 秒,即 4:9:24。

4. 代码实现

下面程序 2-7 就用 System.currentTimeMillis()方法计算并输出了当前时间。

程序 2-7　CurrentTime.java

```java
package com.boda.xy;
public class CurrentTime {
    public static void main(String[] args) {
        long t = System.currentTimeMillis();
        long seconds = t / 1000;              // 总秒数
        long s = seconds % 60;
        long minutes = seconds / 60;          // 总分钟数
        long m = minutes % 60;
        long hours = minutes / 60;            // 总小时数
        long h = hours % 24;
        System.out.println("当前时间:" + h + ":" + m + ":" + s);
    }
}
```

这里需要注意的是,运行程序的时间是北京时间 22:8:24,而图 2-9 中显示的结果是 14:8:24。读者可能会疑惑,是不是时间计算错误。实际上使用上述方法计算的时间是格林尼治标准时间,而不是用户所在时区的时间(如北京时间),要想得到本地时间,应该加上时区(比如,北京时间属于东 8 区,那么应该在时间的小时上加 8)。那么 GMT 时间 14:8:24 的小时加 8 得到 22:8:24,这是北京时间。

✐多学一招

可以使用 java.time.LocalTime 类的 now()方法获得当前本地时间,代码如下:

```
System.out.println("当前时间: "
        + LocalTime.now().truncatedTo(ChronoUnit.SECONDS));
```

输出结果如下：

当前时间: 22:8:24

这里，使用 LocalTime 类的 truncatedTo() 方法将时间截短到秒。

2.10 本章小结

本章介绍了 Java 语言的基本元素，包括数据类型和运算符。Java 语言的数据类型包括 8 种基本数据类型和 6 种引用数据类型。本章还讨论了变量的使用和各种数据类型的字面值和转换，介绍了主要的运算符及其使用。

下一章将介绍 Java 语言的基本控制结构，包括选择结构和循环结构。另外还将简单介绍结构化程序设计方法。

2.11 习题与实践

习题

自测题

2.12 上机实验

上机实验

第 3 章

结构化编程

CHAPTER 3

本章知识点思维导图

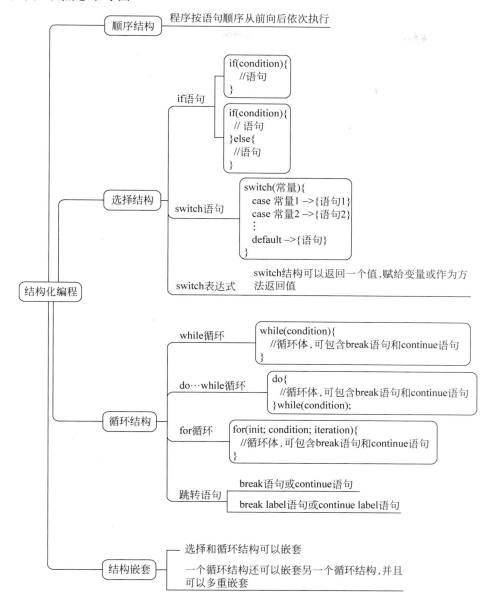

3.1 编程方法

视频讲解

随着计算机硬件技术的不断发展,编程方法也在不断地发展和改进。有多种编程方法,比如结构化编程方法、面向对象编程方法、函数式编程、反应式编程等。本节简要介绍结构化编程的基本概念。

结构化编程(structured programming)方法在1965年提出,是软件发展的一个重要的里程碑。在结构化编程中,只允许使用3种基本的程序结构,它们是顺序结构、分支结构(包括多分支结构)和循环结构,这 3 种基本结构的共同特点是只允许有一个入口和一个出口,仅由这 3 种基本结构组成的程序称为**结构化程序**。

- **顺序结构**。顺序结构表示程序中的各操作是按照它们出现的先后顺序执行的。如图 3-1 所示,其中 A、B 可以是一个语句(甚至是空语句),也可以是这里介绍的 3 种结构中的一种结构。顺序结构比较简单,程序按语句的顺序依次执行。在前 2 章中介绍的程序都是顺序结构的。

图 3-1 顺序结构

- **选择结构**。选择结构是指程序的处理步骤出现了分支,它需要根据某一特定的条件选择其中的一个分支执行。简单的选择结构如图 3-2(a)和图 3-2(b)所示,这里 P 表示谓词条件。它们通常称为单分支、双分支。图 3-2(c)一般称为多分支,它可以通过嵌套的图 3-2(b)得到。

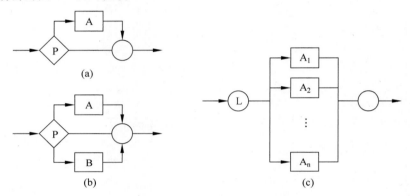

图 3-2 选择结构

- **循环结构**。循环结构是指程序反复执行某个或某些操作,直到某条件为假(或为真)时才可终止循环。在循环结构中最主要的是:什么情况下执行循环?哪些操作需要执行循环?循环结构有 3 种,如图 3-3 所示。这 3 种结构依次为 While 循环、Repeat 循环和 N+1/2 循环。前两种循环可以看作第 3 种循环的特殊情形。这 3 种循环虽然形式不同,但它们有一个共同点,即在一定条件下,可以将控制转移到本结构的入口点。

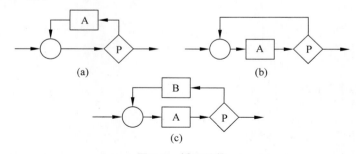

图 3-3 循环结构

按照结构化程序设计的观点,任何算法功能都可以通过由程序模块组成的 3 种基本程序结构的组合来实现。

采用结构化编程方法的软件开发需要遵循的主要原则包括:

- 自顶向下。设计程序时,应先考虑总体,后考虑细节;先考虑全局目标,后考虑局部目标。不要一开始就过多追求众多的细节,先从最上层的总目标开始设计,逐步使问题具体化。
- 逐步求精。对复杂问题,通常应设计一些子目标作为过渡,然后逐步求精。
- 模块化设计。一个复杂问题,是由若干简单的问题构成的。模块化是把程序要解决的总目标分解为子目标,再进一步分解为具体的小目标,每一个小目标被称为一个模块。
- 限制 goto 语句使用。很多编程语言支持 goto 语句,但使用 goto 语句是有害的,是造成程序混乱的根源,程序的质量与 goto 语句的数量成反比。

Java 是面向对象编程语言,它支持面向对象基本特征,同时它也吸收了结构化编程的思想精华,支持结构化编程方法。本章主要讨论 Java 对结构化编程的支持。关于 Java 面向对象的概念,我们从第 4 章开始讨论。

3.2 选择结构

扫一扫

视频讲解

3.1 节介绍了结构化编程的 3 种基本结构,其中顺序结构比较简单,即程序按语句的顺序依次执行。前面章节编写的程序都是顺序结构的,本章将重点讨论选择结构和循环结构。

Java 有多种类型的选择语句:简单 if 语句、双分支 if…else 语句、嵌套 if 语句、多分支 if…else 语句、switch 语句和条件表达式。

3.2.1 简单 if 语句

简单 if 语句的格式如下:

```
if(条件){
    语句(组);
}
```

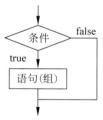

图 3-4 if 语句的执行流程

其中,条件为一个布尔表达式,它的值为 true 或 false。布尔表达式应该使用括号括住,后面是一对花括号。程序执行的流程是:首先计算条件表达式的值,若其值为 true,则执行语句(组)语句序列,否则转去执行 if 结构后面的语句,如图 3-4 所示。

下面程序 3-1,要求用户从键盘输入两个整数,分别存入变量 a 与 b,如果 a 大于 b,则交换 a 和 b 的值,也就是保证 a 小于或等于 b,最后输出 a 和 b 的值。

程序 3-1 ExchangeDemo.java

```
package com.boda.xy;
import java.util.Scanner;
public class ExchangeDemo{
    public static void main(String[] args){
        Scanner input = new Scanner(System.in);
        System.out.print("请输入整数 a:");
        int a = input.nextInt();
```

```
        System.out.print("请输入整数 b:");
        int b = input.nextInt();
        if(a > b){
            int t = b;
            b = a;           ← 交换 a 与 b 的值
            a = t;
        }
        System.out.println(" a = " + a);
        System.out.println(" b = " + b);
    }
}
```

执行程序输入 a 为 30，b 为 20，运行结果如图 3-5 所示。

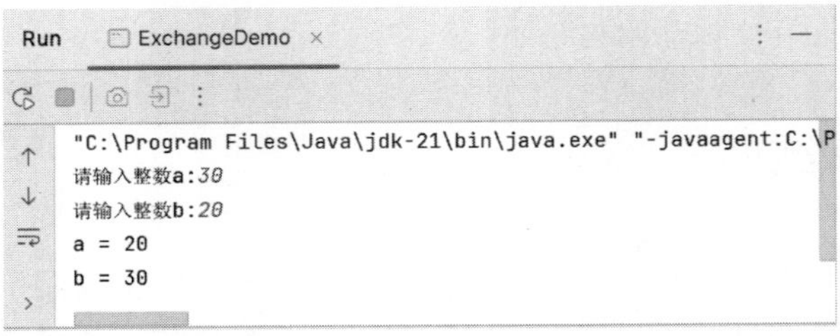

图 3-5　程序 3-1 的运行结果

注意　在 if 语句中，如果花括号内只有一条语句，则可以省略花括号。省略花括号可以使代码更简洁，但也容易产生错误。将来需要为代码块增加语句时，容易忘记加上花括号。这是初学者常犯的错误。

3.2.2　双分支 if…else 语句

双分支 if…else 语句是最常用的选择结构，它根据条件是 true 还是 false，决定执行的路径。if…else 结构的一般格式如下：

```
if(条件){
    语句(组)1;
}else{
    语句(组)2;
}
```

该结构的执行流程是：首先计算条件的值，如果为 true，则执行语句(组)1，否则执行语句(组)2，如图 3-6 所示。当 if 或 else 部分只有一条语句时，花括号可以省略，但推荐使用花括号。

下面程序 3-2，要求用户从键盘输入一个年份，输出该年是否是闰年。符合下面两个条件之一的年份即为闰年：①能被 400 整除；②能被 4 整除，但不能被 100 整除。

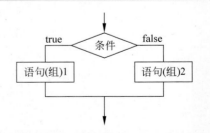

图 3-6　双分支 if…else 语句的执行流程

程序 3-2　LeapYear.java

```java
package com.boda.xy;
import java.util.Scanner;
public class LeapYear{
    public static void main(String[] args){
        Scanner scan = new Scanner(System.in);
        System.out.print("请输入年份:");
        int year = scan.nextInt();
        if(year % 400 == 0||(year % 4 == 0 && year % 100 != 0)){
            System.out.println(year + " 年是闰年。");
        }else{
            System.out.println(year + " 年不是闰年。");
        }
    }
}
```

运行程序输入年份 2024 的结果如图 3-7 所示。

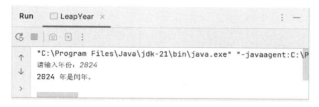

图 3-7　程序 3-2 的运行结果

3.2.3　多分支 if…else 语句

if 或 if…else 结构中的语句可以是任意合法的 Java 语句,甚至可以是其他的 if 或 if…else 结构。内层的 if 结构称为嵌套在外层的 if 结构。内层的 if 结构还可以包含其他的 if 结构。嵌套的深度没有限制。例如,下面就是一个嵌套的 if 结构,其功能是求 a、b 和 c 中最大值并将其保存到 max 中。

```
if(a > b){
   if( a > c)
       max = a;
   else                ← 一个嵌套的 if…else 结构
       max = c;
}else{
   if( b > c)
       max = b;
   else                ← 一个嵌套的 if…else 结构
       max = c;
}
```

注意,把每个 else 同与它匹配的 if 对齐排列,这样做很容易辨别嵌套层次。

如果程序逻辑需要多个选择,可以在 if 语句中使用一系列的 else if 语句,这种结构称为**多分支 if…else 语句**或阶梯式 if…else 结构。

编写程序,要求输入一个人的身高和体重,计算并打印出他的 BMI,同时显示 BMI 是高还是低。对于一个成年人，BMI值的含义如下所示。

- BMI<18.5，表示偏瘦；
- 18.5≤BMI<25.0，表示正常；
- 25.0≤BMI<30.0，表示超重；
- BMI≥30.0，表示过胖。

程序 3-3 ComputeBMI.java

```java
package com.boda.xy;
import java.util.Scanner;
public class ComputeBMI{
    public static void main(String[]args){
        Scanner input = new Scanner(System.in);
        double weight,height;
        double bmi;
        System.out.print("请输入你的体重(单位:kg):");
        weight = input.nextDouble();
        System.out.print("请输入你的身高(单位:m):");
        height = input.nextDouble();
        bmi = weight / (height * height);
        System.out.println("你的身体质量指数是:" + bmi);
        if(bmi < 18.5){
            System.out.println("你的体重偏瘦。");
        }else if(bmi < 25.0) {
            System.out.println("你的体重正常。");
        }else if(bmi < 30.0) {
            System.out.println("你的体重超重。");
        }else {
            System.out.println("你的体重过胖。");
        }
    }
}
```

程序的一次运行结果如图 3-8 所示。

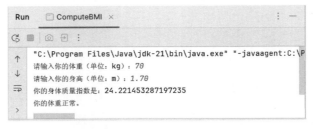

图 3-8 程序 3-3 的运行结果

3.2.4 条件运算符

条件运算符(conditional operator)的格式如下：

<条件> ? <表达式 1> : <表达式 2>

因为有三个操作数，又称为**三元运算符**。这里<条件>为关系或逻辑表达式，其计算结

果为布尔值。如果该值为 true,则计算<表达式 1>的值,并将计算结果作为条件表达式的结果;如果该值为 false,则计算<表达式 2>的值,并将计算结果作为条件表达式的结果。

条件运算符可以实现 if…else 结构。例如,若 max、a 和 b 是 int 型变量,要计算 a 与 b 的最大值 max,下面左侧的条件运算符结构与右侧使用的 if…else 结构等价。

```
max = (a > b)? a : b;        等价于        if (a > b) {
                                              max = a;
                                          }else {
                                              max = b;
                                          }
```

从上面可以看到使用条件运算符会使代码简洁,但是不容易理解。现代的编程,程序的可读性变得越来越重要,因此推荐使用 if…else 结构,毕竟并没有多输入多少代码。

扫一扫

视频讲解

3.3 案例学习——两位数加减运算

1. 问题描述

开发一个让小学生练习两位整数加减法的程序,要求程序运行随机生成两个两位数及加减号(要保证减法算式的被减数大于减数),显示题目让学生输入计算结果,程序判断结果是否正确。

2. 运行结果

案例的运行结果如图 3-9 所示,这里产生一个减法题目。

图 3-9 案例的运行结果

3. 设计思路

该案例的设计思路主要如下。

(1) 要实现加减法运算,首先应该随机产生两个两位整数。随机生成整数有多种方法,可以使用 Math.random()方法生成一个随机浮点数,然后将它扩大再取整。random()方法返回 0.0~1.0(不包括)的浮点数,要得到 10~99 的整数,可以使用下面表达式:

```
int number1 = 10 + (int)(Math.random() * 90);
```

(2) 确定加或减运算。这也可以通过产生 2 个随机数(比如,0 和 1,0 表示加法,1 表示减法)确定。

```
int operator = (int)(Math.random() * 2);
```

(3) 设学生没有学过负数概念,如果做减法运算,要保证第一个数大于第二个数。也就是如果 number1 小于 number2,应该交换这两个数。

```
if(number1 < number2){
    int temp = number2;
    number2 = number1;
    number1 = temp;
}
```

(4) 最后根据运算符决定做何种运算。将计算结果保存到 result 变量中,然后与用户输入的答案 answer 比较,判断用户答题是否正确。

4. 代码实现

两位数加减法运算的代码如程序 3-4 所示。

程序 3-4 Calculator.java

```java
package com.boda.xy;
import java.util.Scanner;
public class Calculator{
    public static void main(String[] args) {
        Scanner input = new Scanner(System.in);
        int number1 = 10 + (int)(Math.random() * 90);
        int number2 = 10 + (int)(Math.random() * 90);
        int operator = (int)(Math.random() * 2);
        int result, answer;
        if(operator == 0){              // operator 为 0 表示加法
            result = number1 + number2;
            System.out.print(number1 + "+" + number2 + "=");
        }else{                          // operator 为 0 表示减法
            if(number1 < number2){
                int temp = number2;     // 交换 number1 和 number2
                number2 = number1;
                number1 = temp;
            }
            result = number1 - number2;
            System.out.print(number1 + "-" + number2 + "=");
        }
        answer = input.nextInt();       // 接收用户输入答案
        if(answer == result){
            System.out.print("恭喜你,回答正确!");
        }else{
            System.out.print("对不起,回答错误!");
        }
    }
}
```

✍**多学一招**

要产生随机数除了可以使用 Math.random() 方法外,Java 语言还提供了一个 java.util.Random 类,使用该类的实例也可以随机产生整数、浮点数或布尔型值。如下面代码随机产生一个两位整数。

```
Random rand = new Random();
int number = 10 + rand.nextInt(90);
```

Random 类除定义了 nextInt()方法，还定义了 nextBoolean()、nextDouble()、nextLong()、等方法，分别产生随机布尔值、浮点数和长整数等。

3.4 switch 语句与 switch 表达式

扫一扫

视频讲解

Java 语言从一开始就提供了 switch 语句实现多分支结构。从 Java 12 开始对 switch 语句进行了修改并支持 switch 表达式。尽管 Java 仍然支持旧的 switch 结构，但建议读者熟悉并使用新的 switch 语句和 switch 表达式。

3.4.1 switch 语句

如果需要从多个选项中选择其中一个，可以使用 switch 语句。switch 语句主要实现多分支结构，一般格式如下：

```
switch(表达式){
   case 值1 ->  语句(组)1;
   case 值2 ->  语句(组)2;
   …
   case 值n ->  语句(组)n;
   [default ->  语句(组)n+1;]
}
```

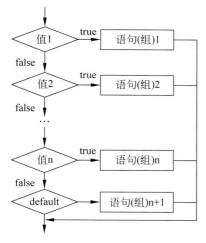

图 3-10　switch 语句的执行流程

switch 语句表达式的值必须是 byte、short、int、char、enum 或 String 类型。case 子句用来设定每一种情况，后面的值必须与表达式值类型相容。switch 语句的执行流程如图 3-10 所示。

当程序执行到 switch 语句时，首先计算表达式的值，然后用该值依次与每个 case 中的常量（或常量表达式）值比较，如果等于某个值，则执行该 case 子句中后面的语句，之后结束 switch 结构。每个 case 后面使用箭头号（->）指定要执行的语句，这里可以是一条语句，也可以包含多条语句。如果包含多条语句，需使用花括号。

default 子句是可选的，当表达式的值与每个 case 子句中的值都不匹配时，就执行 default 后的语句。如果表达式的值与每个 case 子句中的值都不匹配，且又没有 default 子句，则程序不执行任何操作，而是直接跳出 switch 结构，执行后面的语句。

用 switch 结构可以实现多重选择。下面程序 3-5 要求从键盘输入一个季节数字（1,2,3,4），程序根据输入的数输出一句话。

程序 3-5　SwitchDemo.java

```java
package com.boda.xy;
import java.util.Scanner;
public class SwitchDemo{
    public static void main(String[] args) {
        Scanner input = new Scanner(System.in);
        System.out.print("输入一个季节(1,2,3,4):");
        int season = input.nextInt();
        switch (season) {
            case 1 -> System.out.println("春雨惊春清谷天");
            case 2 -> System.out.println("夏满芒夏暑相连");
            case 3 -> System.out.println("秋处露秋寒霜降");
            case 4 -> System.out.println("冬雪雪冬小大寒");
            default ->
                System.out.println("季节输入非法.");
        }
    }
}
```

图 3-11 是程序的一次运行结果。

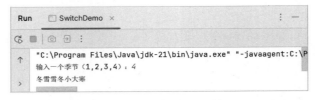

图 3-11　程序 3-5 的运行结果

从 Java 7 开始，可以在 switch 语句的表达式中使用 String 对象，下面程序 3-6 根据输入的英文季节名称(Spring、Summer、Autumn 和 Winter)输出中文季节名。

程序 3-6　StringSwitchDemo.java

```java
package com.boda.xy;
import java.util.Scanner;
public class StringSwitchDemo {
    public static void main(String[] args) {
        String season = "";
        Scanner input = new Scanner(System.in);
        System.out.print("请输入英文季节名称:");
        season = input.next();
        switch (season.toLowerCase()) {
            case "spring" -> System.out.println("春天");
            case "summer" -> System.out.println("夏天");
            case "autumn" -> System.out.println("秋天");
            case "winter" -> System.out.println("冬天");
            default       -> System.out.println("输入名称错误!");
        }
    }
}
```

运行结果如图 3-12 所示。

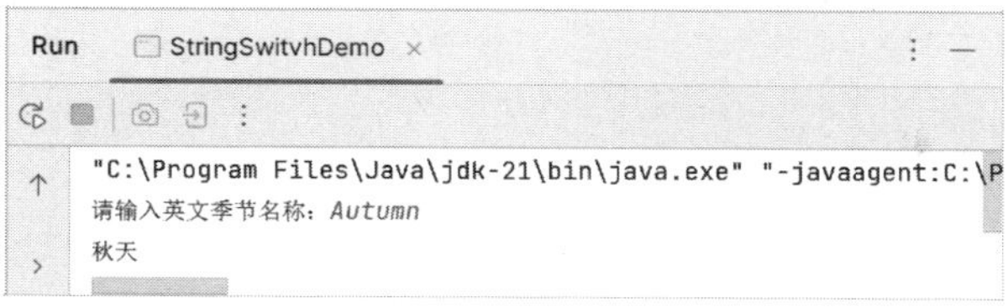

图 3-12 程序 3-6 的运行结果

程序中的 season.toLowerCase() 是将字符串转换成小写字符串。switch 表达式中的字符串与每个 case 中的字符串进行比较。

3.4.2　switch 表达式

在 switch 结构中，除了可以执行 switch 语句外，还可以使用 switch 表达式，即通过 switch 结构返回一个值，并将该值赋给变量。例如，下面代码根据 day 的值返回一个数值赋给变量 numLetters。

```
DayOfWeek day = DayOfWeek.SATURDAY;
int numLetters = switch(day){
   case MONDAY, FRIDAY, SUNDAY  -> 6;
   case TUESDAY                 -> 7;      ← 根据表示星期的枚举常量返回单词的字母数
   case THURSDAY, SATURDAY      -> 8;
   case WEDNESDAY               -> 9;
};   ← 分号是赋值语句的结束
System.out.println(numLetters);           // 输出 8
```

下面程序 3-7 要求从键盘输入一个年份（如 2000 年）和一个月份（如 2 月），用 switch 表达式返回该月的天数（29），将其存入一个变量。

程序 3-7　SwitchExprDemo.java

```
package com.boda.xy;
import java.util.Scanner;
public class SwitchExprDemo {
   public static void main(String[] args) {
      Scanner input = new Scanner(System.in);
      System.out.print("输入一个年份:");
      int year = input.nextInt();
      System.out.print("输入一个月份:");
      int month = input.nextInt();
      int numDays = switch (month) {     ← switch 表达式
         case 1, 3, 5, 7, 8, 10, 12 -> 31;
         case 4, 6, 9, 11 -> 30;
         // 对 2 月需要判断是否是闰年
         case 2 -> {
            if(((year % 4 == 0) && !(year % 100 == 0)) || (year % 400 == 0))
               yield 29;                  ← yield 是受限标识符,生成一个值
            else
               yield 28;
         }
         default -> 0;
      };                                   ← 分号是赋值语句的结束
```

```
        System.out.println("该月的天数为:" + numDays);
    }
}
```

图 3-13 是程序的一次运行结果。

图 3-13　程序 3-7 的运行结果

yield 关键字用于跳出 switch 块，主要用于返回一个值。yield 和 return 的区别在于：return 会直接跳出当前循环或方法，而 yield 只会跳出当前 switch 块。

另外注意，如果某个 case 直接返回一个值，不能使用 yield 关键字，但可以在花括号中使用，如下所示：

```
case 4, 6, 9, 11 ->{ yield 30;}
```

switch 表达式还可以用在方法返回值中，如下方法所示：

```
private static String descLang(String name){
    return switch(name){
        case "Java"    ->{yield  "object-oriented, platform independent.";}
        case "Ruby"    ->{yield  "a programmer's best friend.";}
        default        ->{yield  name + " is a good language.";}
    };
}
```

注意　在使用 switch(expr) 表达式时，case 子句中必须包含 expr 的所有可能的值，否则必须带一个 default 子句。

Java 仍然支持传统的 switch 语法结构，传统的 switch 结构如下：

```
switch (expression){
    case 值 1: 语句(组)1; [break;]
    case 值 2: 语句(组)2; [break;]       ←── 不建议使用这种结构
    …
    case 值 n: 语句(组)n; [break;]
    [default:    语句(组)n+1;]
}
```

使用这种语法结构很容易忘记 break 语句而产生错误，建议使用新的 switch 结构。

扫一扫

视频讲解

3.5　循环结构

在程序设计中，有时需要反复执行一段相同的代码，这时就需要使用循环结构来实现。Java 语言提供了 4 种循环结构：while 循环、do…while 循环、for 循环和增强的 for 循环。

一般情况下,一个循环结构包含如下 4 部分内容。

(1) 初始化部分:设置循环开始时的变量初值。

(2) 循环条件:一般是一个布尔表达式,当表达式值为 true 时执行循环体,为 false 时退出循环。

(3) 迭代部分:改变变量的状态。

(4) 循环体:需要重复执行的代码。

3.5.1　while 循环

while 循环是 Java 最基本的循环结构,这种循环是在某个条件为 true 时,重复执行一个语句或语句块。它的一般格式如下:

```
[初始化部分]
while(条件){
    // 循环体
    [迭代部分]
}
```
　　　　　←── 花括号内为循环体

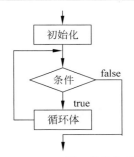

图 3-14　while 循环的执行流程

其中,初始化部分通常定义变量并赋初值,条件为一个布尔表达式,它是循环条件。中间的部分为循环体,用一对花括号定界。迭代部分也是可选的。

该循环首先判断循环条件,当条件为 true 时,一直反复执行循环体。这种循环一般称为"当循环"。一般用在循环次数不确定的情况下。while 循环的执行流程如图 3-14 所示。

下面程序 3-8 使用 while 循环计算 1 到 100 之和。

程序 3-8　WhileDemo.java

```
package com.boda.xy;
public class WhileDemo{
    public static void main(String[] args){
        int n = 1;
        int sum = 0;                      ←── 初始化部分
        while(n <= 100){
            sum = sum + n;
            n = n + 1;                    ←── 迭代语句
        }
        System.out.println("sum = " + sum);    // 输出:sum = 5050
    }
}
```

运行结果如图 3-15 所示。

图 3-15　程序 3-8 的运行结果

下面编写一个简单的猜数程序,要求程序运行随机产生一个 1~100 的整数,用户从键盘输入所猜的数,程序显示是否猜中的消息,如果没有猜中要求用户继续猜,直到猜中为止。

程序 3-9　GuessNumber.java

```java
package com.boda.xy;
import java.util.Scanner;
public class GuessNumber{
   public static void main(String[] args){
      int magic = (int)(Math.random() * 100) + 1;      ← 随机产生的整数
      Scanner sc = new Scanner(System.in);
      System.out.print("我想出一个 1-100 的数,请你猜:");
      int guess = sc.nextInt();                         ← 用户猜的数
      while(guess != magic){
         if(guess > magic)
            System.out.print("对不起!太大了,请重猜:");
         else
            System.out.print("对不起!太小了,请重猜:");
         guess = sc.nextInt();                          ← 输入下一次猜的数
      }
      System.out.println("恭喜你,答对了!\n该数是:" + magic);
   }
}
```

运行结果如图 3-16 所示。

图 3-16　程序 3-9 的运行结果

程序中使用了 java.lang.Math 类的 random()方法,该方法返回一个 0.0 到 1.0(不包括 1.0)的 double 型的随机数。程序中该方法乘以 100 再转换为整数,得到 0 到 99 的整数,再加上 1,则 magic 的范围就为 1 到 100 的整数。

✍多学一招

在上面猜数游戏中,最多猜多少次应该猜中随机生成的数呢? 实际上,这个猜数游戏是一个查找过程,并且是二分查找。它是在有序列表中查找指定的数(87),由于每次查找都去掉一半的元素,所以查找的次数最多是 $\log_2 N$,这里 N 是 100,$\log_2 N$ 的结果是 6.6439,所以最多不超过 7 次就应该猜中。

3.5.2　do…while 循环

do…while 循环的一般格式如下。

```
[初始化部分]
do{
```

```
    // 循环体
    [迭代部分]        ← 花括号内为循环体
}while(条件);
```

do…while 循环的执行过程如图 3-17 所示。

该循环首先执行循环体，然后计算条件表达式。如果表达式的值为 true，则返回到循环的开始继续执行循环体，直到条件的值为 false 循环结束。这种循环一般称为"直到型"循环。该循环结构与 while 循环结构的不同之处是，do…while 循环至少执行一次循环体。

下面程序 3-10 用 do…while 循环计算 1 到 100 之和。

程序 3-10　Sum100.java

```java
package com.boda.xy;
public class Sum100 {
    public static void main(String[] args) {
        int n = 1;
        int sum = 0;
        do{
            sum = sum + n;
            n = n + 1;
        }while(n <= 100);
        System.out.println("sum = " + sum);    // 输出 sum = 5050
    }
}
```

3.5.3 for 循环

for 循环是 Java 程序中使用最广泛的，也是功能最强的循环结构。它的一般格式如下所示：

```
for(初始化部分; 循环条件; 迭代部分){
    // 循环体
}
```

这里，初始化部分、循环条件和迭代部分用分号隔开，花括号内为循环体。for 循环的执行流程如图 3-18 所示。

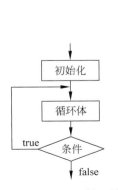

图 3-17　do…while 循环结构

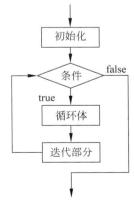

图 3-18　for 循环的执行流程

循环开始时首先执行初始化部分,该部分在整个循环中只执行一次。在这里通常定义循环变量并赋初值。接下来判断循环条件,若为 true 则执行循环体部分,若为 false 则退出循环。循环体执行结束后,控制返回到迭代部分,执行迭代,然后再次判断循环条件,若为 true 则反复执行循环体。

下面代码使用 for 循环计算 1 到 100 之和。

```
int sum = 0;
for(int n = 1; n <= 100; n++){
    sum = sum + n;
}
System.out.println("sum = " + sum);     // 输出:sum = 5050
```

在初始化部分可以声明多个变量,中间用逗号分隔,它们的作用域在循环体内。在迭代部分也可以有多个表达式,中间也用逗号分隔。下面循环中声明了两个变量 i 和 j。

```
for(int i = 0, j = 10 ; i < j ; i++, j-- ) {
    System.out.println("i = " + i + ",j = " + j);
}
```

for 循环中的一部分或全部可为空,循环体也可为空,但分号不能省略,如下所示:

```
for ( ;  ; ){
    // 这实际是一个无限循环,循环体中应包含结束循环代码
}
```

for 循环和 while 循环及 do…while 循环有时可相互转换,例如有下面的 for 循环:

```
for(int i = 0, j = 10 ; i < j ; i++, j-- ){
    System.out.println("i = " + i + ",j = " + j);
}
```

可以转换为下面等价的 while 循环结构:

```
int i = 0, j = 10;
while(i < j){
    System.out.println("i = " + i + ",j = " + j);
    i ++;
    j -- ;
}
```

提示 在 Java 5 中增加了一种新的循环结构,称为增强的 for 循环,它主要用于对数组和集合元素迭代。关于增强的 for 循环将在 5.1.4 节讨论。

3.5.4 循环的嵌套

在一个循环的循环体中可以嵌套另一个完整的循环结构,称为**循环的嵌套**。内嵌的循环还可以嵌套循环,这就是多层循环。同样,在循环体中也可以嵌套另一个选择结构,选择结构中也可以嵌套循环。

下面编写一个程序,用嵌套的 for 循环打印输出如图 3-19 所示的图形。这里,第 1 行输

出 1 个星号,第 2 行输出 2 个星号,……,第 8 行输出 8 个星号。

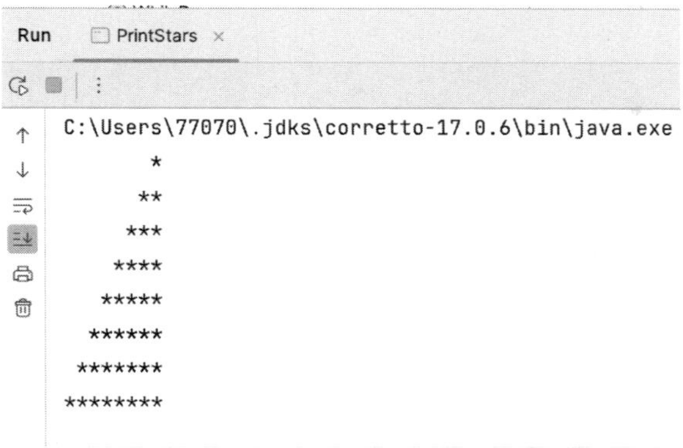

```
Run    PrintStars ×
C:\Users\77070\.jdks\corretto-17.0.6\bin\java.exe
       *
       **
       ***
       ****
       *****
       ******
       *******
       ********
```

图 3-19　输出若干星号

程序 3-11　PrintStars.java

```java
package com.boda.xy;
public class PrintStars {
    public static void main(String[] args) {
        // n 记录行数
        for (int n = 1; n <= 8; n++) {
            // 打印每行的前导空格
            for (int k = 1; k <= (8 - n); k++) {
                System.out.print(" ");
            }
            // 每行打印 n 个星号
            for (int j = 1; j <= n; j++) {
                System.out.print(" * ");
            }
            System.out.println();        // 换行
        }
    }
}
```

这个程序在一个 for 循环内嵌套了 2 个 for 循环,第一个 for 循环用于打印若干个空格,每行打印的空格数为 8－n 个。第二个 for 循环用于打印若干个星号,每行打印 n 个星号。

3.5.5　break 语句和 continue 语句

在 Java 循环体中可以使用 continue 语句和 break 语句。

1. break 语句

break 语句用来结束 while、do、for 结构的执行,该语句有下面 2 种格式:

```
break;
break 标签名;
```

break 语句的功能是结束本次循环,控制转到其所在循环的后面执行。对各种循环均直接退出,不再计算循环控制表达式。

下面程序 3-12 演示了 break 语句的使用。

程序 3-12 BreakDemo.java

```java
package com.boda.xy;
public class BreakDemo{
    public static void main(String[] args){
        int n = 1;
        int sum = 0;
        while(n <= 100){
            sum = sum + n;
            if(sum > 100){
                break;                          // 若条件成立退出循环
            }
            n = n + 2;
        }
        System.out.println("n = " + n);         // 输出:n = 21
        System.out.println("sum = " + sum);     // 输出:sum = 121
    }
}
```

使用 break 语句只能跳出当前的循环体。如果程序使用了多重循环，则又需要从内层循环跳出或者从某个循环开始重新执行，此时可以使用带标签的 break。

考虑下面代码：

```java
start:                          ← 定义一个标签
for(int i = 0; i < 3; i++){
    for(int j = 0; j < 4; j++){
        if(j == 2){
            break start;        ← 跳出 start 标签标识的循环
        }
        System.out.println(i + ":" + j);
    }
}
```

这里，标签 start 用来标识外层的 for 循环，因此语句 break start;跳出了外层循环。上述代码的运行结果如图 3-20 所示。

图 3-20 代码的运行结果

2. continue 语句

continue 语句与 break 语句类似，但它只终止执行当前的迭代，导致控制权从下一次迭代开始。该语句有下面两种格式：

```
continue;
continue  标签名;
```

以下代码会输出 0~9 的数字,但不会输出 5。

```
for(int i = 0; i < 10; i++){
    if(i == 5){
        continue;       ←— 控制转到迭代部分,即 i++ 处
    }
    System.out.println(i);
}
```

当 i 等于 5 时,if 语句的表达式运算结果为 true,使得 continue 语句得以执行。因此,后面的输出语句不能执行,控制权从下一次循环处继续,即 i 等于 6 的时候。

continue 语句也可以带标签,用来标识从那一层循环继续执行。下面是使用带标签的 continue 语句的例子。

```
start:                  ←— 定义一个标签
for(int i = 0; i < 3; i++){
    for(int j = 0; j < 4; j++){
        if(j == 2){
            continue start;   ←— 返回到 start 标签标识的循环的条件处,即 i++ 处
        }
        System.out.println(i + " : " + j);
    }
}
```

代码的运行结果如图 3-21 所示。

图 3-21　代码的运行结果

注意:
(1) 带标签的 break 语句可用于循环结构和带标签的语句块,而带标签的 continue 语句只能用于循环结构。
(2) 标签命名遵循标识符的命名规则,相互包含的块不能用相同的标签名。
(3) 带标签的 break 和 continue 语句不能跳转到不相关的标签块。

3.6　案例学习——求最大公约数

1. 问题描述

两个整数的**最大公约数**(Greatest Common Divisor,GCD)是能够同时被两个数整除的

最大整数。例如,4 和 2 的最大公约数是 2,16 和 24 的最大公约数是 8。

编写程序,要求从键盘输入两个整数,程序计算并输出这两个数的最大公约数。

2. 运行结果

案例的运行结果如图 3-22 所示,这里输入第 1 个整数 16,第 2 个整数 24,它们的最大公约数为 8。

图 3-22 案例的运行结果

3. 设计思路

求两个整数的最大公约数有多种方法。一种方法是,假设求两个整数 m 和 n 的最大公约数,显然 1 是一个公约数,但它可能不是最大的。可以依次检查 k(k＝2,3,4,…)是否是 m 和 n 的最大公约数,直到 k 大于 m 或 n 为止。

该案例的设计思路主要如下:

(1) 从键盘输入两个整数,分别存入变量 m 和变量 n。

(2) 用下面循环结构计算能同时被 m 和 n 整除的数,循环结束后得到的 gcd 就是最大公约数。

```
while(k <= m && k <= n){
    if(m % k == 0 && n % k == 0)
        gcd = k;
    k++;
}
```

4. 代码实现

求最大公约数的代码如程序 3-13 所示。

程序 3-13 GCDDemo.java

```
package com.boda.xy;
import java.util.Scanner;
public class GCDDemo{
    public static void main(String[] args){
        Scanner input = new Scanner(System.in);
        System.out.print("请输入第 1 个整数:");
        int m = input.nextInt();
        System.out.print("请输入第 2 个整数:");
        int n = input.nextInt();
        // 求 m 和 n 的最大公约数
```

```
      int gcd = 1;
      int k = 2;
      while(k <= m && k <= n){
         if(m % k == 0 && n % k == 0)          ←── 判断k是否能同时被m和n整除
            gcd = k;
         k++;
      }
      System.out.println(m +" 与 "+ n +" 的最大公约数是" + gcd);
   }
}
```

多学一招

计算两个整数 m 与 n 的最大公约数还有一个更有效的方法,称为辗转相除法或称欧几里得算法,其基本步骤如下:计算 r = m%n,若 r == 0,则 n 是最大公约数。若 r != 0,执行 m = n, n = r,再次计算 r = m%n,直到 r==0 为止,最后一个 n 即为最大公约数。请读者自行编写程序实现上述算法。

3.7 案例学习——打印输出若干素数

扫一扫

视频讲解

1. 问题描述

素数(prime number)又称**质数**,有无限个,在计算机密码学中有重要应用。素数定义为在大于 1 的自然数中,除了 1 和它本身以外不再有其他因数的数。编写程序计算并输出前 50 个素数,每行输出 10 个。

2. 运行结果

案例的运行结果如图 3-23 所示。

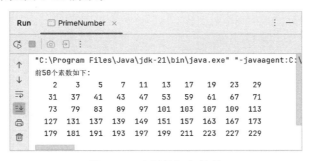

图 3-23　案例的运行结果

3. 设计思路

该案例的设计思路主要如下。

(1) 要输出 50 个素数,首先用 while 循环对素数计数(用 count 变量)。

(2) 要判断的数 number 从 2 开始,这里用一个 for 循环。根据定义,使用从 2 开始的数(divisor)去除要判断的数,如果直到 divisor=number−1 仍不能整除,则 number 就是一个素数。

(3) 打印输出素数。为了输出美观,可以使用格式化输出方法,这里使用了 System 类的 printf() 方法,它可以对输出数据进行格式化。

```
System.out.printf("%5d%n",number);
```

该语句用宽度 5 个字符位置(%5d)输出 number,输出数字右对齐,输出后换行(%n)。

4. 代码实现

计算并输出前 50 个素数的代码如程序 3-14 所示。

程序 3-14 PrimeNumber.java

```java
package com.boda.xy;
public class PrimeNumber{
    public static void main(String[] args){
        int count = 0;            // 记录素数个数
        int number = 2;
        boolean isPrime;
        System.out.printf("前 50 个素数如下:%n");
        while(count < 50){
            isPrime = true;
            for(int divisor = 2; divisor < number; divisor ++){
                if(number % divisor == 0){
                    isPrime = false;
                    break;
                }
            }
            if(isPrime){
                count ++;
                if(count % 10 == 0)
                    System.out.printf("%5d%n",number);
                else
                    System.out.printf("%5d",number);
            }
            number ++;
        }
    }
}
```

判断 number 是否是素数,若循环结束 number 仍不能被 divisor 整除,则 number 是一个素数

如果 number 是素数,计数器加 1,并打印素数

格式化输出

判断下一个数

说明,这里的循环条件 divisor < number 表示一直检测到 divisor=number-1。实际上,根据数论的理论,判断一个数是否是素数,其因子只需判断到 number 的平方根即可。因此这里的条件也可以写成如下形式:

```
divisor <= Math.sqrt(number)
```

或者

```
divisor * divisor <= number
```

3.8 本章小结

本章首先介绍了结构化编程方法和面向对象编程方法,然后重点介绍了结构化编程的三种控制结构,通过案例演示了这些结构的使用。

下一章将学习面向对象编程的基本概念。主要包括类的定义、对象的创建、方法设计以及对象初始化和销毁。

3.9 习题与实践

习题

自测题

3.10 上机实验

上机实验

第 4 章

类、对象和方法

CHAPTER 4

本章知识点思维导图

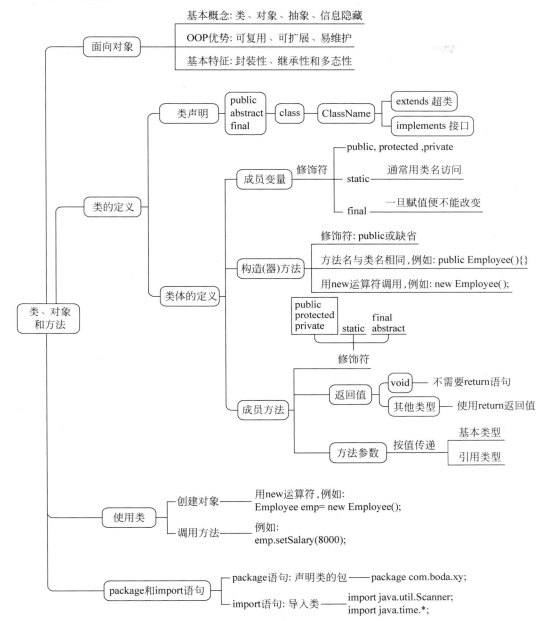

4.1 面向对象概述

面向对象编程(Object Oriented Programming,OOP)是一种功能强大的程序设计方法,也是一种软件开发的新方法,使用这种方法开发的软件具有可复用、易维护和可扩展等特性。

4.1.1　OOP 的产生

计算机诞生以来，为适应程序不断增长的复杂程度，程序设计方法论发生了巨大的变化。例如，在计算机的发展初期，程序设计是通过输入二进制机器指令来完成的。在程序仅限于几百条指令的情况下，这种方法是可接受的。随着程序规模的增长，人们发明了汇编语言，这样程序员就可以使用代表机器指令的符号表示法来处理大型的、复杂的程序。随着程序规模的继续增长，高级语言的引入为程序员提供了更多的工具，这些工具可以使他们能够处理更复杂的程序。

20 世纪 60 年代诞生了结构化程序设计方法，Pascal 和 C 语言就是使用这种方法的语言。结构化编程采用了模块分解与功能抽象和自顶向下、分而治之的方法，从而有效地将一个较复杂的程序系统设计任务分解成许多易于控制和处理的子程序，便于开发和维护。但是由于在实际开发过程当中需求会经常发生变化，因此，它不能很好地适应需求变化的开发过程。结构化程序设计是面向过程的。

面向对象程序设计是一种功能强大的设计方法。它吸收了结构化程序设计的思想精华，并且提出了一些新的概念，比如类、对象、接口等。它以接近人类的思维方式描述软件对象，使得软件的开发方法与过程尽可能接近人类认识世界、解决现实问题的方法和过程，也就是使描述问题的问题空间与问题的解决方案空间在结构上尽可能一致，把客观世界中的实体抽象为问题域中的对象。

4.1.2　基本概念

为了理解 Java 面向对象的编程思想，这里简单介绍有关面向对象的基本概念。

1. 对象

在现实世界中，**对象**(object)无处不在。我们身边存在的一切事物都是对象，例如一个人、一辆汽车、一台电视机、一所学校甚至一个地球，这些都是对象。除了这些可以触及的事物是对象外，还有一些抽象的概念，例如一次会议、一场足球比赛、一个账户等也都可以抽象为一个对象。

一个对象一般具有两方面的特征：状态和行为。状态用来描述对象的静态特征，行为用来描述对象的动态特征。

例如，一辆汽车可以用下面的特征描述：生产厂家、颜色、最高时速、出厂年份、价格等。汽车可以启动、加速、转弯和停止等，这些是汽车所具有的行为或者说施加在汽车上的操作。再比如，一场足球比赛可以通过比赛时间、比赛地点、参加的球队和比赛结果等特性来描述。软件对象也是对现实世界对象的状态和行为的模拟，如软件中的窗口就是一个对象，它可以有自己的状态和行为。

通过上面的说明，可以给"对象"下一个定义，即对象是现实世界中的一个实体，它有一个状态用来描述它的某些特征，有一组操作决定对象的功能或行为。

因此，对象是其自身所具有的状态特征及可以对这些状态施加的操作结合在一起所构成的实体。一个对象可以非常简单，也可以非常复杂。复杂的对象往往是由若干简单对象组合而成的。例如,一辆汽车就是由发动机、轮胎、车身等许多其他对象组成的。

2. 类

类(class)是面向对象系统中最重要的概念。在日常生活中经常提到类这个词,如人类、鱼类、鸟类等。类是对**具有相同状态特征和行为特征的对象的描述**,类是构造对象的模板,它决定了存储对象状态的连续内存空间的大小和对象具有的行为。例如,人类共同具有的区别于其他动物的特征有直立行走、使用工具、使用语言交流等。所有的事物都可以归到某类中。例如,汽车属于交通工具类,手机属于通信工具类。

属于某个类的一个具体的对象称为该类的一个实例(instance)。例如,我的汽车是汽车类的一个实例。实例与对象是同一个概念。

类与实例的关系是抽象与具体的关系。类是多个实例的综合抽象,实例是某个类的个体实物。就像汽车图纸和按图纸生产的汽车之间的关系,如图4-1所示。

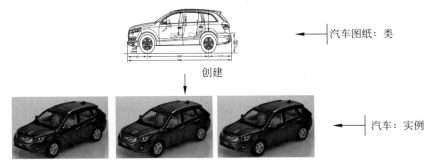

图 4-1 类与实例的关系

3. 消息与方法

对象与对象之间不是孤立的,它们之间存在着某种联系,这种联系是通过消息传递的。例如,开汽车就是人向汽车传递消息。

一个对象发送的消息包含三方面的内容:接收消息的对象;接收对象采用的方法(操作);方法所需要的参数,如下所示:

```
myCar.speedUp(100);
```

这里,myCar是接收消息的对象,speedUp是方法名称,100是该方法接收的参数,该行代码的含义是将汽车的速度提高到每小时100千米。

4.1.3 OOP 的优势

OOP完全不同于传统的面向过程的程序设计,它大大降低了软件开发的难度,使编程就像搭积木一样简单,OOP的优势包括代码可复用、可扩展以及易维护。OOP的好处是实实在在的,这正是大多数现代编程语言均是面向对象的原因所在。

1. 可复用

可复用(resusability)是指之前写好的代码可以被代码的创建者或需要该代码功能的其

他人复用。因此,OOP 语言通常提供一些预先设计好的类库供开发人员使用。Java 就提供了几百个类库或 API(应用编程接口),这些都是经过精心设计和测试的。用户也可以编写或发布自己的类库。支持编程平台中的可复用性,这是十分吸引人的,因为它可以大大缩短开发时间。

可复用性不仅适用于重用类和其他类型的代码,在 OOP 系统中设计应用程序时,针对 OOP 设计问题的解决方案也可以复用,这些解决方案称为**设计模式**,为了便于使用,每种设计模式都有一个名字,如单例设计模式、工厂设计模式等。

2. 可扩展

可扩展(extensibility)是指一种软件在投入使用之后,其功能可以被扩展或增强。在 OOP 中,可扩展性主要通过继承来实现。可以扩展现有的类,对它添加一些方法和数据,或者修改不适当的方法和行为。如果某个基本功能需要多次使用,但又不想让类提供太具体的功能,就可以设计一个泛型类,以后可以对它进行扩展,使它能够提供特定于某个应用程序的功能。

3. 易维护

易维护(maintainability)是指软件的维护成本低。现代的软件规模往往都是巨大的。一个系统有上百万行的代码已是很平常。当一个系统变得越来越大时,就会给开发者带来很多问题。其原因在于,大型程序的各个部分之间是相互依赖的。当修改程序的某个部分时可能会影响到其他部分,而这种影响是不能轻易被发现的。采用 OOP 方法就可以很容易地使程序模块化,这种模块化大大减少了维护的问题。在 OOP 中,模块是可以继承的,因为类(对象的模板)本身就是一个模块。好的设计应该允许类包含类似的功能和有关数据。OOP 中经常用到的一个术语是**耦合**,它表示两个模块之间的关联程度。不同部分之间的松耦合会使代码更容易实现复用,这是 OOP 的另一个优势。

4.2 类的定义与对象的创建

类是一个模板或蓝图,它用来定义对象的数据域是什么以及方法是做什么的。一个对象是类的一个**实例**(instance)。可以从一个类中创建多个实例。创建实例的过程称为**实例化**(instantiation)。类和对象之间的关系类似于汽车图纸和一辆汽车之间的关系。可以根据汽车图纸生产任意多的汽车。

类是组成 Java 程序的基本要素,它封装了一类对象的状态和行为,是这一类对象的原形。定义一个新的类,就创建了一种新的数据类型,实例化一个类,就得到一个对象。

可以说,Java 程序的一切都是对象,但要得到对象必须先有类。有三种方法可以得到类,使用 Java 类库提供的类、使用程序员自己定义的类和使用第三方类库的类,下面来看如何定义类。

4.2.1 类的定义

一个类的定义包括两部分:类声明和类体的定义。

1. 类声明

类声明的一般格式如下：

```
[修饰符] class 类名 {
    // 1. 成员变量
    // 2. 构造方法
    // 3. 成员方法
}
```
←── 花括号内部称为类体，其中的每个部分都是可选的

定义类使用 class 关键字，后面是类名以及一对花括号。类可以有修饰符，比如 public 是一个访问修饰符，用 public 修饰的类称为**公共类**，公共类可被任何包中的类使用。若不加 public 修饰符，类只能被同一包中的其他类使用。

类声明后是一对花括号，花括号括起来的部分称为**类体**（class body），一个类的所有代码都在类体中。类体中通常包含三部分内容：成员变量、成员方法和构造方法。构造方法用于创建类实例，成员变量定义对象状态，成员方法定义对象行为。

假设开发一个处理银行业务的应用程序，就需要设计一个表示账户的类。一个账户应该有账号、姓名以及余额等属性，它们定义为成员变量。另外，账户应该有取款操作和存款操作，它们定义为方法。程序 4-1 定义一个账户类 Account。

程序 4-1　Account.java

```java
package com.boda.xy;
public class Account {
    public int id;
    public String name;           ←── 成员变量的定义
    public double balance;
    
    public Account (){}           ←── 默认构造方法
    
    public void deposit(double amount) {    ←── 存款方法
        balance = balance + amount;
        System.out.println("目前账户余额是:" + balance);
    }
    public void withdraw(double amount) {   ←── 取款方法
        balance = balance - amount;
        System.out.println("目前账户余额是:" + balance);
    }
}
```

程序定义了一个 Account 类表示账户，在该类中定义了 3 个变量 id、name 和 balance，分别表示账户号、姓名和账户余额。类中还定义了 deposit()存款方法、withdraw()取款方法。该类定义了一个无参数的构造方法。编译该程序可得到一个 Account.class 类文件。

2. 成员变量的定义

成员变量的声明格式如下：

```
[修饰符] 类型  变量名 [ = 初值];
```

用public修饰的变量为公共变量,公共变量可以被任何方法访问;用private修饰的变量称为私有变量,私有变量只能被同一个类的方法访问。

3. 构造方法的定义

构造方法也叫**构造器**(constructor),是类的一种特殊方法。每个类都有构造方法,它的作用是创建对象并初始化对象的状态。下面是一个不带参数的构造方法:

```
public Account(){}        // 默认构造方法,不带参数,方法体为空
```

用户也可以定义带参数的构造方法。4.3节将详细介绍构造方法。

4. 成员方法的定义

成员方法是类体中另一个重要的成分,它用来实现对象的动态特征,也是在对象上可完成的操作。Java的方法是一段用来完成某种操作的程序片段,方法必须定义在类体内,不能定义在类体外。

成员方法的定义包括方法的声明和方法体的定义,程序4-1中定义了deposit()和withdraw()两个方法,关于方法的设计将在4.5节详细讨论。

4.2.2 创建和使用对象

有了Account类,就可以创建该类的对象,或者说实例化该类,然后访问它的成员和调用它的方法完成有关操作,如调用deposit()方法向账户中存款,调用withdraw()方法从账户中取款等。

为了使用对象,一般还要声明一个对象名,即声明对象的**引用**(reference),然后使用new运算符调用类的构造方法创建对象。例如,下面两行声明并创建Account类的一个实例。

```
Account myAccount;
myAccount = new Account();
```

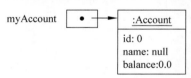

图4-2 myAccount对象示意图

上述语句执行后的效果如图4-2所示。代码声明了一个Account类的引用,实际上myAccount只保存实际对象的内存地址。第二个语句执行后,程序才创建一个实际对象。这里使用new运算符调用Account类的构造方法并把对该对象的引用赋给myAccount。创建一个对象也叫**实例化**,对象也称为类的一个**实例**。

若要声明多个同类型的对象名,可用逗号分开。

```
Account myAccount, yourAccount;
```

也可以将对象的声明和创建对象使用一个语句完成。

```
Account myAccount = new Account();
```

下面程序 4-2 使用 Account 类创建一个对象并访问它的变量和方法。

程序 4-2　AccountDemo.java

```
package com.boda.xy;
public class AccountDemo{
    public static void main(String[] args){
        Account myAccount;                    // 声明一个 Account 类型的引用变量
        myAccount = new Account();            // 调用构造方法创建对象
        myAccount.id = 1001;                  ← 访问对象成员
        myAccount.name = "李明月";
        myAccount.deposit(5000.00);           ← 调用对象方法
        myAccount.withdraw(3000.00);
        //输出账户信息
        System.out.println("账户 ID = " + myAccount.id);
        System.out.println("姓名 = " + myAccount.name);
        System.out.println("余额 = " + myAccount.balance);
    }
}
```

运行结果如图 4-3 所示。

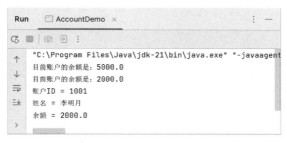

图 4-3　程序 4-2 的运行结果

4.2.3　用 UML 图表示类

UML(Unified Modeling Language)称为**统一建模语言**，它是一种面向对象的建模语言，它用统一的、标准化的标记和定义实现对软件系统进行面向对象的描述和建模。

在 UML 中可以用类图描述一个类。图 4-4 是 Account 类的类图，它用长方形表示，一般包含三部分：上面是类名，中间是成员变量清单，下面是构造方法和普通方法清单。有时为了简化类的表示，可能省略后两部分，只保留类名部分。

在一个 UML 类图中，可以包含有关成员访问权限的信息。前面加一个"＋"号表示 public 成员，前面加"－"号表示 private 成员，前面加"♯"号表示 protected 成员，不加任何前缀的成员被看作具有默认访问级别。关于类成员的访问权限将在 6.4 节讨论。

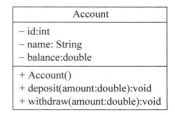

图 4-4　Account 类的 UML 图

从图 4-4 可以看到，Account 类包含 3 个私有成员变量，一个构造方法和两个普通方法。在 UML 图中，成员变量和类型之间用冒号分隔。方法的参数列表放在圆括号中，参数需指定名称和类型，它的返回值类型写在一个冒号后面。

4.2.4 对象的引用赋值

对于基本数据类型的变量赋值,是将变量的值的一个复制赋给另一个变量,如下所示:

```
int x = 10;
int y = x;            // 将 x 的值 10 复制给变量 y
```

对象的赋值是将对象的引用(地址)赋给变量。

```
Account account = new Account();
Account account2 = account;   // 将 account 的引用赋给 account2
```

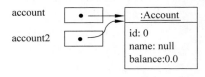

上面的赋值语句的执行结果是把 account 的引用赋值给了 account2,即 account 和 account2 的地址相同,也就是 account 和 account2 指向同一个对象,如图 4-5 所示。

图 4-5 对象的引用赋值

由于引用变量 account 和 account2 指向同一个对象,这时如果修改了 account 对象的 name 属性值,输出的 account2.name 值与 account.name 值相同。

```
account.name = "李明月";
System.out.println(account2.name);     // 输出结果是"李明月"
```

4.2.5 理解栈与堆

当 Java 程序运行时,JVM 首先需要将有关类的字节码加载到内存,对字节码进行校验,然后需要给数据和代码分配内存空间。JVM 将内存大致分为三部分:栈区、堆区、方法区。

栈区:由编译器自动分配释放,局部变量的值、方法的参数值等存储在栈区,方法执行结束后,系统自动释放栈区内存。

堆区:由程序员分配,存放 new 创建的对象和数组,JVM 不定期检查堆区,如果对象没有引用指向它,内存将被回收。

方法区:存放类的元数据、静态字段和方法字节码。

下面通过一个简单例子说明栈区、堆区和方法区内存的分配情况。设有 Person 类的定义如程序 4-3 所示。

程序 4-3 Person.java

```java
package com.boda.xy;
public class Person{
    int age = 20;
    public void show(){
        System.out.println(a);
    }
    public void main(String[] args){
        int num = 88;
        Person p = new Person();
```

```
        p.show();
    }
}
```

当 main()方法执行时,JVM 首先创建一个**活动记录**(activation record),它包括 main()方法中声明的局部变量 num 和 p 对象引用,它们存储在栈中。对于基本类型的变量,直接在栈中分配空间,对于引用类型的变量,当用 new 创建对象时,将在堆中分配内存,栈中存放对象的首地址。在 main()方法中创建了 Person 类对象,则该对象在堆中分配内存。而类的方法代码存储在方法区。上述代码执行后的内存情况如图 4-6 所示。如果在 main()方法中调用了另一个方法,将创建另一个活动记录,并将其存入栈中。

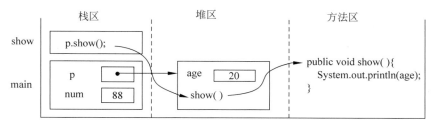

图 4-6　程序运行时内存的使用示意

当方法调用结束返回时,活动记录将从栈中弹出,也叫出栈。Java 运行时系统将释放活动记录中为变量分配的空间。

4.3　构造方法

扫一扫

视频讲解

每个类都有构造方法,构造方法用来创建类的对象或实例。构造方法也有名称、参数和方法体。构造方法与普通方法的区别如下:
- 构造方法的名称必须与类名相同。
- 构造方法不能有返回值,也不能返回 void。
- 构造方法必须在创建对象时用 new 运算符调用。

构造方法定义的格式如下:

```
[public|protected|private]类名([参数列表]) {
    // 方法体
}
```

这里,public、protected 和 private 为构造方法的访问修饰符,它用来决定哪些类可以使用该构造方法创建对象。这些访问修饰符与一般方法的访问修饰符的含义相同。构造方法名必须与类名相同,构造方法可以带有参数。

4.3.1　无参数构造方法

如果在定义类时没有为类定义任何构造方法,则编译器自动为类添加一个**默认构造方法**(default constructor)。默认构造方法是**无参数构造方法**(no-args constructor),方法体为空。假设没有为 Account 类定义构造方法，编译器提供的默认构造方法如下：

```
public Account(){}    // 默认构造方法
```

用户也可以为类定义无参数构造方法，并在方法体中初始化对象。例如，在 Account 类中，可以定义下面的无参数构造方法。

```
public Account(){
    id = 0;
    name = "";           ← 初始化成员变量
    balance = 100;
}
```

使用无参数构造方法创建对象，只需在类名后使用一对括号即可，如下所示：

```
Account myAccount = new Account();
```

构造方法的主要作用是创建对象并初始化类的成员变量。对于类的成员变量，若在声明时和构造方法时都没有初始化，那么新建对象的成员变量值都被赋予默认值。对于不同类型的成员变量，其默认值不同。整型数据的默认值是 0、浮点型数据的默认值是 0.0、字符型数据的默认值是 '\u0000'、布尔型数据的默认值是 false、引用类型数据的默认值是 null。

4.3.2 带参数构造方法

如果希望在创建一个对象时就将其成员变量设置为某个值，而不是采用默认值。这时可以定义带参数的构造方法。例如，在创建一个 Account 对象时需要指定账户 ID、姓名和余额，则可以定义如下带 3 个参数的构造方法：

```
public Account(int i, String n , double b){
    id = i ;
    name = n ;           ← 用参数初始化成员变量
    balance = b ;
}
```

然后，在创建 Account 对象时就可以指定账户 ID、姓名和余额，如下代码创建一个 ID 为 1002，姓名为"李清泉"，余额为 8000 元的账户对象。

```
Account account = new Account(1002, "李清泉", 8000.00);
```

注意，一旦为类定义了带参数的构造方法，编译器就不再提供默认构造方法。若再使用默认构造方法创建对象，编译器将给出编译错误。如果还希望使用无参数构造方法创建对象，必须自己明确定义一个。

4.3.3 构造方法的重载

构造方法和普通方法都可以重载，所谓重载是名称相同、参数不同的方法。4.5.3 节将详细讨论方法重载。下面程序 4-4 为 Account 类定义了三个重载的构造方法，其中包含一个无参数构造方法和带 2 个参数构造方法。

程序 4-4　Account.java

```java
package com.boda.xy;
public class Account{
    public int id;
    public String name;
    public double balance;
    public Account(){
        this.id = 0;
        this.name = "";          ← 无参数构造方法
        this.balance = 0.0;
    }
    public Account (int id, String name) {
        this.id = id;             ← 带 2 个参数的构造方法
        this.name = name;
    }
    public Account(int id, String name, double balance) {
        this.id = id;
        this.name = name;         ← 带 3 个参数的构造方法
        this.balance = balance;
    }
    //其他代码
}
```

通过重载构造方法，就可以有多种方式创建对象。由于有了这些重载的构造方法，在创建 Account 对象时就可以根据需要选择不同的构造方法。

4.3.4　this 关键字

this 表示对象本身，它自动传递给实例方法和构造方法。在一个方法的方法体或参数中，也可能声明与成员变量同名的局部变量，此时的局部变量会隐藏成员变量。若要使用成员变量就需要在前面加上 this 关键字，如下代码所示：

```java
public Account(int id, String name, double balance) {
    this.id = id;
    this.name = name;
    this.balance = balance;
}
```

同样在定义方法时，方法参数名也可以与成员变量同名。这时在方法体中要引用成员变量也必须加上 this。例如，在 Account 类中可以像下面这样定义修改 name 的方法。

```java
public void setName(String name){
    this.name = name;
}
```

这里，参数名与成员变量同名，因此，在方法体中通过 this.name 使用成员变量 name，而没有带 this 的变量 name 是方法的参数。

this 关键字的另一个用途是在一个构造方法中调用该类的另一个构造方法。例如，假设在 Account 类中定义了一个构造方法 Account（int id，String name，double balance），现在又要定义一个无参数的构造方法，这时可以在下面的构造方法中调用该构造方法，如下所示：

```
public Account(){
    this(1002, "张明月", 5000);
}
```

注意 如果在构造方法中调用另一个构造方法，this 语句必须是第一条语句。

综上所述，this 关键字主要使用在下面 3 种情况：
- 解决局部变量与成员变量同名的问题。
- 解决方法参数与成员变量同名的问题。
- 用来调用该类的另一个构造方法。

Java 语言规定，this 只能用在实例方法和构造方法中，不能用在 static 方法中。实际上，在对象调用一个非 static 方法时，向方法传递了一个当前对象的引用，在方法体中用 this 表示。

4.4 案例学习——使用 Date 日期类

1．问题描述

在 Java 程序中经常需要使用其他的类，包括核心类库的类、用户自定义的类和第三方类库的类。这里定义了一个名为 Date 的日期类，并且将它打包到一个 JAR 文件中，现在看如何使用这个类。Date 类的 UML 图如图 4-7 所示。该类定义了 3 个私有成员变量，2 个构造方法，8 个普通方法。针对上面给出的 Date 类，完成下面操作。

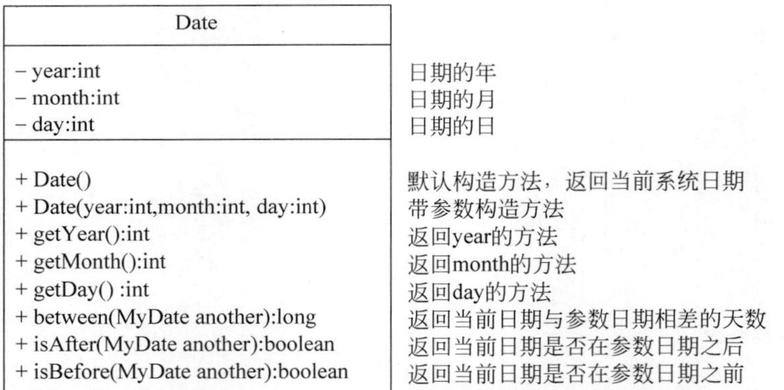

Date
− year:int − month:int − day:int
+ Date() + Date(year:int,month:int, day:int) + getYear():int + getMonth():int + getDay() :int + between(MyDate another):long + isAfter(MyDate another):boolean + isBefore(MyDate another):boolean + isLeapYear():boolean + toString():String

日期的年
日期的月
日期的日

默认构造方法，返回当前系统日期
带参数构造方法
返回 year 的方法
返回 month 的方法
返回 day 的方法
返回当前日期与参数日期相差的天数
返回当前日期是否在参数日期之后
返回当前日期是否在参数日期之前
返回当前日期的年是否是闰年
返回日期的字符串表示，如 2022-10-20

图 4-7 Date 类的 UML 图

（1）创建一个日期对象 today 表示今天的日期（用默认构造方法），调用 today 的 toString()方法输出今天的日期。

（2）创建一个日期对象 birthday 表示你的出生日期（用带参数构造方法）。

（3）输出你的出生日期的年是否是闰年。

（4）计算并输出从你出生到今天一共过去多少天。

2．设计思路

本案例要求读者根据给定类的描述，学会类的使用，包括创建对象和调用方法。对于该案例，首先需要将 com.boda.jar 打包文件添加到类路径中，该文件随本书源代码一起提供，将它添加到 IDEA 的构建路径中。

具体操作如下：首先在项目根目录新建一个 lib 目录，将 com.boda.jar 文件复制到该目录，然后右击 com.boda.jar 文件，在弹出菜单中执行"Add as Library"命令，将文件作为库添加到项目中。这样就可以在程序中使用该类库中的类。

3．代码实现

该案例代码实现如程序 4-5 所示。

程序 4-5 DateDemo.java

```java
package com.boda.xy;
import com.boda.utils.Date;
public class DateDemo{
    public static void main(String[]args){
        Date today = new Date();
        System.out.println(today.toString());
        Date birthday = new Date(2002,10,26);
        System.out.println(birthday.getYear() + "年"
            + (birthday.isLeapYear()?"是闰年":"不是闰年") );
        System.out.println("你已出生" + today.between(birthday) + "天。");
    }
}
```

4．运行结果

假设当前日期是 2023 年 11 月 24 日。本案例的运行结果如图 4-8 所示。

图 4-8 案例的运行结果

4.5 方法的设计

扫一扫

视频讲解

在 Java 程序中，方法是类为用户提供的接口，用户使用方法操作对象。前面介绍了方法声明的格式，本节将学习如何设计方法、方法重载和方法参数的传递等。

4.5.1 如何设计方法

在类的设计中,方法的设计尤为重要。方法是实例或对象要执行的操作。设计方法包括方法的返回值、参数以及方法的实现等。下面重新设计了 Account 类中定义的 withdraw() 方法,这里考虑了取款时账户余额不足的问题,如图 4-9 所示。

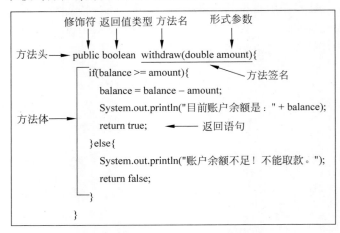

图 4-9 withdraw()方法的构成

1. 方法头和方法签名

方法头是指方法的修饰符、返回值类型、方法名和方法的参数。在一个类中可定义多个方法,我们通过方法签名来区分这些方法。**方法签名**(signature)是指方法名、参数个数、参数类型和参数顺序的组合。

注意,方法签名的定义不包括方法的返回值。方法签名将用在方法重载、方法覆盖和构造方法中。

2. 方法返回值

方法的返回值是方法调用结束后返回给调用者的数据。很多方法需要返回一个数据,这时要指定方法返回值,具体是在声明方法时要指定返回值类型。有返回值的方法需要使用 return 语句将值返回给调用者,它的一般格式如下:

```
return 表达式;
```

这里的返回值是一个表达式,当调用该方法时,该表达式的值会返回给调用者。例如,withdraw()方法需返回一个布尔值,返回 true 表示取款成功,它的 return 语句如下:

```
return true;
```

如果方法调用结束后不要求给调用者返回数据,则方法没有返回值,此时返回类型用 void 表示,在方法体中可以使用 return 语句表示返回 void,格式如下:

```
return;
```

注意,这里没有返回值,它仅表示将控制转回到调用处。当然,也可以省略 return,这时当方法中的最后一个语句执行完以后,程序自动返回到调用处。例如,Account 类的 deposit()方法没有使用 return 语句。

3. 方法参数

方法可以没有参数,也可以有参数。没有参数的方法在定义时只需一对括号。有参数的方法在定义时要指定参数的类型和名称,指定的参数称为**形式参数**(parameter)。例如 Account 类的 deposit()方法带一个 double 类型的参数。对带参数的方法,在调用方法时要为其传递**实际参数**(actual parameter)。下面代码中的 3000.00 就是实际参数:

```
myAccount.deposit(3000.00);
```

方法的参数类型可以是基本类型,也可以是引用类型。

4. 方法体

方法声明的后面是一对花括号,花括号内部是方法体。方法体是对方法的实现,它包括局部变量的声明和所有合法的 Java 语句。

方法的实现是在方法体中通过编写有关的代码,实现方法所需要的功能。例如,Account 类的 withdraw()方法是要实现取款功能,它先判断余额是否大于取款数量,若是,可以取款,不是则不能取款,然后返回一个布尔值表示取款是否成功。方法体中可以包含多条语句。

5. 访问方法和修改方法

一般地,把能够返回成员变量值的方法称为**访问方法**(accessor method),把能够修改成员变量值的方法称为**修改方法**(mutator method)。访问方法名一般为 getXxx(),因此,访问方法也称 getter 方法。修改方法名一般为 setXxx(),因此,修改方法也称 setter 方法。访问方法的返回值一般与原来的变量值类型相同,而修改方法的返回值为 void。例如,在 Account 类中有一个 name 成员变量,那么就可以定义如下两个方法:

```
public void setName(String name){
    this.name = name;              ← 修改方法
}
public String getName(){
    return name;                    ← 访问方法
}
```

当然,也可以为一个成员只定义访问方法而不定义修改方法,那么这个成员变量就是只读的,也可以只定义修改方法。

4.5.2 方法的调用

一般来说,要调用类的实例方法应先创建一个对象,然后通过对象引用调用,如下所示:

```
Account myAccount = new Account();
myAccount.deposit(3000.00);
```

如果要调用类的静态方法,通常使用类名调用,如下代码所示:

```
double rand = Math.random();    // 返回一个随机浮点数
```

在调用没有参数的方法时,只使用圆括号即可,对于有参数的方法需要提供实际参数。关于方法参数的传递将在 4.5.4 节讨论。

方法的调用主要使用在三种场合:①用对象引用调用类的实例方法。②类中的方法调用本类中的其他方法。③用类名直接调用 static 方法。

4.5.3 方法重载

Java 语言提供了方法重载的机制,它允许在一个类中定义多个同名的方法,这称为**方法重载**(method overloading)。实现方法重载,要求同名的方法要么参数个数不同,要么参数类型不同,仅返回值不同不能区分重载的方法。方法重载就是在类中允许定义**签名不同的方法**。

下面程序 4-6 在 OverloadDemo 类中定义了 4 个重载的 display()方法。定义了重载方法后,对重载方法的调用与一般方法的调用相同。

程序 4-6   OverloadDemo.java

```
package com.boda.xy;
public class OverloadDemo{
    public void display (int a){
        System.out.println("a = " + a);
    }
    public void display (double d){
        System.out.println("d = " + d);
    }
    public void display(){
        System.out.println("无参数方法");
    }
    public void display(int a,int b){
        System.out.println("a = " + a + ",b = " + b);
    }
    // 测试方法重载
    public static void main(String[] args){
        OverloadDemo obj = new OverloadDemo();
        obj.display();
        obj.display(10);
        obj.display(50,60);
        obj.display(100.0);
    }
}
```

运行结果如图 4-10 所示。

在调用重载的方法时还可能发生自动类型转换。假设没有定义带 int 参数的 display()方法,"obj.display(10);"语句将调用带 double 参数的 display 方法。

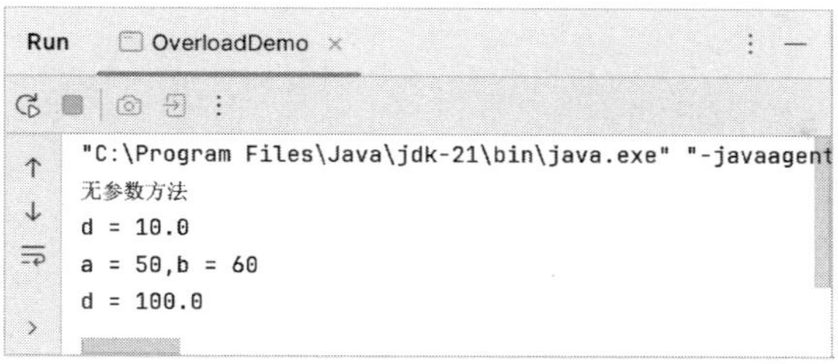

图 4-10 程序 4-6 的运行结果

通过方法重载可实现编译时多态（静态多态），编译器根据参数的不同调用相应的方法，具体调用哪个方法是由编译器在编译阶段静态决定的。前面经常使用的输出语句中的 println() 就是重载方法的典型例子，它可以接收各种类型的参数。

4.5.4 方法参数的传递

对带参数的方法，调用方法时需要向它传递参数。在 Java 语言中，方法的参数传递是**按值传递**（pass by value），即在调用方法时将实际参数的值复制传递给方法中的形式参数，方法调用结束后实际参数的值并不改变。形式参数是局部变量，其作用域只在方法内部，离开方法后自动释放。

尽管参数传递是按值传递的，但对基本数据类型的参数和引用数据类型的参数的传递还是不同的。对于基本数据类型的参数，是将实际参数值复制传递给方法，方法调用结束后，对原来的值没有影响。当参数是引用类型时，实际传递的是引用值，因此在方法的内部有可能改变原来的对象。

下面程序 4-7 演示了方法参数的两种传递，按值传递和按引用传递。

程序 4-7 PassByValue.java

```java
package com.boda.xy;
public class PassByValue {
    public static void changeValue(int num){
        num = 200;
        System.out.println(num);                    // 输出 200
    }
    public static void changeValue(Account accnt){
        // 在方法体中修改账户的余额
        accnt.setBalance(10000);
    }
    public static void main(String[]args){
        int number = 100;
        changeValue(number);             ← 把 number 的值 100 传递给参数 number
        System.out.println(number);      ← 方法调用后输出 number 值，输出 100，原来值不变
        Account account = new Account();
        account.setBalance(8000);
        System.out.println(account.getBalance());    // 输出 8000.0
        changeValue(account);            ← 将对象传递给方法，account 与参数 accnt 指向同一个对象
        System.out.println(account.getBalance());    // 输出 10000.0
    }
}
```

运行结果如图 4-11 所示。

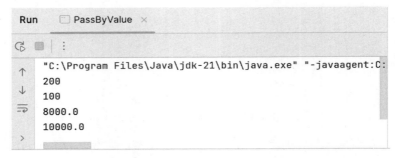

图 4-11　程序 4-7 的运行结果

从程序的运行结果可以看到,当参数为基本数据类型时,若在方法内修改了参数的值,在方法返回时,原来的值不变。当参数为引用类型时,传递的是引用值,在方法返回时引用值没有改变,但对象的状态可能会改变。

注意　如果为方法传递的是不可变的引用类型对象(如 String 对象),对象在方法内部不可能被改变。

4.6　案例学习——分数类 Fraction 的设计

1. 问题描述

分数(fraction),也称为**有理数**(rational number),是两个整数的比值,如 3/4、1/2 和 7/5 等。Java 语言没有定义表示分数的类型,但我们可以定义一个类,通过指定两个整型成员实现一个分数类,并且定义分数的运算(操作)方法。这两个成员一个是 numer,表示**分子**(numerator),一个是 denom,表示**分母**(denominator)。

定义一个类,我们通常还需要考虑各种约束条件,比如对于分数有如下 3 个条件:
- 分母不能为 0。类似于 2/0 的分数没有定义。
- 分数的符号由分子符号和分母符号共同决定,并且应设置为分子的符号。
- 分子和分母不应该具有公因数。例如,6/9 应该化简为 2/3。

图 4-12 给出了分数类 Fraction 的 UML 图,该类包含两个 int 型成员 numer 和 denom,分别表示分子和分母,定义该类的构造方法以及成员的 getter 和 setter 方法。定义该类的化简方法,如分数 4/8 应该化简为 1/2。定义该类的 toString()方法,输出化简后的结果(如果是整数,只输出整数)。编写实例方法和类方法实现分数的加、减、乘、除运算。

2. 设计思路

根据给定分数的运算公式和 UML 类图的要求,按照下列步骤设计分数类:

(1) 为 Fraction 类定义两个 private 成员变量 numer 和 denom,分别表示分数的分子和分母。

(2) 为 Fraction 类定义三个构造方法,默认构造方法、带一个 int 型参数 numer 的构造方法和带分子 numer 和分母 denom 的构造方法。

第 4 章 类、对象和方法 89

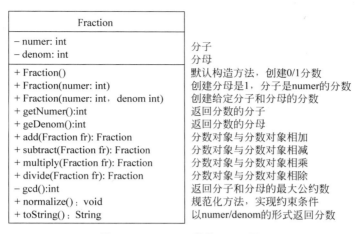

图 4-12 Fraction 类的 UML 图

（3）为两个成员变量定义访问方法 getNumer 和 getDenom 方法，分别用于访问分数的分子和分母。不定义修改方法，表示分数对象创建后用户不能修改。

（4）定义 add、subtract、multiply、divide 方法，实现当前分数对象和参数分数对象的运算。gcd()方法用于返回分子和分母的最大公约数。normalize()方法用于对分数对象规范化，也就是实现约束条件。

（5）覆盖 toString 方法，该方法是 Object 类中定义的方法。它根据分数的不同情况构建分数的输出格式。

3. 代码实现

下面的 Fraction 类（见程序 4-8）是分数的实现类，FractionDemo 类（见程序 4-9）是分数的测试类。

程序 4-8 Fraction.java

```
package com.boda.xy;
public class Fraction {
    private int numer;
    private int denom;
    public Fraction() {                          ←┤ 默认构造方法
        this.numer = 0;
        this.denom = 1;
    }
    public Fraction(int numer) {                 ←┤ 带一个参数构造方法
        this.numer = numer;
        this.denom = 1;
    }
    public Fraction (int numer, int denom) {     ←┤ 带两个参数构造方法
        this.numer = numer;
        this.denom = denom;
        normalize();                             ←┤ 对新建的分数规范化
    }
    public int getNumer() {
        return numer;
```

```java
    public int getDenom() {
        return denom;
    }
    public Fraction add(Fraction fr) {              ←┤ 分数加法
        Fraction temp = new Fraction();
        temp.numer = numer * fr.denom + denom * fr.numer;
        temp.denom = denom * fr.denom;
        temp.normalize();
        return temp;
    }
    public Fraction subtract(Fraction fr) {         ←┤ 分数减法
        Fraction temp = new Fraction();
        temp.numer = numer * fr.denom - denom * fr.numer;
        temp.denom = denom * fr.denom;
        temp.normalize();
        return temp;
    }
    public Fraction multiply(Fraction fr) {         ←┤ 分数乘法
        Fraction temp = new Fraction();
        temp.numer = numer * fr.numer;
        temp.denom = denom * fr.denom;
        temp.normalize();
        return temp;
    }
    public Fraction divide(Fraction fr) {           ←┤ 分数除法
        Fraction temp = new Fraction();
        temp.numer = numer * fr.denom;
        temp.denom = denom * fr.numer;
        temp.normalize();
        return temp;
    }
    private int gcd(int n, int m) {                 ←┤ 计算 m,n 的最大公约数
        int gcd = 1;
        for(int k = 1; k <= n&&k <= m;k++){
            if(n % k == 0 && m % k == 0){
                gcd = k;
            }
        }
        return gcd;
    }
    private void normalize() {                      ←┤ 分数规范化方法
        if(denom == 0){
            throw new RuntimeException("分数分母不能为 0!");
        }
        //改变分子的正负号
        if(denom < 0){
            denom = - denom;
            numer = - numer;
        }
        //使用最大公约数整除分子和分母
        int divisor = gcd(Math.abs(numer),Math.abs(denom));
        numer = numer / divisor;
        denom = denom / divisor;
```

```
    }
    @Override          ←— 注解表示覆盖超类的toString()方法
    public String toString() {
        String s = "";
        if (denom == 1 || numer == 0){
            return s + numer;
        }else{
            return s + numer + "/" + denom;
        }
    }
}
```

4. 运行结果

下面程序 4-9 创建了两个分数类对象并测试操作方法。

程序 4-9　FractionDemo.java

```
package com.boda.xy;
public class FractionDemo {
    public static void main(String[] args) {
        Fraction a = new Fraction (1, -2);
        Fraction b = new Fraction (2, 3);
        System.out.println("a + b=" + a.add(b));
        System.out.println("a - b=" + a.subtract(b));
        System.out.println("a * b=" + a.multiply(b));
        System.out.println("a / b=" + a.divide(b));
    }
}
```

运行该程序,结果如图 4-13 所示。

图 4-13　案例的运行结果

4.7　静态变量和静态方法

如果成员变量用 static 修饰,则该变量称为**静态变量**或**类变量**(class variable),否则称为**实例变量**(instance variable)。如果成员方法用 static 修饰,则该方法称为**静态方法**或**类方法**(class method),否则称为**实例方法**(instance method)。

4.7.1 静态变量

实例变量和静态变量的区别是：在创建类的对象时，Java 运行时系统为每个对象的实例变量分配一块内存，然后通过该对象来访问该实例变量。不同对象的实例变量占用不同的存储空间，因此它们是不同的。而对于静态变量，Java 运行时系统在类装载时为这个类的每个静态变量分配一块内存，以后再生成该类的对象时，这些对象将共享同名的静态变量，每个对象对静态变量的改变都会影响到其他对象。

程序 4-10 中的 Counter 类定义了一个实例变量 x 和一个静态变量 y。

程序 4-10　Counter.java

```
package com.boda.xy;
public class Counter{
   public int x ;                    // 实例变量
   public static int y = 0 ;         // 静态变量
   public Counter(){
      x = 100;
   }
}
```

这里的变量 x 是实例变量，y 是静态变量。这意味着在任何时刻不论有多少个 Counter 类的对象都只有一个 y。可能有一个、多个甚至没有 Counter 类的实例，但总是只有一个 y。静态变量 y 在类 Counter 被装载时就分配了空间。

对于静态变量通常使用类名访问，如下所示：

```
Counter.y = 100;
Counter.y = 200;
System.out.println(Counter.y);      // 输出 200
```

可以通过实例名访问静态变量，但这种方法可能产生混乱的代码，不推荐通过实例访问静态变量。下面代码说明了原因：

```
Counter a = new Counter();
Counter b = new Counter();
a.y = 100;
b.y = 200;
System.out.println(a.y);            // 输出:200
```

如果忽略了 y 是静态变量，可能认为 a.y 的结果为 100，实际上它的值为 200，因为 a.y 和 b.y 引用的是同一个变量。上述语句执行后的效果如图 4-14 所示。a 和 b 两个对象共享一个 y 存储空间。

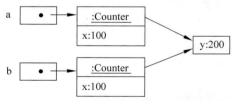

图 4-14　实例变量和静态变量示意图

通常，static 与 final 一起使用来定义类常量。例如，Java 类库中的 Math 类中就定义了如下两个常量：

```
public static final double E = 2.718281828459045;    // 自然对数的底
public static final double PI = 3.141592653589793;   // 圆周率
```

可以通过类名直接使用这些常量。例如，下面语句可输出半径为 10 的圆的面积：

```
System.out.println("面积 = " + Math.PI * 10 * 10);
```

Java 类库中的 System 类中也定义了三个静态变量，分别是 in、out 和 err，它们分别表示标准输入设备（通常是键盘）、标准输出设备（通常是显示器）和标准错误输出设备。

4.7.2 静态方法

静态方法和实例方法的区别是：静态方法属于类，它只能访问静态变量。实例方法可以对当前的实例变量进行操作，也可以对静态变量进行操作。静态方法通常用类名调用，也可以用实例变量调用，实例方法必须由实例来调用。注意，在静态方法中不能使用 this 和 super 关键字。

静态方法属于类，可以访问类的静态成员，但不能访问实例成员。请看下面程序 4-11。

程序 4-11　SomeClass.java

```
package com.boda.xy;
public class SomeClass{
    int x = 5;
    static int y = 48;
    // 静态方法的定义
    public static void display(){
        y = y + 100;           ←―| 可以访问静态变量
        System.out.println("y = " + y);
        x = x * 5;             ←―| 编译错误,不能访问实例成员
        System.out.println("x = " + x);
    }
}
```

这里，display() 方法是静态的，它可以访问类的静态成员 y。但它不能访问 x，因为 x 是实例变量，因此程序中后两行会导致编译器错误，因为 x 是非静态的，它必须通过实例访问。编译器的错误消息如图 4-15 所示。

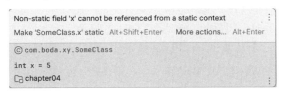

图 4-15　静态方法不能访问实例成员

这里编译错误的含义是在静态方法中不能访问非静态字段 x。同样在一个静态方法中也不能调用实例方法。

通常使用类名访问静态方法，如下所示：

```
SomeClass.display();
```

关于类的静态成员和实例成员总结如下：实例方法可以调用实例方法和静态方法，以及访问实例变量和静态变量。静态方法可以调用静态方法以及访问静态变量。静态方法不能调用实例方法或访问实例变量，因为静态方法和静态变量不属于某个特定对象。静态成

员和实例成员的关系如图 4-16 所示。

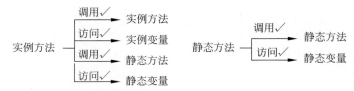

图 4-16 实例成员与静态成员的关系

在 Java 类库中也有许多类的方法定义为静态方法,因此可以使用类名调用。如 Math 类中定义的方法都是静态方法,下面是求随机数方法的定义:

```
public static double random();
```

由于可以用类名直接访问静态成员,所以访问静态成员前不需要对它所在的类进行实例化。作为应用程序执行入口点的 main() 方法必须用 static 来修饰,也是因为 Java 运行时系统在开始执行程序前,并没有生成类的一个实例,因此只能通过类名来调用 main() 方法开始执行程序。

视频讲解

4.8 递归

递归(recursion)是解决复杂问题的一种常见方法。其基本思想就是把问题逐渐简单化,最后实现问题的求解。例如,求正整数 n 的阶乘 n!,就可以通过递归实现。n! 可按递归定义如下:

```
0! = 1;
n! = n × (n-1)!; n > 0
```

按照上述定义,要求出 n 的阶乘,只要先求出 n-1 的阶乘,然后将其结果乘以 n。同理,要求出 n-1 的阶乘,只要求出 n-2 的阶乘即可。当 n 为 0 时,其阶乘为 1。这样计算 n! 的问题就简化为计算 (n-1)! 的问题,应用这个思想,n 可以一直递减到 0。

Java 语言支持方法的递归调用。所谓方法的递归调用就是方法自己调用自己。设计算 n! 的方法为 factor(n),则该算法的简单描述如下:

```
if(n == 0)
    return 1;
else
    return factor(n - 1) * n;
```

下面程序 4-12 用递归方法计算整数的阶乘。

程序 4-12 RecursionDemo.java

```
package com.boda.xy;
public class RecursionDemo{
    public static long factor(int n){        ← 计算 n 阶乘的递归方法
        if(n == 0)
            return 1 ;
```

```
        else
            return n * factor(n-1);      ←—| 调用方法自己,但参数不同
    }
    public static void main(String[] args){
        int k = 20 ;
        System.out.println(k + "!= " + factor(k));
        System.out.println("Long.MAX_VALUE = "
            + Long.MAX_VALUE); // long 型数的最大值
    }
}
```

运行结果如图 4-17 所示。

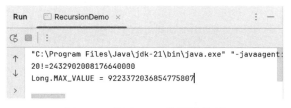

图 4-17　程序 4-12 的运行结果

● **脚下留神**

如果 n 的值超过 20,那么 n! 的值将超出 long 型数据的范围,此时得到的结果不正确。若求较大数的阶乘,可以使用 BigInteger 类。关于 BigInteger 类的使用,请参阅 7.8 节。

4.9　案例学习——打印斐波那契数列

扫一扫

视频讲解

1. 问题描述

斐波那契数列(Fibonacci sequence),又称黄金分割数列,由意大利数学家列昂纳多·斐波那契(Leonardo Fibonacci)提出,它指的是这样一个数列:1、1、2、3、5、8、13、21、34、…,以此类推,后面的每个数是前面两个数的和。在这个数列中的数,就被称为斐波那契数。

斐波那契数列在很多领域都有应用,自然界中存在很多斐波那契数,如树的叶子数、向日葵的花瓣数等。研究发现,斐波那契数还有很多有趣的现象,比如当数较大时,前一项与后一项的比值越来越逼近黄金分割比 0.618。将杨辉三角形的数按左对齐排列,将斜行的数相加也可得到斐波那契数列。

本案例要求使用方法递归,计算并输出前 20 项斐波那契数,并计算最后两项的比值。

2. 设计思路

在数学上,斐波那契数列可按如下以递归的方式定义:

$F(1)=1, F(2)=1, F(n)=F(n-1)+F(n-2), (n \geqslant 3, n\ 为自然数)$

根据上述定义,我们可以编写下面方法计算第 n 个斐波那契数。

```java
public static long fibo(int n){
    if(n == 1 || n == 2){
        return 1;
    }else{
        return fibo(n - 1) + fibo(n - 2);    // ← 这是方法的递归调用
    }
}
```

这里利用了方法的递归调用,当 n 的值大于或等于 3 时,使用所求出的前两项之和可以计算出下一项的斐波那契数。

3．代码实现

有了求斐波那契数的递归方法 fibo(int n),要计算前 20 个数就只需用一个循环即可,代码如程序 4-13 所示。

程序 4-13　FibonacciNumber.java

```java
package com.boda.xy;
public class FibonacciNumber {
    public static long fibo(int n) {
        if (n == 1 || n == 2) {          // ← 计算第 n 个斐波那契数的递归方法
            return 1;
        } else {
            return fibo(n - 1) + fibo(n - 2);    // ← 调用方法自己,但参数不同
        }
    }

    public static void main(String[] args) {
        for (int i = 1; i <= 20; i++) {
            System.out.println("fibo(" + i + ") = " + fibo(i));
        }
        System.out.println("fibo(19)/fibo(20) = " + fibo(19) * 1.0 / fibo(20));
    }
}
```

4．运行结果

本案例使用静态方法计算前 20 个斐波那契数,最后还输出了第 19 项与第 20 项的比值,该值接近黄金分割比 0.618。程序运行结果如图 4-18 所示。

图 4-18　案例的运行结果

4.10 对象初始化

在 Java 程序中需要创建许多对象。为对象确定初始状态称为对象初始化。对象初始化主要是指初始化对象的成员变量。实例变量和静态变量的初始化略有不同。当一个对象不再使用时,应该清除以释放它所占的空间,通过垃圾回收器可以清除对象。

4.10.1 实例变量的初始化

Java 语言能够保证所有的对象都被初始化。实例变量的初始化有三种方式:声明时初始化、使用初始化块和使用构造方法初始化。

1. 成员变量默认值

在类的定义中如果没有为变量赋初值,则编译器为每个成员变量指定一个默认值。对引用类型的变量,默认值为 null。对基本数据类型的变量,默认值如表 4-1 所示。

表 4-1 基本类型数据的默认初值

变量类型	初始值	变量类型	初始值
byte	0	float	0.0F
short	0	double	0.0D
int	0	boolean	false
long	0L	char	\u0000

下面程序 4-14 使用成员变量默认值初始化对象状态。

程序 4-14 Student.java

```
package com.boda.xy;
public class Student{
    int id;              ←—— 成员变量没有赋初值,它们将使用默认值
    String name;
    double marks;
    boolean pass;
    // 定义实例方法
    public void display(){
        System.out.println("id = " + id);
        System.out.println("name = " + name);
        System.out.println("marks = " + marks);
        System.out.println("pass = " + pass);
    }
    public static void main(String[] args){
        Student s = new Student();
        s.display();
    }
}
```

运行结果如图 4-19 所示。

输出结果表明,在类的定义中没有为成员变量指定任何值,但在创建对象后,每个成员

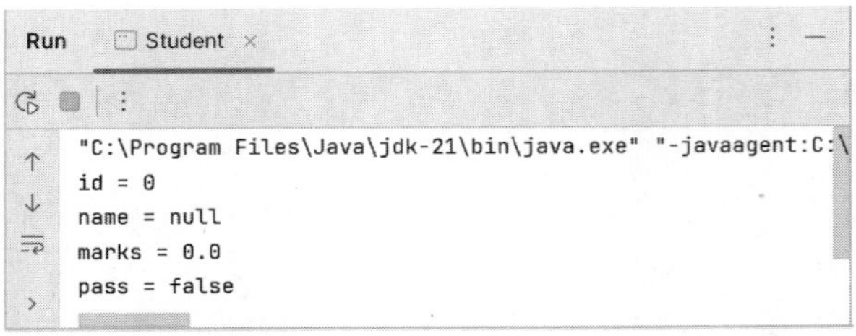

```
Run    Student  ×
"C:\Program Files\Java\jdk-21\bin\java.exe" "-javaagent:C:\
id = 0
name = null
marks = 0.0
pass = false
```

图 4-19　程序 4-14 的运行结果

变量都有了初值,初值是该类型的默认值。这些变量的初值是在调用默认构造方法之前获得的。

注意　方法或代码块中声明的变量,编译器不为其赋初始值,使用之前必须为其赋初值。

2. 在变量声明时初始化

可以在成员变量声明的同时为变量初始化,如下所示:

```
int id = 1001;
String name = "李明";
double marks = 90.5;
boolean pass = true;
```

3. 使用初始化块初始化

在类体中使用一对花括号定义一个初始化块,在该块中可以对实例变量初始化。如下所示:

```
int id;
String name;
double marks;
boolean pass ;
{
    id = 1001;
    name = "李明";          ←── 这是初始化块,由一对花括号定界
    marks = 90.5;
    pass = true;
}
```

注意　初始化块是在调用构造方法之前调用的。

4. 使用构造方法初始化

可以在构造方法中对变量初始化,例如,对于 Student 类可以定义下面的构造方法:

```
public Student(int id, String name, double marks, boolean pass){
    this.id = id;
    this.name = name;         ←── 用构造方法参数初始化成员变量
    this.marks = marks;
    this.pass = pass;
}
```

使用构造方法对变量初始化可以使我们在创建对象时执行初始化动作。但成员变量 id、name、marks、pass 等仍先执行自动初始化，即先初始化成默认值，然后才赋予指定的值。

5. 初始化次序

如果在类中既为实例变量指定了初值，又有初始化块，还在构造方法中初始化了变量，那么它们执行的顺序如何，最后变量的值是多少？下面程序 4-15 说明了初始化的顺序。

程序 4-15 InitDemo.java

```
package com.boda.xy;
public class InitDemo{
    int x = 100 ;
    public InitDemo(){
        x = 58 ;
        System.out.println("构造方法中 x = " + x);
    }
    public static void main(String[] args){
        InitDemo d = new InitDemo();
        System.out.println("最后的 x = " + d.x);
    }
    {
        System.out.println("初始化块之前 x = " + x);
        x = 60 ;
        System.out.println("初始化块中 x = " + x);
    }
}
```

运行结果如图 4-20 所示。

图 4-20　程序 4-15 的运行结果

从程序 4-15 的输出结果可以看到，构造方法被最后执行，这与初始化块和构造方法在源代码中的位置无关。实际上，程序是按下面顺序为实例变量 x 初始化的。

（1）首先使用默认值或指定的初值初始化，这里先将 x 赋值为 100。
（2）接下来执行初始化块，重新将 x 赋值为 60。
（3）最后再执行构造方法，再重新将 x 赋值为 58。

因此，在创建 InitDemo 类的对象 d 后，d 的状态是其成员变量值 58。

4.10.2　静态变量的初始化

静态变量的初始化与实例变量的初始化类似，静态变量如果在声明时没有指定初值，编译器也将使用默认值为其赋初值。主要方法有：①声明时初始化。②使用静态初始化块。

③使用构造方法初始化。

注意 对于 static 变量,不论创建多少对象(甚至没有创建对象时)都只占一份存储空间。

1. 静态初始化块

对于 static 变量,除了可以使用声明时初始化和使用构造方法初始化两种方法外,还可以使用静态初始化块。静态初始化块是在初始化块前面加上 static 关键字。例如,下面的类定义就使用了静态初始化块。

```
public class StaticDemo{
    static int x = 100;
    static
    {
        x = 48;          ← 静态初始化块
    }
    public StaticDemo{
        x = 88;
    }
    //其他代码
}
```

注意,在静态初始化块中只能使用静态变量(就像静态方法中只能使用静态变量和调用静态方法一样),不能使用实例变量。

静态变量是在类装载时初始化的,因此在产生对象前就初始化了,这就是可以使用类名访问静态变量的原因。

2. 初始化顺序

当一个类有多种初始化方法时,执行顺序如下所示。
(1) 用默认值给 static 变量赋值,然后执行静态初始化块为 static 变量赋值。
(2) 用默认值给实例变量赋值,然后执行初始化块为实例变量赋值。
(3) 最后使用构造方法初始化实例变量和静态变量。

4.11 变量的作用域

在 Java 中有多个地方可以使用变量,如类的成员变量、方法的局部变量、代码块中声明的变量(如 for 语句以及异常处理块等)。

变量的**作用域**(scope)是指一个变量可以在程序的什么范围内被使用。Java 程序的作用域是通过块实现的,**块**(block)是使用一对花括号封装的语句序列,块可对语句进行分组并定义变量的作用域。一般来说,变量只在其声明的块中可见,在块外不可见。若一个变量属于某个作用域,它在该作用域可见,即可被访问,否则不能被访问。

变量的**生存期**(lifetime)是指变量被分配内存的时间期限。当声明一个方法的局部变量时,系统将为该变量分配内存,只要方法没有返回,该变量将一直保存在内存中。一旦方法返回,该变量将从内存栈中清除,它将不能再被访问。

对于对象,当使用 new 创建对象时,系统将在堆中分配内存。当一个对象不再被引用时,对象和内存将被回收。但不是对象离开作用域就立即被回收。实际上是在之后某个时刻当垃圾回收器运行时才会被回收。

下面程序 4-16 说明了变量的作用域和生存期。

程序 4-16　ScopeDemo.java

```java
package com.boda.xy;
public class ScopeDemo{
    int i = 100;
    int []a = {1, 2, 3, 4};
    public void method(int n){
        int i = 3;
        for(int j = 0; j < 3; j++){
            a[j] = 0;
        }
        while(i > 0){
            int tmp = i * i;
            a[i] = a[i] + tmp;
            i --;
        }
        Employee c   = new Employee();
        System.out.println(i);
        System.out.println(this.i);
        System.out.println(n + 8);
    }
    public static void main(String[]args){
        new ScopeDemo().method(10);
    }
}
```

← 实例变量作用域是整个类体

← n 和 i 的作用域是方法体

← j 的作用域是 for 循环

← temp 的作用域是 while 循环

← c 的作用域也是方法体

← 访问成员变量 i

运行结果如图 4-21 所示。

这里,method()方法的参数 n、局部变量 i 和 c 的作用域在整个 method()方法中,j 的作用域在 for 循环体中,而 tmp 的作用域在 while 循环体中。这些变量离开了它们的作用域,其所占内存即被释放,将不能再访问它们。

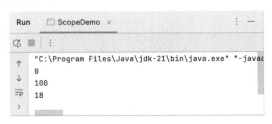

图 4-21　程序 4-16 的运行结果

🔑 4.12　局部变量类型推断

扫一扫

视频讲解

在方法中声明一个引用类型变量并使用构造方法创建对象时,需要两次输入变量类型,第一次用于声明变量类型,第二次用于构造方法,如下代码所示:

```
Account myAccount = new Account();
```

在声明变量时使用一次类型名 Account,在创建实例时又使用一次类型名,显然存在代码冗余问题。从 Java 10 开始,开发人员可以使用 var 声明一个局部变量,然后通过构造方法或工厂方法创建对象,在创建对象时让编译器自己去推断类型,从而确定变量的类型。

```
var myAccount = new Account();
```

在处理 var 时,编译器先是查看表达式右边部分,也就是所谓的构造器,并将它作为变量的类型。这样可以少输入一些字符,更重要的是,它避免了信息冗余,而且对齐了变量名,更容易阅读。

不是在任何时候都可使用 var 声明变量,它只能用在局部变量声明并创建时,更准确地说,是那些带有构造器的局部变量声明。下面用法不正确。

```
var myAccount;              ← 不可以,此时不能推断 myAccount 的类型
myAccount = new Account();
```

字符串是引用类型,下面用法是正确的。

```
var name = "张大海";
```

数组也是引用类型,也可以使用 var 声明并同时创建数组对象,例如,下面语句是正确的。

```
var nums = new int[]{0, 1, 2};    // 正确,能推断元素类型
```

但下面声明不正确,因为编译器不能推断出 nums 数组元素的类型。

```
var nums = {0, 1, 2};             // 不正确,不能推断元素类型
```

下面代码使用 List 的工厂方法返回一个 List 对象。

```
var numbers = List.of("aa", "bb", "cc");
```

除了方法局部变量,for 循环和增强的 for 循环中也可以使用 var 声明变量。

```
// for 循环中声明 var 变量
for (var i = 0; i < numbers.size(); i++)
    System.out.print(numbers.get(i) + " ");
//增强 for 循环中声明 var 变量
for (var n : numbers)
    System.out.print(n + " ");
```

💣**脚下留神**

类的成员变量不能进行类型推断。声明成员变量必须指明变量的具体类型,即使为变量初始化也要指明类型。

4.13 垃圾回收

在 Java 程序中允许创建尽可能多的对象,而不用担心销毁它们。当程序使用完一个对象,该对象不再被引用时,Java 运行系统就在后台自动运行一个线程,它将销毁该对象并释

放其所占的内存空间,这个过程称为**垃圾回收**(Garbage Collection,GC)。

后台运行的线程称为**垃圾回收器**(garbage collector)。垃圾回收器自动完成垃圾回收操作,因此,这个功能也称为自动垃圾回收。所以,在一般情况下,程序员不必关心对象不被清除而产生内存泄漏问题。

1. 对象何时有可能被回收

当一个对象不再被引用时,该对象才有可能被回收。请看下面代码:

```
Account account = new Account (),account2 = new Account ();
account2 = account;
```

上面代码段创建了两个 Account 对象 account、account2,然后让 account2 指向 account,这时 account2 原来指向的对象没有任何引用指向它了,也没有任何办法得到或操作该对象了,该对象就有可能被回收了。

另外,也可明确删除一个对象的引用,这通过为对象引用赋 null 值即可,如下所示:

```
account2 = null ;         // 原来的 account2 对象可被回收,注意与上面代码的区别
```

一个对象可能有多个引用,只有在所有的引用都被删除时,对象才有可能被回收。

2. 强制执行垃圾回收

尽管 Java 提供了垃圾回收器,但不能保证不被使用的对象及时被回收。如果希望系统运行垃圾回收器,可以直接调用 System 类的 gc()方法,如下所示:

```
System.gc();
```

另一种调用垃圾回收器的方法是通过 Runtime 类的 gc()实例方法,如下所示:

```
Runtime rt = Runtime.getRuntime();
rt.gc();
```

要注意,启动垃圾回收器并不意味着马上能回收无用的对象。因为,执行垃圾回收器需要一定的时间,且受各种因素如内存堆的大小、处理器的速度等的影响,所以垃圾回收器的真正执行是在启动垃圾回收器后的某个时刻才能执行。

4.14 本章小结

本章首先介绍了面向对象编程的基本概念,之后介绍了类的定义、对象的创建和使用,接下来介绍了构造方法和实例方法与静态方法的设计以及方法的递归调用,然后学习了对象初始化、变量作用域、局部变量类型推断以及无用对象的回收等。这是本书的重点内容。

下一章将介绍 Java 语言中数组的使用,包括数组的定义和使用、Arrays 类以及二维数组的定义与使用。

4.15 习题与实践

习题

自测题

4.16 上机实验

上机实验

第 5 章

数 组

CHAPTER 5

本章知识点思维导图

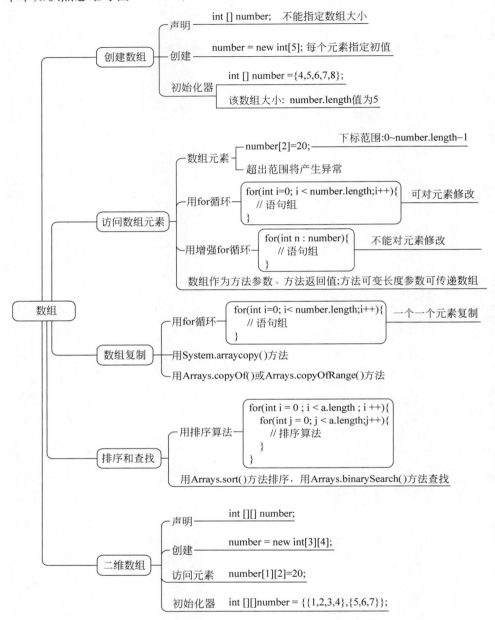

视频讲解

5.1 创建和使用数组

数组是几乎所有编程语言都提供的一种数据存储结构。所谓**数组**(array)是指名称相同,下标不同的一组变量,它用来存储一组类型相同的数据。下面就来介绍如何声明、创建和使用数组。

5.1.1 数组的定义

使用数组一般需要两个步骤：①声明数组：声明数组名称和元素的数据类型。②创建数组：为数组元素分配存储空间。

1．声明数组

使用数组之前需要声明，声明数组就是告诉编译器数组名和数组元素类型。数组声明可以使用下面两种等价形式：

```
元素类型 []数组名;          ←── 方括号可放在数组变量名前或后
元素类型 数组名[];
```

这里，元素类型可以是基本数据类型（如 boolean 型或 char 类型），也可以是引用数据类型（如 String 或 Account 类型等）。数组名是一个引用变量。方括号指明变量为数组变量，它既可以放在变量前面也可以放在变量后面。推荐放在变量前面，这样更直观。

例如，下面代码声明了两个数组。

```
double []marks;
Account []accounts;
```

注意　声明数组不能指定数组元素的个数，这一点与 C/C++ 不同。

上面声明的数组，它们的元素类型分别为 double 型和 Account 类型。在 Java 语言中，数组是引用数据类型，也就是说数组是一个对象，数组名就是对象名（或引用名）。数组的声明实际上是声明一个引用变量。所有数组都继承了 Object 类，因此，可以调用 Object 类的所有方法。如果数组元素为引用类型，则该数组称为**对象数组**，如上面的 accounts 就是对象数组。

提示　Java 语言的数组是一种引用数据类型，即数组是对象。数组继承 Object 类的所有方法。

2．创建数组

声明数组仅仅声明一个数组对象引用，而创建数组是为数组的每个元素分配存储空间。创建数组使用 new 语句，一般格式如下：

```
数组名 = new 元素类型[size];     ←── 这里 size 指定大小
```

该语句的功能是分配 size 个指定元素类型的存储空间，并通过数组名引用。下面代码创建 marks 数组和 accounts 数组：

```
marks = new double[5];              // 数组包含 5 个 double 型元素
accounts = new Account[3];          // 数组包含 3 个 Account 型元素
```

注意　Java 数组可以动态创建，也就是它的大小可以在运行时指定。

数组的声明与创建可以写在一个语句中，如下所示：

```
double []marks = new double[5];
Account []accounts = new Account[3];        ←——— 声明同时创建数组
```

当用 new 运算符创建一个数组时,系统就为数组元素分配了存储空间,这时系统根据指定的长度创建若干存储空间并为数组每个元素指定默认值。数值型数组元素的默认值是 0,字符型元素的默认值是 '\u0000'、布尔型元素的默认值是 false。如果数组元素是引用类型,其默认值是 null。

上面两个语句分别分配了 5 个 double 型和 3 个 Account 类型的空间,并且每个元素使用默认值初始化。上面两个语句执行后效果如图 5-1 所示。数组 marks 的每个元素都被初始化为 0.0,而数组 accounts 的每个元素被初始化为 null。

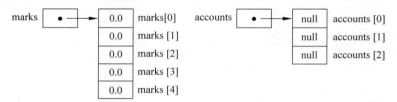

图 5-1　marks 数组和 accounts 数组示意图

对于引用类型数组(对象数组),它的每个元素初值为 null,因此,还需要创建数组元素对象。

```
accounts[0] = new Account(103,"张三",3000.0);
accounts[1] = new Account(104,"王五",5000.0);
accounts[2] = new Account(105,"李四",8000.0);
```

上面语句执行后效果如图 5-2 所示。

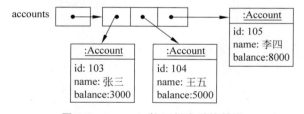

图 5-2　accounts 数组创建后的效果

5.1.2　访问数组元素

声明了一个数组,并使用 new 运算符为数组元素分配内存空间后,就可以使用数组中的每一个元素。数组元素的使用方式如下所示:

数组名[下标]

通过数组名和下标访问数组元素,下标从 0 开始,到数组的长度减 1。例如,上面定义的 accounts 数组包含 3 个元素,所以只能使用 accounts[0]、accounts[1]和 accounts[2]这三个元素。数组一经创建,大小不能改变。

数组作为对象提供一个 length 成员变量,它的值是数组元素的个数,访问该成员变量的方法为"数组名.length"。

下面程序 5-1 演示了数组的声明、创建以及元素和 length 成员的使用。

程序 5-1　ArrayDemo.java

```java
package com.boda.xy;
public class ArrayDemo {
    public static void main(String[] args) {
        var marks = new double[5];          ←── 用 var 声明数组不加方括号
        marks[0] = 79;
        marks[1] = 84.5;
        marks[2] = 63;
        marks[3] = 90;
        marks[4] = 98;
        System.out.println(marks[2]);
        System.out.println(marks.length);
        // 输出每个元素值
        for (var i = 0; i < marks.length; i++) {
            System.out.print(marks[i] + "  ");
        }
    }
}
```

运行结果如图 5-3 所示。

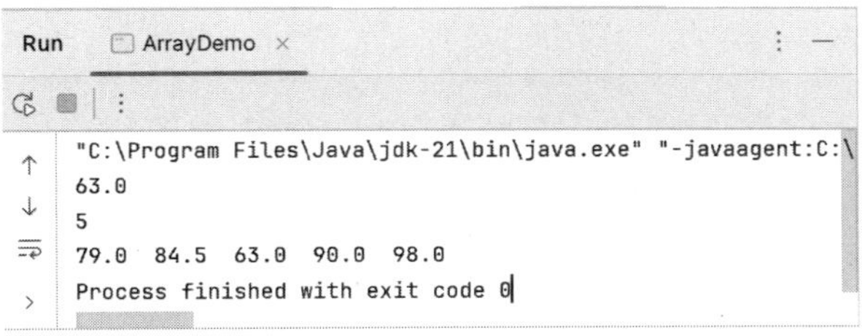

```
"C:\Program Files\Java\jdk-21\bin\java.exe" "-javaagent:C:\
63.0
5
79.0  84.5  63.0  90.0  98.0
Process finished with exit code 0
```

图 5-3　程序 5-1 的运行结果

程序中使用 for 循环迭代数组的每个元素。使用这种方法不但可以从前到后访问元素，也可以逆序访问元素，还可以访问部分元素以及对访问的元素修改（比如加分），因此使用这种方式对数组元素操作比较灵活。

💣**脚下留神**

为了保证安全性，Java 运行时系统要对数组元素的范围进行越界检查，若数组元素的下标超出了范围，将抛出 ArrayIndexOutOfBoundsException 运行时异常。例如，下面代码抛出异常。

```java
System.out.println(marks[5]);
```

5.1.3　数组初始化器

声明数组同时可以使用初始化器对数组元素初始化，它是在一对花括号中给出数组的每个元素值。这种方式适合数组元素较少的情况，这种初始化也称为静态初始化。

```
double[] marks = {79, 84.5, 63, 90, 98};
Account[] accounts = {new Account(103, "张三", 3000),
        new Account(104, "王五", 5000), new Account(105,"李四",8000)};
```

上面语句还可以写成如下的形式：

```
var marks = new double[]{79, 84.5, 63,90, 98};
var accounts = new Account[]{new Account(103, "张三", 3000),
                    new Account(104, "王五", 5000),
                    new Account(105,"李四",8000)};
```

用这种方法创建数组不能指定大小，系统会根据元素个数确定数组大小。另外可以在最后一个元素后面加一个逗号，以方便扩充。

◆ 脚下留神

对于数组局部变量的类型推断，如果声明数组使用 new 运算符创建数组，则可以使用 var 声明数组，并且声明的数组变量不带方括号，如下代码所示：

```
var marks = new double[5];
```

但是如果使用数组初始化器创建数组，则不能使用 var 声明数组，例如下面代码发生编译错误。

```
var marks = {79, 84.5, 63,90, 98};
```

但使用下面格式是合法的，因为这里指定了数组元素的类型。

```
var marks = new double[]{79, 84.5, 63,90, 98};
```

5.1.4　增强的 for 循环

如果程序只需顺序访问数组中每个元素，可以使用**增强的 for 循环**，它是 Java 5 的新增功能。增强的 for 循环可以用来迭代数组和集合对象的每个元素，因此这种循环也称为 **for each 循环**。它的一般格式如下：

```
for(type identifier:expression) {
    //循环体
}
```

该循环的含义为：对 expression(数组或集合)中的每个 type 类型的元素 identifier，执行一次循环体中的语句。这里，type 为数组或集合中的元素类型，expression 必须是一个数组或集合对象。

下面使用增强的 for 循环实现求数组 marks 中各元素的和，代码如下所示：

```
double sum = 0;
for(var score : marks){
    sum = sum + score;
}
System.out.println("总成绩 = " + sum);
```

提示 使用增强的 for 循环只能按顺序访问数组元素,并且只能使用元素而不能对元素进行修改。

5.2 数组的应用

5.2.1 数组元素的复制

经常需要将一个数组的元素复制到另一个数组中。首先应该想到将数组元素一个一个复制到目标数组中。设有一个数组 source,其中有 4 个元素,现在定义一个数组 target,与原来数组的类型相同,元素个数相同。使用下面方法将原数组的每个元素复制到目标数组中:

```
int[] source = {10,30,20,40};               // 原数组
int[] target = new int[source.length];      // 目标数组
for(var i = 0; i < source.length; i++)
    target[i] = source[i];
```

除上述方法外,还可以使用 System 类的 arraycopy()方法,格式如下:

```
public static void arraycopy(Object src, int srcPos,
                             Object dest, int destPos,int length)
```

src 为原数组,srcPos 为原数组的起始下标,dest 为目标数组,destPos 为目标数组的下标,length 为复制的数组元素个数。下面代码实现将 source 中的每个元素复制到数组 target 中:

```
int[] source = {10,30,20,40};
int[] target = new int[source.length];
System.arraycopy(source, 0, target, 0, 4);
```

使用 arraycopy()方法可以将源数组的一部分元素复制到目标数组中。注意,如果目标数组不足以容纳原数组元素,会抛出异常。

下面程序 5-2 演示了数组元素的复制与异常。

程序 5-2 ArrayCopyDemo.java

```
package com.boda.xy;
public class ArrayCopyDemo{
    public static void main(String[] args){
        int[] a = {1,2,3,4};
        int[] b = {8,7,6,5,4,3,2,1};
        int[] c = {10,20};
        try{
            System.arraycopy(a, 0,b, 0, a.length);
            //下面语句发生异常,目标数组 c 容纳不下原数组 a 的元素
            System.arraycopy(a, 0,c, 0, a.length);
        }catch(ArrayIndexOutOfBoundsException e){
            System.out.println(e);
```

```
        }
        for(var elem: b){
            System.out.print(elem + "  ");
        }
        System.out.println();
        for(var elem: c){
            System.out.print(elem + "  ");
        }
    }
}
```

运行结果如图 5-4 所示。

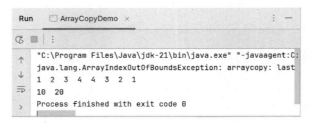

图 5-4　程序 5-2 的运行结果

注意,不能使用下列方法将数组 source 中的每个元素复制到 target 数组中。

```
int[] source = {10,30,20,40};
int[] target = source;              // 这是引用赋值
```

上述两条语句实现对象的引用赋值,两个数组引用指向同一个数组对象,如图 5-5 所示。

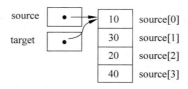

图 5-5　将 source 赋值给 target 的效果

5.2.2　数组参数与返回值

数组对象可以作为参数传递给方法,例如下面代码定义了一个求数组元素和的方法。

```
public static double sumArray(double array[ ]){
    var sum = 0;
    for(var i = 0; i < array.length; i++){
        sum = sum + array[i];
    }
    return sum;
}
```

注意,由于数组是对象,因此将其传递给方法是按引用传递。当方法返回时,数组对象不变。如果在方法体中修改了数组元素的值,则该修改反映到返回的数组对象。

一个方法也可以返回一个数组对象，例如，下面的方法返回参数数组的元素反转后的一个数组。

```
public static int[] reverse(int[] list){
    var result = new int[list.length];           // 创建一个与参数数组大小相同的数组
    for(int i = 0, j = result.length - 1; i < list.length; i++, j--){
        result[j] = list[i];                     // 实现元素反转
    }
    return result;                               // 返回数组
}
```

有了上述方法，可以使用如下语句实现数组的反转。

```
int[] list = {6, 7, 8, 9, 10};
int[] list2 = reverse(list);
```

5.2.3 可变参数方法

Java 语言允许定义方法（包括构造方法）带可变数量的参数，这种方法称为**可变参数**（variable argument）**方法**。具体做法是在方法参数列表的最后一个参数的类型名之后、参数名之前使用省略号，如下所示：

```
public static double average(double … values){
    // 方法体
}
```

这里，参数 values 被声明为一个 double 型值的序列，其中参数的类型可以是引用类型。对可变参数的方法，调用时可以为其传递任意数量的指定类型的实际参数。在方法体中，编译器将为可变参数创建一个数组，并将传递来的实际参数值作为数组元素的值，这就相当于为方法传递一个指定类型的数组。

下面程序 5-3 演示了可变长度参数方法的应用。

程序 5-3　VarargsDemo.java

```
package com.boda.xy;
public class VarargsDemo{
    public static double average(double ... values){
        var sum = 0.0;
        for(var value:values){
            sum = sum + value;        // 求数组元素之和
        }
        var average = sum / values.length;
        return average;
    }
    public static void main(String[] args){
        double[] marks = {79, 84.5, 63, 90, 98};
        System.out.println("平均值 = " + average(marks));
        System.out.println("平均值 = " + average(79, 84.5, 63, 90, 98));
    }
}
```

运行结果如图 5-6 所示。

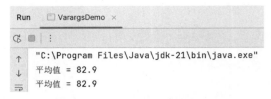

图 5-6　程序 5-3 的运行结果

程序定义了带可变参数的方法 average()，它的功能是返回传递给该方法的多个 double 型数的平均值。该程序调用了 average() 方法并为其传递 double 型数组，也可以直接传递若干 double 型数。

在可变参数的方法中还可以有一般的参数，但是可变参数必须是方法的最后一个参数。例如，下面定义的方法也是合法的。

```
public static double average(String name,double … values){
    // 方法体
}
```

注意，在调用带可变参数的方法时，可变参数是可选的。如果没有为可变参数传递一个值，那么编译器将生成一个长度为 0 的数组。如果传递一个 null 值，那么将产生一个运行时 NullPointerException 异常。

5.3　案例学习——数组冒泡排序

1. 问题描述

在程序设计中，排序是一种常见的操作。例如，一个数组可能存放某个学生的各科成绩，现要求将成绩按从低到高的顺序输出，这就需要为数组排序。排序有多种方法，如冒泡排序、选择排序、插入排序、快速排序等。本案例采用冒泡排序法（bubble sort）对一个数组按升序排序。

2. 设计思路

假设给定下面整型数组：

```
int[]a = {75, 53, 32, 12, 46, 199, 17,  54};
```

根据问题要求，采用冒泡排序法对该数组升序排序，设计思路如下：

从数组的第一个元素开始，与它后面的元素比较，如果逆序（即 a[j] > a[j+1]），则交换两个元素的位置，如果正序，则不交换。经过第一趟排序后，结果如下：

```
53, 32, 12, 46, 75, 17,  54, 199
```

可以看到，经过第一趟排序，找到了数组中的最大值，而经过比较后，小的元素交换到前面,就像水泡向上冒。第二趟排序时,只需比较到倒数第二个元素为止,即可找到次大的元素,因此这里需要使用二重循环结构。

3. 代码实现

该案例的实现代码如程序 5-4 所示。

程序 5-4　BubbleSort.java

```java
package com.boda.xy;
public class BubbleSort {
    public static void main(String[] args) {
        int[]a = {75, 53, 32, 12, 46, 199, 17,  54};
        System.out.print("初始元素: ");
        for(var n:a) {
            System.out.print("  " + n);
        }
        System.out.println();
        for(var i = 0; i < a.length - 1; i++) {
            for(var j = 0; j < a.length - i - 1; j ++) {
                if(a[j] > a[j+1]) {
                    int t = a[j];                      ← 若逆序,则交换元素
                    a[j] = a[j+1];
                    a[j+1] = t;
                }
            }
            System.out.print("第 " + (i+1) + " 趟结果:");
            for(var n:a) {
                System.out.print(" " + n);
            }
            System.out.println();
        }
    }
}
```

4. 运行结果

该案例对包含下面 8 个数的数组升序(从小到大顺序)排序。

```
75, 53, 32, 12, 46, 199, 17,  54
```

运行结果如图 5-7 所示,这里输出了每趟排序的结果。

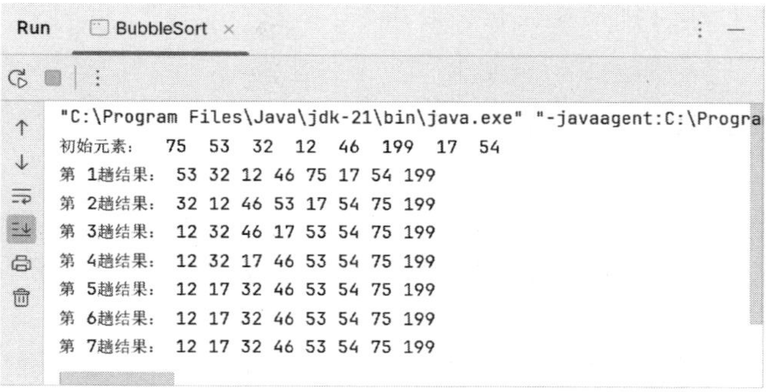

```
"C:\Program Files\Java\jdk-21\bin\java.exe" "-javaagent:C:\Progra
初始元素:    75  53  32  12  46  199  17  54
第 1 趟结果: 53 32 12 46 75 17 54 199
第 2 趟结果: 32 12 46 53 17 54 75 199
第 3 趟结果: 12 32 46 17 53 54 75 199
第 4 趟结果: 12 32 17 46 53 54 75 199
第 5 趟结果: 12 17 32 46 53 54 75 199
第 6 趟结果: 12 17 32 46 53 54 75 199
第 7 趟结果: 12 17 32 46 53 54 75 199
```

图 5-7　程序 5-4 的运行结果

关于冒泡排序算法,这里直接写在 main()方法中,实际上我们可以定义一个方法实现排序,然后在 main()方法中调用它,如下所示:

```java
public static void bubbleSort(int[] a){
    for(var i = 0; i < a.length; i++) {
        for(var j = 0; j < a.length - i - 1; j ++) {
            if(a[j] > a[j+1]) {
                int t = a[j];
                a[j] = a[j+1];
                a[j+1] = t;
            }
        }
    }
}
```

之后在 main()方法中调用 bubbleSort()方法,代码如下:

```java
public static void main(String[] args) {
    int[]a = {75,53, 32, 12, 46, 199, 17,  54};
    System.out.print("排序前:");
    for(var n:a) {
        System.out.print(" " + n);
    }
    bubbleSort(a);          ←— 调用 bubbleSort()方法对数组 a 排序
    System.out.print("\n排序后:");
    for(var n:a) {
        System.out.print(" " + n);
    }
}
```

运行的输出结果如图 5-8 所示。

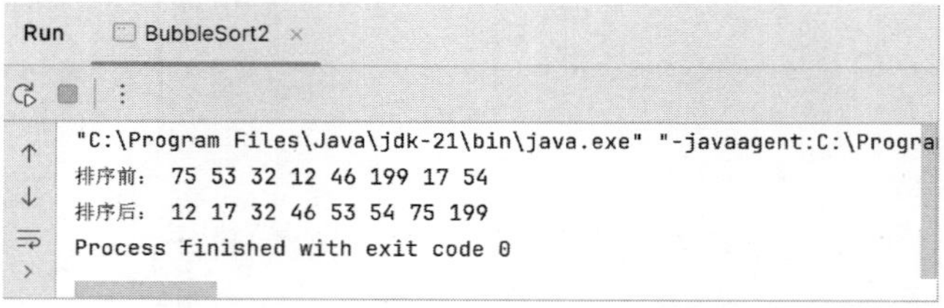

图 5-8 案例的运行结果

提示 使用 5.4 节讨论的 java.util.Arrays 类的 sort()方法可以对任何类型元素的数组进行排序,还可以对数组执行查找和其他操作。

扫一扫

视频讲解

5.4 java.util.Arrays 类

java.util.Arrays 类定义了若干静态方法对数组操作,包括对数组排序、在已排序的数组中查找指定元素、数组元素的复制、比较两个数组是否相等、将一个值填充到数组的每个元素中。

- public static int binarySearch(int[] a, int key):根据给定的键值,查找该值在数组中的位置,如果找到指定的值,则返回该值的下标值。如果查找的值不包含在数组中,方法的返回值为(插入点-1)。插入点为指定的值在数组中应该插入的位置。
- public static void sort(int[] a):对数组 a 按自然顺序排序。
- public static void sort(int[] a, int fromIndex, int toIndex):对数组 a 中从起始下标 fromIndex 到终止下标 toIndex 之间的元素排序。
- public static double[] copyOf(double[] original, int newLength):方法的 original 参数是原数组,newLength 参数是新数组的长度。
- public static void fill (int[] a, int val):用指定的 val 值填充数组 a 中的每个元素。
- public static boolean equals(boolean[] a, boolean[] b):比较布尔型数组 a 与 b 是否相等。
- public static String toString(int[] a):将数组 a 的元素转换成字符串,它有多个重载的版本,方便对数组的输出。

上述操作都有多个重载的方法,可用于所有的基本数据类型和 Object 类型。

下面程序 5-5 演示了用 Arrays 的 sort()方法排序数组。

程序 5-5 SortDemo.java

```
package com.boda.xy;
import java.util.Arrays;
public class SortDemo{
    public static void main(String[] args){
        int[]a = {75,53, 32, 12, 46, 199, 17,  54};
        System.out.print("排序前:");
        System.out.println(Arrays.toString(a));
        Arrays.sort(a);            ←── 调用 Arrays.sort()方法对数组 a 排序
        System.out.print("\n 排序后:");
        System.out.println(Arrays.toString(a));
    }
}
```

运行结果如图 5-9 所示。

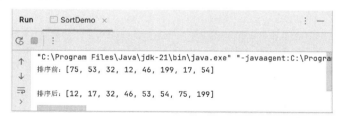

图 5-9　程序 5-5 的运行结果

5.5　案例学习——桥牌随机发牌

视频讲解

1. 问题描述

桥牌是一种文明、高雅、竞技性很强的智力游戏,由 4 个人分两组玩。桥牌使用普通扑克牌去掉大小王后的 52 张牌,分为梅花(C)、方块(D)、红桃(H)和黑桃(S)4 种花色,每种花色有 13 张牌,从大到小的顺序为:A(最大)、K、Q、J、10、9、8、7、6、5、4、3、2(最小)。

打桥牌首先需要发牌,然后按顺序显示输出 4 个玩家得到的牌。本案例就是通过编程实现随机发牌。

2. 设计思路

根据问题描述,本案例的设计思路如下:

(1) 可以使用一个有 52 个元素的数组存储 52 张牌。为了区分 52 张牌,使用不同的元素值即可。为了方便,这里使用 0~51。设元素值从 0~12 为黑桃,13~25 为红桃,26~38 为方块,39~51 为梅花。在创建数组后为每个元素赋值,如下所示:

```java
int [] deck = new int[52];
for(var i = 0; i < deck.length; i++)    // 填充每个元素
    deck[i] = i;
```

(2) 为实现随机发牌,需要打乱数组元素的值。这里对每个元素随机生成一个整数下标,将当前元素与产生的下标的元素交换,循环结束后,数组中的元素值被打乱。

```java
for(var i = 0; i < deck.length; i++){
    // 随机产生一个元素下标 0~51
    int index = (int)(Math.random() * deck.length);
    int temp = deck[i];          // 将当前元素与产生的下标的元素交换
    deck[i] = deck[index];
    deck[index] = temp;
}
```

(3) 牌的顺序打乱后,依次从 52 张牌中取出 13 张牌作为 4 个玩家的牌。第 1 个 13 张牌属于第 1 个玩家,第 2 个 13 张牌属于第 2 个玩家,第 3 个 13 张牌属于第 3 个玩家,第 4 个 13 张牌属于第 4 个玩家。最后要求每个玩家的牌按顺序输出,因此需要对每个玩家的牌排序,这里使用 Arrays 类的 sort()方法,它可以对数组的部分元素排序,比如对第 3 个玩家的牌排序,使用下面代码:

```java
Arrays.sort(deck,26,39);
```

(4) 根据每张牌的数值转换为牌的名称(如,♥K)。为此,定义两个 String 数组,如下所示:

```java
String[] suits = {"♠","♥","♦","♣"};
String[] ranks = {"A","K","Q","J","10","9","8","7",
                  "6","5","4","3","2"};
```

根据下面代码确定每张牌的花色和次序,然后输出。

```java
String suit = suits[deck[i]/13];         // 确定花色
String rank = ranks[deck[i]%13];         // 确定次序
System.out.printf("%s%-3s",suit,rank);
```

3. 代码实现

该案例的完整实现代码如程序 5-6 所示。

程序 5-6　BridgeCards.java

```java
package com.boda.xy;
import java.util.Arrays;
public class BridgeCards {
    public static void main(String[]args){
        int[]deck = new int[52];
        String[] suits = {"♠","♥","♦","♣"};
        String[] ranks = {"A","K","Q","J","10","9","8","7",
                          "6","5","4","3","2"};
        //初始化每一张牌
        for(var i = 0; i < deck.length;i++)
            deck[i] = i;
        // 打乱牌的次序
        for(var i = 0; i < deck.length;i++){
            // 随机产生一个元素下标 0~51
            int index = (int)(Math.random() * deck.length);
            int temp = deck[i];                          // 将当前元素与产生的元素交换
            deck[i] = deck[index];
            deck[index] = temp;
        }
        // 对指定范围的数组元素排序
        Arrays.sort(deck,0,13);
        Arrays.sort(deck,13,26);
        Arrays.sort(deck,26,39);
        Arrays.sort(deck,39,52);
        // 显示所有 52 张牌
        for(var i = 0; i < 52; i++){
            switch(i%13) {
                case 0 -> System.out.print("玩家" + (i/13 + 1) + ":");
            }
            String suit = suits[deck[i]/13];             // 确定花色
            String rank = ranks[deck[i]%13];             // 确定次序
            System.out.printf("%s%-3s",suit,rank);
            if((i+1)%13 == 0) {
                System.out.println();
            }
        }
    }
}
```

4. 运行结果

案例的某次运行结果如图 5-10 所示。

从输出结果可以看到，每个玩家得到 13 张牌，并且每个玩家的牌按花色和大小进行了排序。

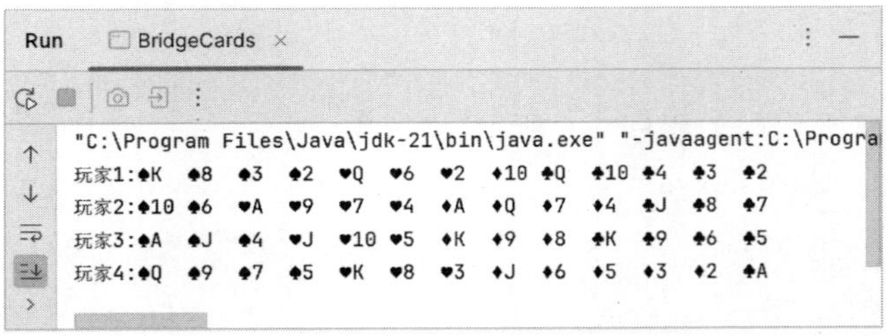

图 5-10　案例的运行结果

视频讲解

5.6　二维数组

Java 语言中的数组元素还可以是一个数组，这样的数组称为**数组的数组**（array of array）或**二维数组**。

5.6.1　二维数组的定义

二维数组的使用也分为声明、创建两个步骤。

1．二维数组的声明

二维数组有下面 3 种等价的声明格式：

```
元素类型 [][] 数组名;           ←── 推荐使用第一种格式
元素类型 数组名[][];
元素类型 []数组名[];
```

这里，元素类型可以是基本类型，也可以是引用类型，数组名为合法的变量名。推荐使用第一种格式声明二维数组。下面语句声明了一个整型二维数组 matrix 和一个 String 型二数组 cities：

```
int [][] matrix;
String [][] cities;
```

2．创建二维数组

创建二维数组就是为二维数组的每个元素分配存储空间。系统先为高维分配引用空间，然后再顺次为低维分配空间。二维数组的创建也使用 new 运算符，分配空间有两种方法，下面是直接为每一维分配空间：

```
var matrix = new int[2][3];    // 直接为每一维分配空间
```

这种方法适用于数组的低维具有相同个数的数组元素。在 Java 中，二维数组是数组的数组，即数组元素也是一个数组。上述语句执行后创建的数组如图 5-11 所示，二维数组 matrix 有两个元素，matrix[0] 和 matrix[1]，它们又都是数组，各有 3 个元素。图 5-11 中共有三个对象：matrix、matrix[0]和matrix[1]。

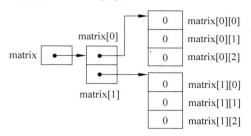

图 5-11　matrix 数组元素空间的分配

创建了二维数组后，它的每个元素被指定为默认值。上述语句执行后，数组 matrix 的 6 个元素值都被初始化为 0。

在创建二维数组时，也可以先为第一维分配空间，然后再为第二维分配空间。

```
var matrix = new int[2][];        // 先为第一维分配空间
matrix[0] = new int[3];           // 再为第二维分配空间
matrix[1] = new int[3];
```

5.6.2　数组元素的使用

访问二维数组的元素，使用下面的形式：

数组名[下标 1][下标 2]

其中，下标 1 和下标 2 可以是整型常数或表达式。同样，每一维的下标也是从 0 到该维的长度减 1。

下面代码实现了给 matrix 数组元素赋值：

```
matrix[0][0] = 80;
matrix[0][1] = 75;
matrix[0][2] = 78;
matrix[1][0] = 67;
matrix[1][1] = 87;
matrix[1][2] = 98;
```

下面代码输出了 matrix[1][2]元素值：

```
System.out.println(matrix[1][2]);
```

与访问一维数组元素一样，访问二维数组元素时，下标也不能超出范围，否则会抛出异常。可以用 matrix.length 得到数组 matrix 的大小，结果为 2，用 matrix[0].length 得到 matrix[0]数组的大小，结果为 3。

二维数组的第一维通常称为行，第二维称为列。要访问二维数组的所有元素，应该使用嵌套的 for 循环。例如下面代码输出了 matrix 数组中所有元素：

```
for(var i = 0; i < matrix.length; i++){
    for(var j = 0; j < matrix[0].length; j ++){
        System.out.print(matrix[i][j] + "  ");
    }
    System.out.println();        // 换行
}
```

代码的输出结果如图 5-12 所示。

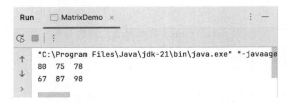

图 5-12　代码的运行结果

同样,在访问二维数组元素的同时,可以对元素处理,比如计算行的和或者列的和等。

5.6.3　数组初始化器

二维数组也可以使用初始化器在声明数组的同时为数组元素初始化,如下所示:

```
int[][] matrix = {{15,56,20,-2},
                  {10,80,-9,31},
                  {76,-3,99,21},};
```

matrix 数组是 3 行 4 列的数组。多维数组每一维也都有一个 length 成员表示数组的长度。matrix.length 的值是 3,matrix[0].length 的值是 4。

5.6.4　不规则二维数组

Java 的二维数组是数组的数组,对二维数组声明时可以只指定第一维的大小,第二维的每个元素可以指定不同的大小,如下所示:

```
var cities = new String[2][];            // cities 数组有 2 个元素
cities[0] = new String[3];               // cities[0]数组有 3 个元素
cities[1] = new String[2];               // cities[1]数组有 2 个元素
```

这种方法适用于低维数组元素个数不同的情况,即每个数组的元素个数可以不同。对于引用类型的数组,除了为数组分配空间外,还要为每个数组元素的对象分配空间。

```
cities[0][0] = new String("北京");
cities[0][1] = new String("上海");
cities[0][2] = new String("广州");
cities[1][0] = new String("伦敦");
cities[1][1] = new String("纽约");
```

cities 数组元素空间的分配情况如图 5-13 所示,图中共有 8 个对象。

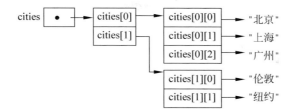

图 5-13　cities 数组元素空间的分配

提示　Java 支持多维数组，例如下面代码声明并创建了一个三维数组，该数组共有 36 个元素。

```
double [][][] sales = new double[3][3][4];
```

5.7　案例学习——打印 10 行杨辉三角形

扫一扫

视频讲解

1．问题描述

杨辉三角形，又称帕斯卡三角形，是中国古代数学的杰出研究成果之一，它把二项式系数图形化，把组合数内在的一些代数性质直观地从图形中体现出来，是一种离散型的数与形的结合。

2．设计思路

根据问题描述，本案例的设计思路如下：

(1) 杨辉三角形的第 n 行有 n 个数，并且这些数是有规律的。可以使用不规则二维数组存放杨辉三角形中的数。

(2) 第 1 行只有一个元素，值为 1，从第 2 行开始，第 1 个元素和最后一个元素值都是 1，其他元素值可以根据上一行元素计算得到。计算公式如下所示：

```
triangle[i][j] = triangle[i-1][j-1] + triangle[i-1][j];
```

3．代码实现

该案例的完整实现代码如程序 5-7 所示。

程序 5-7　Triangle.java

```
package com.boda.xy;
public class Triangle{
    public static void main(String[] args){
        var level = 10;
        var triangle = new int[level][];
        for(var i = 0;i < triangle.length;i++)
            triangle[i] = new int[i+1];
        // 为 triangle 数组的每个元素赋值
```

```java
        triangle [0][0] = 1;
        for(var i = 1;i < triangle.length;i++){
          triangle[i][0] = 1;
          for(var j = 1; j < triangle[i].length-1; j++)
            triangle[i][j] = triangle[i-1][j-1] + triangle[i-1][j];
          triangle[i][triangle[i].length-1] = 1;
        }
        // 打印输出 triangle 数组的每个元素
        for(var i = 0;i < triangle.length; i++){
           for(var n = 10; n > i; n = n - 1)         ←— 输出前导空格
              System.out.printf("%2s"," ");
           for(var j = 0;j < triangle[i].length;j++)
              System.out.printf("%4s",triangle[i][j]);  ←— 输出元素
           System.out.println();    // 换行
        }
      }
    }
```

4. 运行结果

程序运行后的结果如图 5-14 所示。

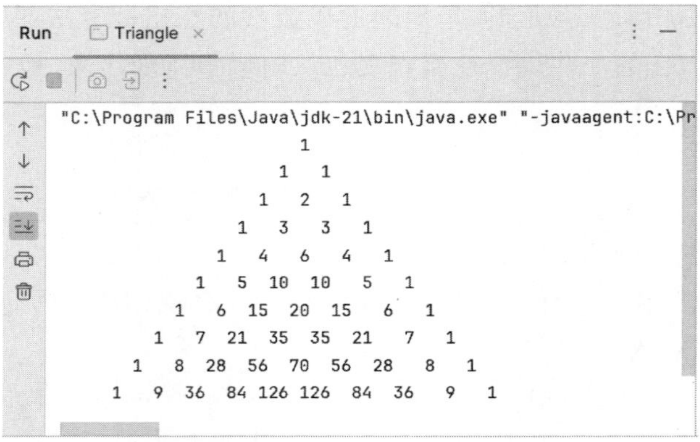

图 5-14　程序 5-7 的运行结果

视频讲解

5.8　案例学习——打印输出魔方数

1. 问题描述

在中国传统文化中，有一种图表叫九宫图，它是在 9 个格子中放置 1 到 9 的数字，使得结果的每行、每列以及对角线上的 3 个数字之和相等，如图 5-15 所示。对于该图，古人还给出了图中数字的记忆方法，"戴九履一，左三右七，二四为肩，六八为足，五居中央"。

8	1	6
3	5	7
4	9	2

图 5-15　九宫图

数学上已经证明，对于任何 n×n 个自然数（$1,2,\cdots,n^2$，n 为奇数）都有这样的排列，使得每行、每列和每条对角线上数的和都相等。这些数称为魔方数。编写程序，要求用户从键盘输入要打印的魔方数（比如，5），程序计算并输出魔方数。

2. 设计思路

对于 **n 为奇数** 的魔方数,可以按下列方法将 1 到 n^2 的数填充到二维数组的元素中。首先把 1 放在第 0 行的中间,剩下的数 $2, 3, \cdots, n^2$ 依次向上移动一行,并向右移动一列。当可能越过数组边界时需要"绕回"到数组的另一端。例如,如果需要把下一个数放到 -1 行,就将其存储到 $n-1$ 行(最后一行);如果需要把下一个数放到第 n 列,就将其存储到第 0 列。如果某个特定的数组元素已被占用,就把该数存储在前一个数的正下方。

根据上述规则,可按下列步骤设计实现本案例。

(1) 从键盘输入一个正奇数 size,定义一个 size×size 的二维数组,代码如下:

```
int [][] magic = new int[size][size];
```

(2) 将 1 填充到数组的第一行中间元素中,代码如下:

```
int row = 0, col = size/2;
magic[row][col] = 1;   // 将 1 填充到第一行中间元素中
```

(3) 将 2 填充到 size×size 数组的其他元素中,这里重点是确定下一个元素填充的位置。通过定义临时变量存放元素的行和列,如果下一个位置超出了数组元素范围,将改变其行或列的值,最终确定正确位置。

(4) 输出填充了数值的二维数组的每个元素。

3. 代码实现

该案例的完整实现代码如程序 5-8 所示。

程序 5-8 MagicSqure.java

```java
package com.boda.xy;
import java.util.Scanner;
public class MagicSquare {
    public static void main(String[] args) {
        var input = new Scanner(System.in);
        int size;
        System.out.print("请输入魔方矩阵的大小(1-99):");
        size = input.nextInt();
        if(size < 0 && size % 2 == 0){
            System.out.println("你输入的数不是奇数,不能计算魔方数!");
            System.exit(0);
        }
        var magic = new int[size][size];
        // 用 1 到 size * size 值填充每个元素
        int row = 0, col = size/2;
        magic[row][col] = 1;   // 将 1 填充到第一行中间元素中
        for(var n = 2; n <= size * size; n++){
            int tempx,tempy;
            tempx = row;
            tempy = col;
```

```
                tempx = tempx - 1;                    ← 找下一个元素位置,行减1、列加1
                tempy = tempy + 1;

                if(tempx < 0)                         ← 行超出范围,变到最后一行
                    tempx = size - 1;
                if(tempy == size)                     ← 列超出范围,变到第一列
                    tempy = 0;

                if(magic[tempx][tempy]!= 0){
                    magic[row + 1][col] = n;          ← 当前位置被占,数放到当前位置下方
                    row++;
                }else if(magic[tempx][tempy] == 0) {
                    magic[tempx][tempy] = n;          ← 数存放到当前元素
                    row = tempx;
                    col = tempy;
                }
            }
            // 输出数组元素
            for(var i = 0; i < magic.length; i ++){
                for(var j = 0 ;j < magic.length; j ++){
                    System.out.printf(" % 4d",magic[i][j]);
                }
                System.out.println();
            }
        }
    }
```

关于魔方矩阵,本案例只计算输出奇数的矩阵。实际上,对于偶数的矩阵,也有一些满足这个特性,但有些不满足。读者可自己到网上查找资料,了解它的特性。

4. 运行结果

运行程序,当输入5时运行结果如图5-16所示。

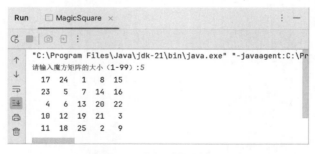

图 5-16　案例的输出结果

5.9　本章小结

本章介绍了 Java 语言的数组,包括数组的定义、元素的访问、元素的复制、数组参数和返回值以及可变参数方法。Arrays 类中定义了一些方法可对数组操作。Java 也支持多维数组并且可以创建不规则数组。

下一章将介绍面向对象的基本特征,包括封装性、继承性和多态性,还将介绍对象转换与多态。

5.10 习题与实践

5.11 上机实验

CHAPTER *6*

第 *6* 章

面向对象特征

本章知识点思维导图

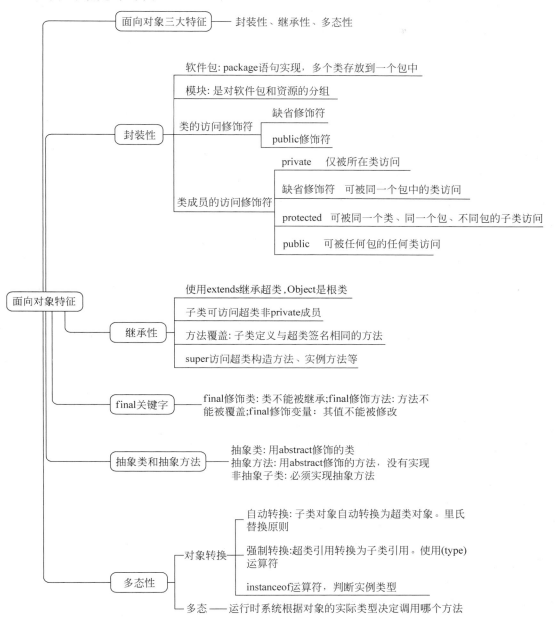

扫一扫

视频讲解

6.1 面向对象特征概述

与面向过程编程方法相比,面向对象的程序设计方法的最显著的特点是它更接近于人们通常的思维规律,因而设计出的软件系统能够更直接地、自然地反映客观现实中的问题。而面向对象的程序设计正是按照这样一种思维模式来描述现实世界中问题的求解过程的。另外,人们在分析研究客观事物时,总是采用两种主要的思维方法,一种是从一般到特殊的演绎方法,另一种是从特殊到一般的归纳方法。这两种思维方法在面向对象的程序设计中也得到了充分的体现。例如,类的抽象归纳以及继承机制的实现等。

Java 是面向对象的语言,它具有面向对象的所有特征,其中包括封装性、继承性和多态性。

1. 封装性

封装(encapsulation)就是把对象的状态(属性)和行为(方法)结合成一个独立的软件单元,并尽可能隐藏对象的内部细节。例如,一台电视机就是一个封装体,它封装了电视机的状态和操作。

封装使一个对象形成两部分:接口部分和实现部分。对用户来说,接口部分是可见的,而实现部分是不可见的。比如,电视机的接口部分包括开关和各种调频道、调音量等按钮,实现部分是其内部工作原理,它对用户是隐藏的,用户不能直接操作。

封装提供了两种保护。首先封装可以保护对象,防止用户直接存取对象的内部细节;其次封装也保护了客户端,防止对象实现部分的改变可能产生的副作用,即实现部分的改变不会影响到客户端的改变。

2. 继承性

继承(inheritance)的概念普遍存在于现实世界中。它是一个对象获得另一个对象的属性的过程。继承之所以重要,是因为它支持层次结构类的概念。我们发现,在现实世界中,许多知识都是通过层次结构方式进行管理的。

例如,小汽车是一种车,而车又是一种交通工具。交通工具类有的某些特性(可运货,有动力)也适用于它的子类车。飞机也是一种交通工具,它具有与车不同的特性,但都具有交通工具的所有特性。图 6-1 给出了常用交通工具类及其子类的继承关系。

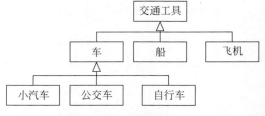

图 6-1 常用交通工具类及子类的继承关系

如果不使用继承,那么对象就不得不明确定义出自己的特征。如果使用继承,那么对象就只需定义自己特有的属性,至于基本的属性则可以从父类继承。

类的继承描述了类之间的一种关系,它实际是类的一种泛化关系,即是一种(is-a)关系,比如飞机**是一种**(is-a)交通工具。类的继承是复用类的一种形式。在面向对象分析中,除继承外,还有其他关系,如关联关系、组合关系、聚合关系和依赖关系等。比如,一台小汽车就是由发动机、车身、轮胎、方向盘等组成,它们共同组成一辆车。

3. 多态性

多态性(polymorphism)是面向对象编程语言的一个重要特性。所谓多态,是指一个程序中相同的名字表示不同含义的情况。比如对于 running 这个动作,我们可以说狗可以 running,也可以说人可以 running,还可以说汽车可以 running。这是无关的类使用相同的名字情况。多态也可存在于具有父子关系的类型中,例如,假设 Employee 类是

Programmer 类的父类,那么 Employee 类的 working 与 Programmer 类的 working 通常具有不同的含义,这是子类中定义的与父类中的方法同名的方法,即称为**方法覆盖**。有关 Java 语言的多态性请参考 6.10 节的介绍。

6.2 包与类库

Java 语言使用包来组织类库。**包**(package)实际是一组相关类或接口的集合。Java 类库中的类都是通过包来组织的。我们自己编写的类也可以通过包组织。包实际上提供了类的访问权限和命名管理机制。

6.2.1 包与 package 语句

用户自定义的类通常也应存放到某个包中,这需要在定义类时使用 package 语句。包在计算机系统中实际上对应于文件系统的目录(文件夹)。

如果在定义类时没有指定类属于哪个包,则该类属于默认包(default package),即当前目录。默认包中的类只能被该包中的类访问。为了有效地管理类,通常在定义类时指定类属于哪个包,这可以通过 package 语句实现。

为了保证自己创建的类不与其他人创建的类冲突,需要将类放入包中,这就需要给包取一个独一无二的名称。为了使你的包名与别人的包名不同,建议将域名反转过来,然后中间用点(.)号分隔作为包的名称。因为域名是全球唯一的,以这种方式定义的包名也是全球唯一的。

例如,假设一个域名为 xy.boda.com,那么创建的包名可以为 com.boda.xy。创建的类都存放在这个包下,这些类就不会与任何人的类冲突。为了更好地管理类,还可以在这个包下定义子包(实际上就是子目录),如建立一个存放工具类的 tools 子包。

要将某个类放到包中,需要在定义类时使用 package 语句指明属于哪个包,如下所示:

```
package com.boda.xy;
public class Account{
    …
}
```

这里定义了 Account 类,package 语句指明该类属于 com.boda.xy 包。在 Java 中一个源文件只能有一条 package 语句,该语句必须为源文件的第一条非注释语句。

许多 IDE 工具(如 IntelliJ IDEA 或 Eclipse 等)创建带包的类时自动创建包的路径,并将编译后的类放入指定的包中。

如果在命令提示符下使用 javac 编译程序,可以使用带-d 选项的编译命令创建包,如下所示:

```
D:\study> javac -d  D:\study  Account.java
```

这里,-d 后面指定的路径为包的上一级目录。这样编译器自动在 D:\study 目录创建了一个 com\boda\xy 子目录,然后将编译后的 Account.class 类文件放到该目录中。

将类放入包中后，其他类要使用这些类就需要通过 import 语句导入。但是，在字符界面下要使编译器找到该类，还需要设置 classpath 环境变量。假设原来的 classpath 值为：

```
.; C:\Program Files\Java\jdk-21\lib;
```

修改后的设置应如下所示：

```
.; C:\Program Files\Java\jdk-21\lib;D:\study
```

为了方便程序设计和运行，Java 类库中的类都是以包的形式组织的，这些类通常称为 Java API。有关 API 的详细信息请参阅 Java API 文档。

如果一个类属于某个包，可以用**类的完全限定名**（fully qualified name）来表示。例如，Account 类属于 com.boda.xy 包，则 Account 类的完全限定名是 com.boda.xy.Account。

6.2.2 类的导入

为了使用某个包中的类或接口，需要将它们导入源程序中。在 Java 语言中可以使用两种方式导入：一是使用 import 语句导入指定包中的类或接口；二是使用 import static 语句导入类或接口中的静态成员。

1. import 语句

import 语句的一般格式如下：

```
import package1[.package2[.package3[…]]].类名|*;
```

如果指定具体的类名表示导入指定的类，若选用"*"号，表示导入包中的所有类。如果一个源程序中要使用某个包中的多个类，用第二种方式比较方便，否则要写多个 import 语句。导入某个包中的所有类并不是将所有的类都加到源文件中，而是使用到哪个类才导入哪个类。

也可以不用 import 语句而在使用某个类时指明该类所属的包。

```
java.util.Scanner sc = new java.util.Scanner(System.in);
```

需要注意的是，如果用"*"号这种方式导入的类有同名的类，在使用时应指明类的全名。

导入同名的类需要指定类的完全限定名，否则产生编译错误，请看下面程序 6-1。

程序 6-1 PackageDemo.java

```
package com.boda.xy;
import java.util.*;
import java.sql.*;
public class PackageDemo{
    public static void main(String[] args){
        Date d = new Date();        // 该语句编译错误
        System.out.println("d = " + d);
    }
}
```

上述代码将产生编译错误,如图 6-2 所示。

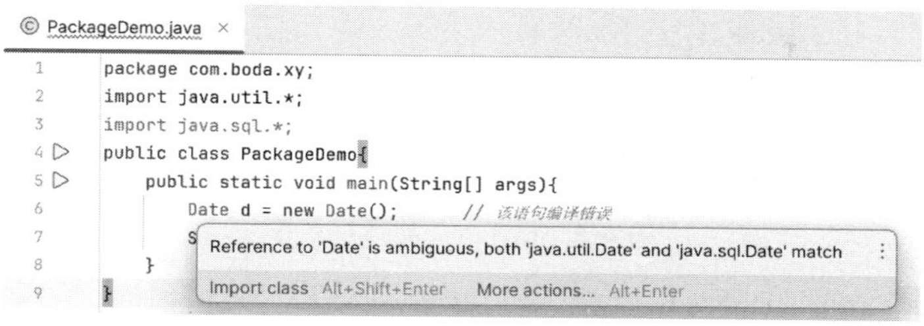

```
 1  package com.boda.xy;
 2  import java.util.*;
 3  import java.sql.*;
 4  public class PackageDemo{
 5      public static void main(String[] args){
 6          Date d = new Date();    // 该语句编译错误
 7          
 8      }
 9  }
```
Reference to 'Date' is ambiguous, both 'java.util.Date' and 'java.sql.Date' match
Import class Alt+Shift+Enter   More actions... Alt+Enter

图 6-2 类名冲突错误

因为在 java.util 包和 java.sql 包中都有 Date 类,编译器不知道创建哪个类的对象,这时需要使用类的完全限定名。如要创建 java.util 包中的 Date 类对象,创建对象的语句应该改为:

```
java.util.Date d = new java.util.Date();
```

2. import static 语句

从前面的例子看到,使用类的静态常量或静态方法,需要在常量名前或方法名前加上类名,如 Math.PI、Math.random()等。这样如果使用的常量或方法较多时,代码就显得冗长。因此从 Java 5 开始,允许使用 import static 语句导入类中的常量和静态方法,然后再使用这些类中的常量或方法就不用加类名前缀了。

例如,要使用 Math 类的 random()等方法,可以先使用下列静态导入语句。之后,在程序中就可以直接使用 random()了。

```
import static java.lang.Math.*;
```

下面程序 6-2 用 import static 语句导入类的静态变量和静态方法。

程序 6-2 ImportStaticDemo.java

```java
package com.boda.xy;
import static java.lang.Math.*;
import static java.lang.System.*;
public class ImportStaticDemo{
    public static void main(String[] args){
        var d = random();           // 直接使用 Math 类的静态方法,无须加类名前缀
        var pi = PI;                // 直接使用 Math 类的静态成员
        out.println("d = " + d);    // out 是 System 类的一个静态成员
        out.println("pi = " + pi);
    }
}
```

程序的运行结果如图 6-3 所示。

提示 使用 java.lang 包和默认包(当前目录)中的类不需要使用 import 语句将其导入,编译器会自动导入该包中的类。

一个源程序文件通常称为一个**编译单元**(compile unit)。每个编译单元可以包含一个

图 6-3　程序 6-2 的运行结果

package 语句、多个 import 语句以及类、接口和枚举定义。

注意，一个编译单元中最多只能定义一个 public 类（或接口、枚举等），并且源文件的主文件名与该类的类名相同。

6.2.3　Java 类库

程序员除了使用自己定义的类外，还可以使用 **Java 标准类库**（Java Class Library，JCL）中定义的类或者第三方定义的类。

JCL 是 Java 语言实现的包的集合。简单地说，它是 JDK 中的可用 .class 文件集合。一旦安装了 Java，它们就将作为安装的一部分，并可以使用 JCL 类作为构建块来构建应用程序代码，这些构建块负责完成许多底层开发。JCL 的丰富性和易用性极大地促进了 Java 的流行。Java 常用类库如表 6-1 所示。

表 6-1　Java 常用类库

包　名	说　明
java.lang	Java 语言基础包，该包中的类不需要导入就可以使用。常用类有 Object、Class、String 和 StringBuilder、System、Math、基本类型包装类等
java.util	该包主要包含工具类，其中集合类和接口定义在该包中。常用的有 Collection、List、Set、Queue、Map 等接口以及这些接口的实现类
java.time	包含有用于管理日期、时间、期间和持续时间的类。常用的有 LocalDate、LocalTime 和 LocalDateTime 类以及 Month、DayOfWeek 枚举
java.io	包含支持使用流、序列化和文件系统读写数据的类和接口
java.sql 和 javax.sql	这两个包组成 Java 数据库连接（JDBC）API，该 API 允许访问和处理存储在数据源（通常是关系数据库）中的数据。javax.sql 包是 java.sql 包的补充
java.net	该包存放网络编程类，例如，Socket 和 ServerSocket 类等
java.awt 和 javax.swing	这两个包存放图形界面程序开发所需要的类

提示　从 Java 9 开始，Java 类库都被组织到模块系统中。比如，java.lang、java.util 包都属于 java.base 模块，JDK API 也被组织到模块中，限于篇幅，本书不讨论模块。

6.3　案例学习——开发自定义类库

1. 问题描述

在 Java 应用开发中通常需要开发自己的类库，然后在应用程序中使用。本案例学习如何开发一个简单的类库，然后将它打包成 .jar 文件，并且在程序中使用它。

要求定义一个名为 com.boda.xy.MathUtils 类,在该类中定义如下两个静态方法:

```
public static boolean isPrime(int n)
public static boolean isPalindrome(int n)
```

isPrime(int n)方法返回 n 是否是素数,isPalindrome(int n)方法返回 n 是否是回文数,如 363 是一个回文数。最后编写程序导入类库,并编写 main()方法,求出 2~1000 的所有回文素数。

2. 运行结果

运行程序,输出 2~1000 的所有回文素数如图 6-4 所示。

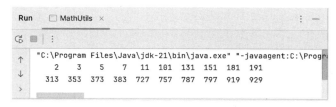

图 6-4　案例的运行结果

3. 设计思路

对于自定义类库,按下面思路设计。

(1) 按要求编写 com.boda.xy.MathUtils 类,其中定义两个静态方法 isPrime(int n)和 isPalindrome(int n)。

(2) 将编译好的类文件打包到 .jar 文件中。

(3) 在应用程序中添加 .jar 文件。

4. 代码实现

程序 6-3 是类库的 com.boda.xy.MathUtils 类,该类定义了两个静态方法,其中 isPrime()用于返回参数是否是素数,isPalindrome()用于返回参数是否是回文数。

程序 6-3　MathUtils.java

```java
package com.boda.xy;
public class MathUtils {
    public static boolean isPrime(int n){              //判断素数
        for(var divisor = 2; divisor * divisor <= n;divisor++){
            if(n % divisor == 0)
                return false;
        }
        return true;
    }
    public static boolean isPalindrome(int n){         //判断回文数
        var s = String.valueOf(n);                     ←┤将整数 n 转换为字符串
        var low = 0;
        var heigh = s.length() - 1;
        while(low < heigh){
```

```
            if(s.charAt(low)!= s.charAt(heigh)){
                return false;    // 不是回文
            }
            low ++;
            heigh --;
        }
        return true;
    }
    public static void main(String[] args) {
        var count = 0;
        for(var n = 2; n <= 1000; n++){
            if(isPrime(n) && isPalindrome(n)) {    ←—| 判断回文数和素数
                count ++;
                if(count % 10 == 0){
                    System.out.printf("%5s%n",n);
                }else{
                    System.out.printf("%5s",n);
                }
            }
        }
    }
}
```

要将上述类打包到.jar文件中还需创建一个主类和一个清单文件,程序6-3的MathUtils类中包含一个main()方法,所以可把它作为主类,否则就需单独创建一个主类。

在IntelliJ IDEA中选择File→Project Structure,在弹出的窗口中,选择左侧的Artifact,单击窗口右上角的"+"按钮,选择JAR→From Modules with dependencies,打开如图6-5所示的对话框。

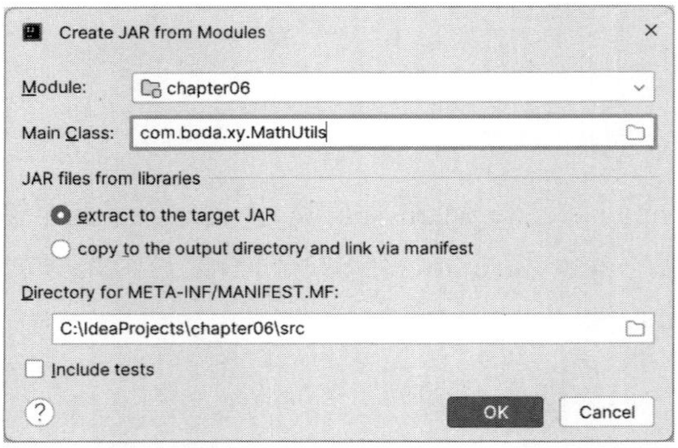

图 6-5 创建 JAR 对话框

在该对话框中指定主类名(Main Class)、指定**清单文件**(MANIFEST.MF)路径,IDEA将自动创建META-INF目录,并建立MANIFEST.MF清单文件,内容如下所示:

```
Manifest-Version: 1.0
Main-Class: com.boda.xy.MathUtils
```

单击OK按钮,返回到Project Structure窗口,在该窗口中指定JAR文件名。单击OK按钮,返回到IDEA主窗口。

在IDEA主窗口执行Build→Build Artifacts命令构建JAR文件。要在应用程序中使用 JAR 文件,将它作为库添加到项目中即可。

提示 由于该 JAR 文件包含一个主类,因此它是可执行的 JAR 文件。要执行这个 JAR 文件,需要在命令提示符下使用带-jar 参数的 java 命令,命令及运行结果如图 6-6 所示。

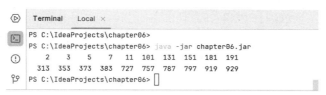

图 6-6 运行可执行的 JAR 文件

6.4 封装性与访问修饰符

封装性是面向对象的一个重要特征。前面提到,在 Java 中对象就是一组变量和方法的封装体。通过对象的封装,用户不必了解对象是如何实现的,只需通过对象提供的接口与对象进行交互即可。封装性实现了模块化和信息隐藏,有利于程序的可移植性和对象的管理。

对象的封装是通过两种方式实现的:一是通过包实现封装性,在定义类时使用 package 语句指定类属于哪个包;二是通过类和类成员的访问权限实现封装性。

包是 Java 语言最大的封装单位,它定义了程序对类的访问权限。

6.4.1 类的访问权限

类(包括接口、记录和枚举等)的访问权限使用修饰符 public 实现。它定义了哪些类可以使用该类。public 类可以被任何其他类使用,而缺省访问修饰符的类仅能被同一包中的类使用。

下面程序 6-4 和程序 6-5 演示了类的访问权限。Bicycle 类定义在 com.boda.xy 包中,该类缺省访问修饰符。

程序 6-4 Bicycle.java

```
package com.boda.xy;
class Bicycle{          ←┤ 这里没有用 public 修饰类
    Bicycle(){
        System.out.println("生产一辆自行车。");
    }
}
```

下面的 BicycleDemo 类定义在 org.demo.ab 包中,它与 Bicycle 类不在同一个包,在该类中试图使用 com.boda.xy 包中的 Bicycle 类。

程序 6-5 BicycleDemo.java

```
package org.demo.ab;
import com.boda.xy.Bicycle;    ←┤ 发生编译错误,Bicycle 不可见
public class BicycleDemo {
    public static void main(String[] args){
```

```
        var myBike = new Bicycle();
    }
}
```

该程序的第 2 行显示编译错误 The type com.boda.xy.Bicycle is not visible，含义是 Bicycle 类型在该类中不可见。对这个问题可以有下面两种解决办法。

（1）将 Bicycle 类的访问修饰符修改为 public，使它成为公共类，这样就可以被所有其他类访问。

（2）将 BicycleDemo 类和 Bicycle 类定义在一个包中，即 BicycleDemo 类的 package 语句定义如下：

```
package com.boda.xy;
```

一般情况下，如果一个类只提供给同一个包中的类访问可以不加访问修饰符，如果还希望被包外的类访问，则需要加上 public 访问修饰符。

6.4.2 类成员的访问权限

类成员的访问权限包括成员变量和成员方法的访问权限。共有 4 种访问修饰符，它们分别是 private、缺省的、protected 和 public，这些修饰符控制成员可以在程序的哪些部分被访问，也称为**成员的可见性**（visibility）。

1. private 访问修饰符

用 private 修饰的成员称为**私有成员**，私有成员只能被这个类本身访问，外界不能访问。private 修饰符最能体现对象的封装性，从而可以实现信息的隐藏。

下面程序 6-6 演示了 private 成员的使用。

程序 6-6 AnimalTest.java

```
package com.boda.xy;
class Animal{
    private String name = "大熊猫";
    private void display(){
        System.out.println("My name is " + name);
    }
}
public class AnimalTest{
    public static void main(String[] args){
        var a = new Animal();
        System.out.println("a.name = " + a.name);   ← 这两行发生编译错误
        a.display();
    }
}
```

该程序将产生编译错误，因为在 Animal 类中变量 name 和 display() 方法都声明为 private，因此在 AnimalTest 类的 main() 方法中是不能访问的。

如果将上面程序的 main() 方法写在 Animal 类中，程序能正常编译和运行。这时，main()

方法定义在 Animal 类中,它就可以访问本类中的 private 变量和 private 方法。

类的构造方法也可以被声明为私有的,这样其他类就不能生成该类的实例,一般是通过调用该类的方法来创建类的实例。

2．缺省访问修饰符

缺省访问修饰符的成员,一般称为**包可访问的**。这样的成员可以被该类本身和同一个包中的类访问。其他包中的类不能访问这些成员。对于构造方法,如果没有加访问修饰符,也只能被同一个包的类产生实例。

对于程序 6-6 中的 Animal 类,如果将成员变量和方法的修饰符 private 去掉,它们就是包可访问的,程序不会产生编译错误。因为 AnimalTest 类与 Animal 类在同一个包中。

3．protected 访问修饰符

当成员被声明为 protected 时,一般称为**受保护成员**。该类成员可以被这个类本身、同一个包中的类以及该类的子类(包括同一个包以及不同包中的子类)访问。

如果一个类有子类且子类可能处于不同的包中,为了使子类能直接访问父类的成员,那么应该将其声明为保护成员,而不应该声明为私有或默认的成员。

4．public 访问修饰符

用 public 修饰的成员一般称为**公共成员**,公共成员可以被任何其他的类访问,但前提是类是可访问的。

表 6-2 总结了各种修饰符成员在不同的类中的访问权限。

表 6-2　类成员访问权限比较

修饰符	同一个类	同一个包的类	不同包的子类	任　何　类
private	允许	×	×	×
缺省	允许	允许	×	×
protected	允许	允许	允许	×
public	允许	允许	允许	允许

注:表中的"×"表示不允许访问。

6.5　类的继承

在 Java 语言中,继承的基本思想是可以从已有的类派生出新类。不同的类可能会有一些共同的特征和行为,可以将这些共同的特征和行为统一放在一个类中,使它们可以被其他类所共享。

例如,可以将人定义为一个类(Person),因为员工具有人的所有特征和行为,则可以将员工类(Employee)定义为人的子类,这就叫继承。进一步,还可以将经理类(Manager)再定义为员工类的子类,经理也继承了员工的特征和行为,这样形成了类的层次结构。

在类的层次结构中,被继承的类称为**父类**(parent class)或**超类**(super class),而继承得

到的类称为**子类**(sub class)或**派生类**(derived class)。子类继承父类的状态和行为，同时也可以具有自己的特征。

6.5.1 类继承的实现

实现类的继承，使用 extends 关键字，格式如下：

```
[public] class 子类名 extends 父类名{
    //类体定义
}
```

这样声明后就说子类继承了超类或者说子类扩展了父类。如果父类又是其他类的子类，则这里的子类就为那个类的间接子类。

设现有 Person 类，要设计一个 Employee 类。因为 Employee 也是 Person，那么就没有必要从头定义 Employee 类，可以继承 Person 类。因为 Employee 除了具有人员 Person 的特征，还有一些自己的特征（如描述员工工资、计算工资的操作等）。程序 6-7 是 Person 类，程序 6-8 是 Employee 类，表示员工。

程序 6-7　Person.java

```java
package com.boda.xy;
public class Person{
    public String name;
    public int age;
    public Person(){                            // 无参构造方法
    }
    public Person(String name, int age){        // 带参数构造方法
        this.name = name;
        this.age = age;
    }
    public void sayHello(){
        System.out.println("Hello,My name is " + name);
    }
}
```

有了 Person 类，我们定义 Employee 类时就可以继承 Person 类，而不必再从头定义 Employee 类，代码如下：

程序 6-8　Employee.java

```java
package com.boda.xy;
public class Employee extends Person{          ← 继承 Person 类
    public double salary;                      ← salary 表示员工工资,不必定义 name 和 age,它们从父类继承
    //无参构造方法
    public Employee(){
    }
    //带一个参数构造方法
    public Employee(double salary){
        this.salary = salary;
    }
    //带 3 个参数构造方法
```

```java
    public Employee (String name,int age,double salary){
        super(name,age);          ←┤ 调用父类构造方法
        this.salary = salary;
    }
    public double computeSalary(int hours, double rate) {
        double salary =  hours * rate;    ←┤ 这里计算员工的工资
        return this.salary + salary;
    }
}
```

这里 Employee 类继承或扩展了 Person 类,它成为 Person 类的子类,Person 类成为 Employee 类的父类。

关于类继承的几点说明如下:

(1) 子类继承父类中非 private 的成员变量和成员方法。例如,在 Employee 类中可以使用父类中继承来的 name 和 age 属性,还可以调用从父类中继承来的方法,如 sayHello() 方法。子类中还可以定义自己的成员变量和成员方法,如 Employee 类中定义了一个表示工资的变量 salary,还定义了 computeSalary() 方法。

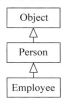

图 6-7 类层次关系图

(2) 定义类时若缺省 extends 关键字,则所定义的类为 java.lang.Object 类的直接子类。在 Java 程序中,所有类都是 Object 类的直接或间接子类。例如,Person 类就是 Object 类的子类,Person 类也继承了 Object 类中定义的方法。Employee 类、Person 类和 Object 之间的类层次关系如图 6-7 所示,箭头号表示继承关系。前面定义的所有类也都是 Object 的子类。

(3) Java 仅支持单继承,即一个类至多只有一个直接父类。在 Java 中可以通过接口实现其他语言中的多继承。

定义了子类后,就可以使用其构造方法创建子类对象。下面程序 6-9 演示了子类对象的使用。

程序 6-9 EmployeeTest.java

```java
package com.boda.xy;
public class EmployeeTest{
    public static void main(String[] args){
        var emp = new Employee("张明月",30,5000);
        System.out.println("姓名 = " + emp.name);
        System.out.println("年龄 = " + emp.age);
        emp.sayHello();                              // 调用从父类继承的方法
        System.out.println(emp.computeSalary(10, 50.0));  // 调用子类定义的方法
    }
}
```

运行结果如图 6-8 所示。

该程序使用 Employee 类的构造方法创建了一个员工对象,然后访问从父类继承来的 name 和 age 变量,调用从父类继承来的 sayHello() 方法,最后调用子类定义的 computeSalary() 方法。这里创建的 Employee 类的对象 emp 的 UML 图如图 6-9 所示。

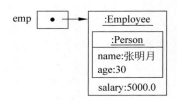

图 6-8　程序 6-9 的运行结果　　　　图 6-9　emp 实例的 UML 图

从图 6-9 可以看到，创建的子类对象包含了父类对象的内容，这说明在调用子类构造方法之前先调用了父类构造方法。

注意　父类中定义的 private 成员变量和方法不能被子类继承，因此在子类中不能直接使用。如果父类中定义了公共的访问方法和修改方法，子类可以通过这些方法来访问或修改它们。

6.5.2　方法覆盖

在子类中可以定义与父类中的名字、参数列表、返回值类型都相同的方法，这时子类的方法就叫作**覆盖**（overriding）或**重写**了父类的方法。

假设要在 Employee 类中也定义一个 sayHello() 方法，用来输出员工信息，可定义如下：

```java
public void sayHello(){
    System.out.println("你好!我是 " + name);
    System.out.println("我的工资是   " + salary);
}
```

该方法就是对 Person 类的 sayHello() 方法的覆盖。如果子类覆盖了超类的方法，再调用相同的方法时，调用的是子类的方法。

为了避免在覆盖方法时写错方法头，可以使用 @Override 注解语法，即在要覆盖的方法前面添加 @Override 注解。例如，假设一个 Employee 类要覆盖 Object 类的 toString() 方法，代码如下：

```java
@Override
public String toString(){
    return "姓名:" + name +"年龄:" + age ;
}
```

@Override 注解表示其后的方法必须是覆盖父类的一个方法。如果具有该注解的方法没有覆盖父类的方法，编译器将报告一个错误。例如，toString 如果被错误地写成 tostring，将报告一个编译错误。如果没有使用注解，编译器不会报告错误。使用注解可以避免错误。

关于方法覆盖，有下面两点值得注意：

（1）父类中 private 方法不能被覆盖。只有非 private 的实例方法才可以覆盖，如果在子类中定义了一个方法在父类中是 private 的，则这两个方法完全无关。

（2）父类中 static 方法也不能被覆盖，但可以被继承。如果子类中定义了与父类中的

static 方法完全一样的方法，那么父类中的方法被隐藏。父类中被隐藏的 static 方法仍然可以使用"类名.方法名()"形式调用。

我们知道，方法重载是在一个类中定义多个名称相同但参数不同的方法。而方法覆盖是在子类中为父类中的同名方法提供一个不同的实现。要在子类中定义一个覆盖的方法，方法的参数和返回值类型都必须与父类中的方法相同。请看下面例子：

```java
public class Parent{
    public void display(double i){
        System.out.println(i);
    }
}
//定义 Parent 类的子类
public class Child extends Parent{
    public void display(double i){    // 覆盖父类的 display()方法
        System.out.println(2 * i);
    }
}
//定义测试类
public class Test {
    public static void main(String[]args){
        var obj = new Child();
        obj.display(10);
        obj.display(10.0);
    }
}
```

Parent 类中定义了 display()方法，Child 类的 display()与 Parent 类的 display()参数和返回值类型都相同，但实现不同，是方法覆盖。Test 类的 main()方法中对 Child 类的对象 obj 的 display()方法的两次调用(参数类型不同)结果都为 20.0，说明调用的都是 Child 类中覆盖的方法。

如果将 Child 类中 display()方法的参数改为 int i，再次执行程序，输出结果是 20 和 10.0。这说明 Child 类中定义的 display()方法不是对父类的方法覆盖，而是从父类继承来的 display()方法的重载，因此当为 display()方法传递一个 double 型参数时，将执行父类中的方法。

在子类中可以定义与父类中同名的成员变量，这时子类的成员变量会隐藏父类的成员变量。

6.5.3　super 关键字

在子类中可以使用 super 关键字，它用来引用当前对象的父类对象，可用于下面 3 种情况：

（1）在子类中调用父类中被覆盖的方法，格式如下所示：

```
super.方法名([参数列表])
```

（2）在子类中调用父类的构造方法，格式如下所示：

```
super([参数列表])
```

(3) 在子类中访问父类中被隐藏的成员变量,格式如下所示:

```
super.变量名
```

这里,变量名是要访问的父类中被隐藏的变量名,方法名表示要调用的父类中被覆盖的方法名,参数列表是为方法传递的参数。

6.5.4 调用父类的构造方法

子类不能继承父类的构造方法。要创建子类对象,需要使用默认构造方法或为子类定义构造方法。

1. 子类的构造方法

Java 语言规定,在创建子类对象时,必须先创建该类的所有父类对象。因此,在编写子类的构造方法时,必须保证它能够调用父类的构造方法。

在子类的构造方法中调用父类的构造方法有如下两种方式:
(1) 使用 super 调用父类的构造方法。

```
super([参数列表]);
```

这里,super 指直接父类的构造方法,参数列表指调用父类带参数的构造方法。不能使用 super 调用间接父类的构造方法,如 super.super()是不合法的。
(2) 调用父类的默认构造方法。

在子类构造方法中若没有使用 super 调用父类的构造方法,则编译器将在子类的构造方法的第一句自动加上 super(),即调用父类无参数的构造方法。

另外,在子类构造方法中也可以使用 this 调用本类的其他构造方法。不管使用哪种方式调用构造方法,this 和 super 语句必须是构造方法中的第一条语句,并且最多只有一条这样的语句,不能既调用 this,又调用 super。

2. 构造方法的调用过程

在任何情况下,创建一个类的实例时,将会沿着继承链调用所有父类的构造方法,这叫作构造方法链。

下面程序 6-10 定义了 Vehicle 类、Bicycle 类和 ElectricBicycle 类,代码演示了子类和父类构造方法的调用。

程序 6-10　ElectricBicycle.java

```
package com.boda.xy;
class Vehicle{      // 定义 Vehicle 车类
    public Vehicle(){
        System.out.println("创建 Vehicle 对象");
    }
}
class Bicycle extends Vehicle{     // Bicycle 类扩展了 Vehicle 类
```

```
    private String brand;
    public Bicycle(){
        this("捷安特");
        System.out.println("创建 Bicycle 对象");
    }
    public Bicycle(String brand){
        this.brand = brand;
    }
}
//ElectricBicycle 类扩展了 Bicycle 类
public class ElectricBicycle extends Bicycle{
    String factory;
    public ElectricBicycle(){
        System.out.println("创建 ElectricBicycle 对象");
    }
    public static void main(String[] args){
        ElectricBicycle myBicycle = new ElectricBicycle();
    }
}
```

运行结果如图 6-10 所示。

图 6-10　程序 6-10 的运行结果

程序中只是创建了子类 ElectricBicycle 的一个实例,但从图 6-10 的输出结果看到,系统先从根类(Object 类)开始调用所有父类的构造方法,也就是创建了所有父类对象。

6.6　final 修饰符

final 修饰符可以修饰类、方法、变量以及方法参数。final 的含义是最终的、不能改变的。

6.6.1　final 修饰类

如果一个类使用 final 修饰,则该类就为**最终类**(final class),**最终类不能被继承**。例如,下面代码会发生编译错误:

```
final class AA{
    //…
}
class BB extends AA{          ←—— 不能继承 final 类
    //…
}
```

定义为 final 的类隐含定义了其中的所有方法都是 final 的。因为类不能被继承,因此也就不能覆盖其中的方法。有时为了安全的考虑,防止类被继承,可以在类定义时使用 final 修饰符。在 Java 类库中就有一些类声明为 final 类,如 Math 类和 String 类都是 final 类,它们都不能被继承。

6.6.2　final 修饰方法

如果一个方法使用 final 修饰,则该方法**不能被子类覆盖**。例如,下面的代码会发生编译错误:

```
class AA{
    public final void method(){}
}
class BB extends AA{
    public void method(){}          ←── 不能覆盖超类的 final 方法
}
```

6.6.3　final 修饰变量

用 final 修饰的变量包括类的成员变量、方法的局部变量和方法的参数。一个变量如果用 final 修饰,则该变量为常值变量,**一旦赋值便不能改变**。

对于类的成员变量一般使用 static 与 final 组合定义类常量。这种常量称为编译时常量,编译器可以将该常量值代入任何可能用到它的表达式中,这可以减轻运行时的负担。

如果使用 final 修饰方法的参数,则参数的值在方法体中只能被使用而不能被改变,请看下面代码:

```
class Test{
    public static final int SIZE = 50;
    public void methodA(final int i){
        i = i + 1;                   ←── 语句产生编译错误,不能改变 i 的值
    }
    public int methodB(final int i){
        final int j = i + 1;         ←── 该语句没有错误,可以使用 i 的值
        return j;
    }
}
```

注意　如果一个引用变量使用 final 修饰,表示该变量的引用(地址)不能被改变,一旦引用被初始化指向一个对象,就无法改变使它指向另一个对象。但对象本身是可以改变的,Java 没有提供任何机制使对象本身保持不变。

6.7　类的关系

在前面的章节中,我们学习了类的继承,它描述了类之间的一种关系,实际是类的一种泛化关系。类的继承是复用类的一种形式。在 Java 语言中,类除了可以继承外,还有下面

的关系：关联关系、组合关系、聚合关系和依赖关系，如图 6-11 所示。

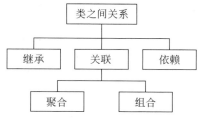

图 6-11 类之间的常见关系

6.7.1 关联关系

关联关系（association）是一种拥有（has-a）的关系，它使一个类知道另一个类的属性和方法。例如，教师（Teacher）与课程（Course）的关系就是一种关联关系，教师讲授某门课程。这种关系可以是单向的，也可以是双向的。关联关系在 UML 中使用带箭头的实线表示，箭头指向被拥有者，如图 6-12 所示。若是双向关联可用带两个箭头（或不带箭头的）实线表示。

图 6-12 类的关联关系 UML 图

关联关系是一种弱关系。关联关系中的对象不互相依赖对方来管理其生命周期。

6.7.2 聚合关系

聚合关系（aggregation）是一种整体与部分的（is-a-part-of）关系，但**部分可以离开整体而单独存在**。例如车（Car）和发动机（Engine）是整体和部分关系，发动机离开车仍然可以存在。聚合关系是关联关系的一种，是强的关联关系。关联和聚合在语法上无法区分，必须考查具体的逻辑关系。聚合关系在 UML 中使用带空心菱形的实线表示，菱形指向整体，如图 6-13 所示。

图 6-13 类的聚合关系 UML 图

6.7.3 组合关系

组合关系（composition）也是一种整体与部分的（contains-a）关系，但**部分不能离开整体而单独存在**。例如公司（Company）和部门（Department）是整体与部分关系，没有公司就不存在部门，即部门不能单独存在。

组合关系是比聚合关系还强的关系，它要求代表整体的对象负责代表部分的对象生命周期。组合关系在 UML 中使用带实心菱形的实线表示，菱形指向整体，如图 6-14 所示。

图 6-14　类的组合关系 UML 图

使用组合的原因是，它通过组合较不复杂的部分来构建系统。这是人们处理问题的一种常见方式。毫无疑问，软件系统是相当复杂的。要构建高质量的软件，必须遵循一条最重要的原则才能成功：使事情尽可能简单。要使大型软件系统正常工作并易于维护，必须将它们分解为更小、更易于管理的部分。

在 Java 代码中，上述三种关系都是通过类的成员变量实现。例如，对于 Car 与 Engine 之间的聚合关系，可以使用下面代码实现。

```java
public class Engine{
    private String model;
    private double power;
}
public class Car{
    public Engine engine;              ←┤ Engine 作为 Car 类的成员
    public void setEngine(Engine engine){
        this.engine = engine;
    }
    // Car 类其他代码
}
```

这里，Car 类包含一个 Engine 类型的成员变量，通过它来实现类的聚合关系。通过 setter 方法设置 Engine 的引用，也可以使用构造方法初始化 Engine 对象。

一个复杂的对象也可能由多个其他的对象组成。比如，汽车除了发动机，还有车门、音响系统等，如图 6-15 所示。这很容易理解，因为大多数人是这样看待汽车的。然而，在设计软件系统（就像汽车一样）时，一定要记住对象是由其他对象组成的，这一点很重要。事实上，这个类树结构中包含的节点和分支的数量实际上是无限的。

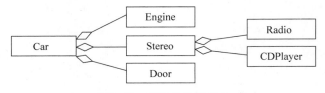

图 6-15　复杂的类的组合

注意　构成汽车的三个对象本身也由其他对象组成。例如音响系统包括一台收音机和一台 CD 播放机，而 CD 播放机还由各种按钮组成等。

6.7.4　依赖关系

依赖关系（dependency）是一种使用（use a）关系，即一个类的实现需要另一个类的协助。在代码实现上，依赖关系通常用局部变量、方法的参数或者方法的返回值实现。依赖关系是最弱的一种关联形式。

例如，Car 对象可能有一个名为 startEngine() 的方法，它带一个 Key 对象作为参数。

作为参数的 Key 对象与 Car 之间是一种临时关联。依赖关系在 UML 中使用带箭头的虚线表示,箭头指向被使用者,如图 6-16 所示。

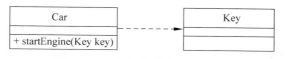

图 6-16　类的依赖关系 UML 图

假设 A 类依赖于 B 类,那么这种依赖关系在 Java 语言中可通过下面几种方式实现:
- A 类使用 B 类的对象作为实例方法的参数。
- A 类具有一个成员方法,该成员方法的返回类型为 B 类的一个对象。
- A 类具有一个成员方法,B 类对象作为该方法的一个局部变量。

当然,在 Java 语言中,依赖关系也可以定义为类的成员变量,然后通过构造方法或实例方法创建依赖对象。

软件设计的一个原则是"高内聚,低耦合"。在类的设计中,最好避免这种对象的依赖关系,因为这样可能导致系统的高度耦合。

6.7.5　多重性与关联导航

每一种关系都有多重性。**多重性**(multiplicity)是指一个类的实例能够与另一个类的多少个实例关联。在 UML 图中多重性用数值符号表示,在类的定义中可以使用数组或集合表示。一般有三种类型的多重性:一对一、一对多和多对多。一辆汽车只有一台发动机,汽车和发动机关系的多重性就是一对一的。但汽车和轮胎之间的聚合关系就是一对多的。在 Java 代码中这种关系的实现通常使用数组或集合。下面代码使用数组实现:

```java
public class Car{
    private Wheel[] wheel = new Wheel[4];      // 车有 4 个轮胎
    public void setWheel(Wheel[] w){
        wheel[0] = w[0];
        wheel[1] = w[1];
        wheel[2] = w[2];
        wheel[3] = w[3];
    }
    // Car 类其他代码
}
```

多对多的关联需要在关联的类的双方添加对方的引用。例如,Student 类和 Course 类之间就是多对多的。下面代码使用 Set 对象实现关联:

```java
public class Student{
    private String id;
    private Set<Course> courses;               // 一名学生选多门课程
    public void setCourses(Set<Course> courses){
        this.courses = courses;
    }
    // Student 类其他代码
}
public class Course{
```

```
    private String id;
    private Set<Student> students;      // 一门课程被多名学生选
    public void setStudent(Set<Student> students){
        this.students = students;
    }
    // Course 类其他代码
}
```

提示 关于集合(如 Set、List 等)的讨论,请参阅第 10 章内容。

建立了类之间的关联之后,就可以通过对象成员的引用访问所关联的对象,这就是**对象导航**(navigability)。只在一个方向上存在导航表示的关联称为单向关联,在两个方向上都存在导航表示的关联称为双向关联。例如,对于 Student 和 Course 之间的关联,如果需要同时知道学生选修了哪些课程和课程被哪些学生选修,就需要建立双向关联。

6.8 抽象类

前面章节中定义的类可以创建对象,它们都是具体的类。在 Java 中还可以定义抽象类。**抽象类**(abstract class)是包含抽象方法的类。

假设要开发一个图形绘制系统,需要定义圆(Circle)类、矩形(Rectangle)类和三角形(Triangle)类等,这些类都需要定义求周长和面积的方法,这些方法对不同的图形有不同的实现。这时就可以设计一个更一般的类,比如几何形状(Shape)类,在该类中定义求周长和面积的方法。由于 Shape 不是一个具体的形状,这些方法就不能实现,因此要定义为**抽象方法**(abstract method)。

定义抽象方法需要在方法前加上 abstract 修饰符。抽象方法只有方法的声明,没有方法的实现。包含抽象方法的类必须定义为抽象类,定义抽象类需要在类前加上 abstract 修饰符。

程序 6-11 定义的 Shape 类即为抽象类,其中定义了两个抽象方法。程序 6-12 定义了 Circle 类,它继承了 Shape 类并实现了其中的抽象方法。

程序 6-11　Shape.java

```
package com.boda.xy;
public abstract class Shape{
    String name;
    public Shape(){}
    public Shape(String name){          ← 抽象类可以定义构造方法
        this.name = name;
    }
    public abstract double getArea();
    public abstract double getPerimeter();   ← 两个抽象方法
}
```

类中定义了 getArea()和 getPerimeter()两个抽象方法,分别表示求形状的面积和周长,抽象方法使用关键字 abstract 定义。对抽象方法只有声明,无须实现,即在声明后用一个分号(;)结束,而不需要用花括号。抽象方法的作用是为所有子类提供一个统一的接口。

由于类中定义了抽象方法,类也需要使用 abstract 定义为抽象类。

在抽象类中可以定义构造方法,这些构造方法可以在子类的构造方法中调用。尽管在抽象类中可以定义构造方法,但抽象类不能被实例化,即不能生成抽象类的对象,如下列语句将会产生编译错误:

```
Shape sh = new Shape();    // 抽象类不能实例化
```

在抽象类中可以定义非抽象的方法。可以创建抽象类的子类,抽象类的子类还可以是抽象类。只有非抽象的子类才能使用 new 创建该类的对象。抽象类中可以没有抽象方法,但仍然需要被子类继承,才能实例化。

注意 因为 abstract 类必须被继承而 final 类不能被继承,所以 final 和 abstract 不能在定义类时同时使用。

下面程序 6-12 的 Circle 类继承了 Shape 类并实现了 getArea() 和 getPerimeter() 两个抽象方法。

程序 6-12 Circle.java

```java
package com.boda.xy;
public class Circle extends Shape{
    private double radius;
    public Circle(){
        this(0.0);
    }
    public Circle(double radius){
        super("圆");                    // 调用父类的构造方法
        this.radius = radius;
    }
    public void setRadius(double radius){
        this.radius = radius;
    }
    public double getRadius(){
        return radius;
    }
    @Override
    public double getPerimeter(){       ←── 实现父类的抽象方法
        return 2 * Math.PI * radius;
    }
    @Override
    public double getArea(){            ←── 实现父类的抽象方法
        return Math.PI * radius * radius;
    }
    @Override
    public String toString(){           ←── 覆盖 Object 类的 toString()方法
      return "[圆] radius = " + radius;
    }
}
```

这里定义的 Circle 类继承了 Shape 抽象类,由于 Circle 类不是抽象类,因此它必须实现抽象类中 getArea() 和 getPerimeter() 两个方法。此外,它还定义了构造方法和其他普通方法。

还可以定义 Rectangle 类、Square 类和 Triangle 类继承 Shape 类,这些类的定义留给读者自行完成。

6.9 对象转换

面向对象程序设计的三大特征是封装性、继承性和多态性。我们已经学习了前两个,本节将介绍多态。

为了讨论方便,先介绍两个术语:**子类型**和**父类型**。一个类实际上定义了一种类型。子类定义的类型称为子类型,父类(也包括接口)定义的类型称为父类型。因此,可以说 Circle 是 Shape 的子类型,Shape 类是 Circle 的父类型。

6.9.1 对象转换简介

继承关系使一个子类继承了父类的特征,并且附加一些新特征。子类是它的父类的特殊化,每个子类的实例也都是它父类的实例,但反过来不成立。因此,子类对象和父类对象在一定条件下也可以相互转换,这种类型转换一般称为**对象转换**或**造型**(casting)。对象转换也有自动转换和强制转换之分。

由于子类继承了父类的数据和行为,因此子类对象可以作为父类对象使用,即子类对象可以自动转换为父类对象。可以将子类型的引用赋值给父类型的引用,也就是,**在需要父类对象时,可以用子类对象替换**,这也称为**里氏替换原则**(Liskov Substitution Principle,LSP)。假设 parent 是一个父类型引用,child 是一个子类型(直接或间接)引用,则下面的赋值语句是合法的:

```
parent = child;    // 子类对象自动转换为父类对象
```

这种转换称为**向上转换**(up casting)。向上转换指的是在类的层次结构图中,位于下方的类(或接口)对象都可以自动转换为位于上方的类(或接口)对象,但这种转换必须是直接或间接类(或接口)。

反过来,也可以将一个父类对象转换成子类对象,这时需要使用**强制类型转换**。强制类型转换需要使用转换运算符"()"。

下面程序 6-13 演示了对象的自动转换和强制转换。

程序 6-13 CastDemo.java

```
package com.boda.xy;
public class CastDemo{
    public static void main(String[] args){
        var emp = new Employee("张明月",30,5000);
        System.out.println(emp);
        Person p = emp;                              ←┤ 自动类型转换
        System.out.println(p);
        p.sayHello();
        System.out.println(p.getClass().getName());
        //System.out.println(p.computeSalary(5,50));    编译错误
        emp = (Employee)p;                           ←┤ 强制类型转换
```

```
        System.out.println(emp.computeSalary(5,50));
    }
}
```

这里，首先创建一个子类对象 emp，然后将它赋给父类对象 p，这是自动类型转换。之后调用 Person 的 sayHello() 方法，注意，如果子类覆盖了该方法将调用子类的方法。访问 p.computeSalary(5,50) 是错误的，因为使用父类对象不能调用子类的方法。如接下来将 p 对象强制转换成 Employee 对象，这就可以调用子类方法了。

程序的运行结果如图 6-17 所示。

图 6-17　程序 6-13 的运行结果

向上转换可以将任何对象转换为继承链中任何一个父类型对象，包括 Object 类的对象。下面语句是合法的：

```
Object obj = new Employee();
```

注意，不是任何情况下都可以进行强制类型转换，请看下面代码：

```
var p = new Person();
var emp = (Employee) p;   // 不能把父类对象强制转换成子类对象
```

上述代码是要将父类对象转换为子类对象，代码编译时没有错误，但运行时会抛出 ClassCastException 异常。

当将一个子类型引用转换为一个父类型引用时，使用该引用可以调用父类型中定义的方法，但它看不到子类型中定义的方法。例如，上述程序可以调用 p.sayHello() 方法，但不能调用 p.computeSalary() 方法，下面语句将产生编译错误：

```
System.out.println(p.computeSalary(0,0));
```

这是因为尽管 p 是由员工对象转换的，但现在 p 是一个 Person 对象引用，该引用不知道 computeSalary() 方法，而将 p 转换为 Employee 对象后就可以使用 computeSalary() 方法了。

因此，将父类对象转换为子类对象，必须要求父类对象是用子类构造方法生成的，这样转换才正确。注意，转换只发生在有继承关系的类或接口之间。

6.9.2　instanceof 运算符

instanceof 运算符用来测试一个实例是否是某种类型的实例，这里的类型可以是类、抽象类、接口等。instanceof 运算符的格式如下所示：

变量名 instanceof 类型名

该表达式返回逻辑值。如果变量名引用的变量类型是指定类型名的类型的实例,表达式返回 true,否则返回 false。

如果一个实例是某种类型的实例,那么该实例也是该类型的所有父类型的实例。给定图 6-18 定义的 Animal 类及子类的层次结构,假设有下面代码:

图 6-18　Animal 类及其子类

```
Animal cat = new Cat();
Dog dog = new Dog();
```

表达式 cat instanceof Cat 的结果是 true,表达式 dog instanceof Cat 的结果是 false,表达式 cat instanceof Object 的结果是 true。

多学一招

在 Java 14 之前,instanceof 主要是在类型转换之前检测对象的具体类型,然后执行具体的强制转换。从 Java 14 开始,使用 instanceof 可以在判断是否属于具体类型的同时完成转换,例如:

```
Object obj = "这是一个字符串";
if(obj instanceof String str){             ←── str 指向 obj 对象
    System.out.println(str);
}
```

这里的含义是,如果 obj 是 String 类型,则将其转换为 String,同时使用 str 变量指向它,之后在代码块中就可以对 str 进行操作了。

6.10　理解多态

多态(polymorphism)是指由继承而产生的相关的不同的类,其对象对同一消息会做出不同的响应。多态性是指在运行时系统判断应该执行对象哪个方法的代码的能力。

将方法调用与方法体关联起来称为**方法绑定**(binding)。若在程序执行前进行绑定,叫前期绑定,如 C 语言的函数调用都是前期绑定。若在程序运行时根据对象的类型进行绑定,则称为**动态绑定**或后期绑定。比如,当调用实例方法时,变量的实际类型在运行时决定使用方法的哪个实现,这称为动态绑定。Java 中除 static 方法和 final 方法外都是动态绑定。

对子类的一个实例,如果子类覆盖了父类的方法,则运行时系统调用子类的方法;如果子类继承了父类的方法,则运行时系统调用父类的方法。

有了方法的动态绑定,就可以编写只与基类交互的代码,并且这些代码对所有的子类都可以正确运行。

假设抽象类 Shape 定义了 getArea()方法,其子类 Circle、Rectangle 都各自实现了 getArea()方法。下面的程序 6-14 演示了多态概念。

程序 6-14　PolymorphismDemo.java

```java
package com.boda.xy;
public class PolymorphismDemo{
    //计算所有形状面积和
    public static double sumArea(Shape[] shapes){
        var sumArea = 0;
        for(var shape : shapes){
            System.out.println(shape.getArea());     // 输出实际类型的面积
            sumArea = sumArea + shape.getArea();
        }
        return sumArea;           ← 根据对象的实际类型调用 getArea()方法,这就是多态
    }

    public static void main(String[] args){
        var d = 0.0;
        var shapes = new Shape[5];
        for(var i = 0; i< shapes.length;i++){
            d = Math.random();              ← 创建什么对象在运行时才确定
            if(d > 0.5){
                shapes[i] = new Circle(1);
            }else{
                shapes[i] = new Rectangle(1,2);
            }
        }
        var sumArea = sumArea(shapes);
        System.out.printf("形状的总面积 = %.2f", sumArea);
    }
}
```

运行结果如图 6-19 所示。多次运行,结果可能不同,因为每次产生的随机数不同,创建的对象也不同。

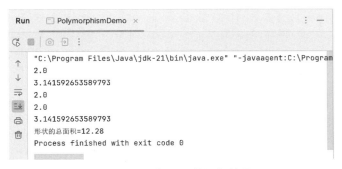

图 6-19　程序 6-14 的运行结果

程序在 for 循环中根据产生的随机数不同创建不同的 Shape 数组元素,这里使用了自动类型转换,之后将该数组传递给 sumArea()静态方法计算所有形状的面积和。在 sumArea()方法中,调用元素的 getArea()方法得到对象的面积,这里根据对象的实际类型调用它的方法,这就是多态,sumArea()方法只对超类对象操作,而通过多态机制可以由系统确定具体执行什么方法。多态可大大提高程序的可维护性和可扩展性。

6.11 本章小结

本章重点介绍了 Java 语言的面向对象特征,首先介绍了包与类库以及封装性和访问修饰符,之后介绍了类的继承、方法覆盖、final 关键字,接下来介绍了类的各种关系及 Java 实现,最后介绍了抽象类、对象转换以及多态性。

下一章将介绍 Java 语言的常用核心类库,包括 Object 类、字符串类、基本类型包装类、Math 类、BigInteger 类和 BigDecimal 类以及日期-时间 API。

6.12 习题与实践

习题

自测题

6.13 上机实验

上机实验

第 7 章

Java的核心类库

CHAPTER 7

本章知识点思维导图

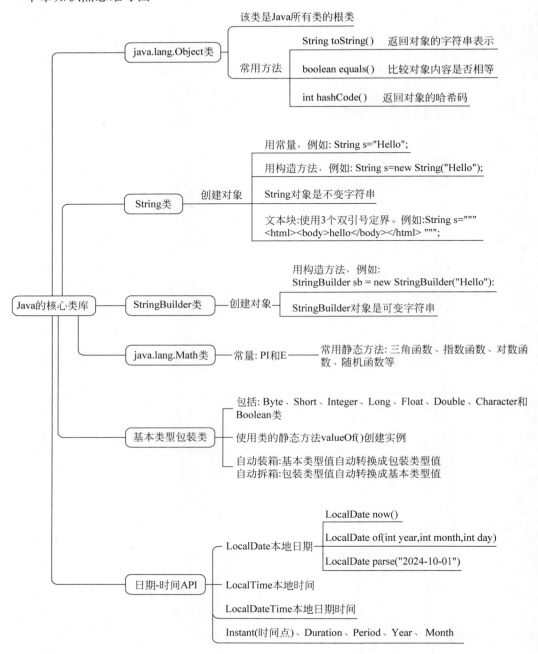

扫一扫
视频讲解

7.1 Object 类

java.lang.Object 类是 Java 语言中所有类的根类,定义类时若没有用 extends 指明继承哪个类,编译器自动加上 extends Object。Object 类中共定义了 9 个方法,所有的类(包括数组)都继承该类中的方法。表 7-1 给出了几个常用方法。

表 7-1　Object 类常用的方法

方　　法	说　　明
public String toString()	返回对象的字符串表示
public boolean equals(Object obj)	比较当前对象是否与参数对象 obj 相等
public int hashCode()	返回对象的哈希码值
protected Object clone()	创建并返回对象的一个副本
protected void finalize()	当对该对象没有引用时由垃圾回收器调用
public Class<?> getClass()	返回对象所属的完整类名

关于 Object 类的方法可以查看 API 文档。下面讨论 Object 类几个重要方法的使用。

7.1.1　toString()方法

toString()方法是 Object 类的一个重要方法,调用对象的 toString()方法可以返回对象的字符串表示。该方法在 Object 类中的定义是返回类名加一个@符号,再加一个十六进制整数。如果在 Account 类中没有覆盖 toString()方法,执行下面的代码:

```
var account = new Account(108, "张明月",5000);
System.out.println(account.toString());
```

可能产生类似下面的输出:

```
com.boda.xy.Account@2f92e0f4
```

这些信息没有太大的用途,因此通常在类中覆盖 toString()方法,使它返回一个有意义的字符串。例如,在 Account 类中按如下覆盖 toString()方法:

```
@Override
public String toString(){
    return "账号:" + id + "  姓名:"+ name + "  余额:"+ balance;
}
```

这时,语句"System.out.println(account.toString());"的输出结果如下:

```
账号:108  姓名:张明月  余额:5000.0
```

实际上,还可以仅使用对象名输出对象的字符串表示形式,而不用调用 toString()方法,这时 Java 编译器将自动调用 toString()方法。例如,下面两行代码等价:

```
System.out.println(account);
System.out.println(account.toString());
```

在 Java 类库中有许多类覆盖了 toString()方法,输出时能够得到可理解的结果,LocalDate 类就是其一。

7.1.2　equals()方法

equals()方法用来比较两个对象是否相等,使用格式如下所示:

```
obj1.equals(obj2)
```

上述表达式用来比较两个对象 obj1 和 obj2 是否相等,若相等则返回 true,否则返回 false。但两个对象比较的是什么呢？首先来看一下在 Object 类中 equals()方法的定义。

```
public boolean equals(Object obj){
    return (this == obj);
}
```

由此可见,该方法比较的是两个对象的引用,即相当于两个对象使用"=="进行比较。假设要比较两个 Account 对象是否相等,如果使用下面代码,将输出 false。

```
var account1 = new Account(108,"张明月",5000);
var account2 = new Account(108,"张明月",5000);
System.out.println(account1.equals(account2));    // 输出:false
```

然而,经常需要比较两个对象的内容是否相等,比如对于账户来说,如果两个账户的 id、name 和 balance 属性值都相等,则认为它们相等。要达到这个目的就需要在 Account 类中覆盖 equals()方法。

在 Account 类中可以像下面这样覆盖 equals()方法：

```
@Override
public boolean equals(Object obj){
    if(obj instanceof Account)
        return this.id == (( Account)obj).id &&
            this.name.equals(((Account)obj).name) &&
            this.balance == (( Account)obj).balance;
    else
        return false;
}
```

如果在 Account 类中按上面方式覆盖了 equals()方法,再使用该方法比较两个 Account 对象,就是比较它们的各属性值是否相等。

在 Java 类库中的许多类也覆盖了该方法,例如 String 类,因此对 String 对象使用 equals()方法比较的是字符串的内容是否相等。

注意　在子类中,使用签名 equals(ClassName obj)覆盖 equals()方法是一个常见的错误,应该使用 equals(Object obj)覆盖 equals()方法。

7.1.3　hashCode()方法

hashCode()方法返回一个对象的**哈希码**(hash code)值,它是一个整数,主要用来比较对象的大小。在 Object 类中,hashCode()方法的实现是返回对象在计算机内部存储的十进制内存地址。请看下面代码：

```
var account = new Account(108,"张明月",5000);
System.out.println(account.hashCode());
```

代码可能的输出结果：798154996。

在覆盖 hashCode()方法时,要保证相同对象的哈希码必须相同。可以使用不同算法生成对象的哈希码。可以使用 java.util.Objects 类的 hash()方法直接联合类的每个实例变量的哈希码。

```java
@Override
public int hashCode() {
    return Objects.hash(id, name,balance);
}
```

Objects 类的 hash()方法的参数是可变参数,该方法计算每个参数的哈希码,并将它们组合起来。这个方法是空指针安全的。

如果类包含数组类型的实例变量,当比较它们的哈希码时,首先使用静态方法 Arrays.hashCode()计算数组的每个元素哈希码组成的哈希码,然后将结果传给 Objects 的 hash()方法。

下面程序 7-1 重写了 Account 类,覆盖 toString()方法、equals()方法和 hashCode()方法。

程序 7-1 Account.java

```java
package com.boda.xy;
import java.util.Objects;
public class Account{
    public int id;
    public String name;
    public double balance;
    // 其他方法的定义
    @Override
    public String toString(){            ←—| 覆盖 toString()方法
        return "账号:" + id + "  姓名:" + name + "  余额:" + balance;
    }
    @Override
    public boolean equals(Object obj){   ←—| 覆盖 equals()方法
      if(obj instanceof Account)
        return this.id ==((Account)obj).id &&
            this.name.equals(((Account)obj).name) &&
            this.balance ==((Account)obj).balance;
      else
        return false;
    }
    @Override
    public int hashCode(){               ←—| 覆盖 hashCode()方法
        return Objects.hash(id, name,balance);
    }
    public static void main(String []args) {
        var account1 = new Account(108,"张明月",5000);
        var account2 = new Account(108,"张明月",5000);
        System.out.println(account1);
        System.out.println(account1.equals(account2));
        System.out.println(account1.hashCode());
        System.out.println(account2.hashCode());
    }
}
```

运行结果如图 7-1 所示。

图 7-1　程序 7-1 的运行结果

7.2　String 类

字符串是字符的序列,它是许多程序设计语言的基本数据结构。Java 语言是通过字符串类实现的。Java 提供了 3 个字符串类:String 类、StringBuilder 类和 StringBuffer 类。

String 类是不变字符串,StringBuilder 类和 StringBuffer 类是可变字符串,这 3 种字符串都是 16 位的 Unicode 字符序列,这 3 个类都被声明为 final,因此不能被继承。这 3 个类各有不同的特点,应用于不同场合。

7.2.1　创建 String 类对象

在 Java 程序中,有一种特殊的创建 String 对象的方法,就是直接利用字符串字面值创建字符串对象。

```
var str = "Java is cool";
```

一般使用 String 类的构造方法创建一个字符串对象。String 类有十多个重载的构造方法,可以生成一个空字符串,也可以由字符或字节数组生成字符串。常用的构造方法如下所示:

- public String():创建一个空字符串。
- public String(char[] value):使用字符数组中的字符创建字符串。
- public String(String original):使用一个字符串对象创建字符串。

下面代码说明了使用字符串的构造方法创建字符串对象。

```
char []chars1 = {'A','B','C'};
char []chars2 = {'中','国','π','α','M','N'};
var s1 = new String(chars1);
var s2 = new String(chars2, 0, 4);
System.out.println("s1 = " + s1);          // 输出:s1 = ABC
System.out.println("s2 = " + s2);          // 输出:s2 = 中国πα
```

7.2.2　字符串的基本操作

首先看一下字符串在内存中的表示。下面语句声明并创建一个 String 对象:

```
var str = new String("Java is cool");
```

该字符串对象在内存中的状态如图 7-2 所示。

图 7-2 字符串对象的内存表示

该字符串共包含 12 个字符,即长度为 12,其中每个字符都有一个下标,下标从 0 开始,可以通过下标访问每个字符。可以调用 String 类的方法操作字符串,下面是几个最常用方法:

- public int length():返回字符串的长度,即字符串包含的字符个数。注意,对含有中文或其他语言符号的字符串,计算长度时,一个符号作为一个字符计数。
- public String substring(int beginIndex, int endIndex):从字符串的下标 beginIndex 开始到 endIndex 结束产生一个子字符串。
- public String substring(int beginIndex):从字符串的下标 beginIndex 开始到结束产生一个子字符串。
- public String trim():返回去掉了前后空白字符的字符串对象。
- public boolean isEmpty():返回该字符串是否为空(""),如果 length() 的结果为 0,方法返回 true,否则返回 false。
- public String concat(String str):将调用字符串与参数字符串连接起来,产生一个新的字符串。
- public String replace(char oldChar, char newChar):将字符串中的所有 oldChar 字符改为 newChar 字符,返回一个新的字符串。
- public char charAt(int index):返回字符串中指定位置的字符,index 表示位置,范围为 0～s.length()-1。

下面代码描述了 String 类的几个方法的使用。

```
var s = "Java is cool";
System.out.println(s.length());           // 12
System.out.println(s.substring(5,7));     // is
System.out.println(s.substring(8));       // cool
var s1 = "Write Once,";
var s2 = "Run Anywhere.";
s1 = s1.concat(s2);
System.out.println(s1);                   // Write Once,Run Anywhere
System.out.println(s.isEmpty());          // false
```

编写程序,要求从键盘输入一个字符串,判断该字符串是否是回文串。一个字符串,如果从前向后读和从后向前读都一样,则称该字符串为回文串。例如,"mom"和"上海海上"都是回文串。

对于一个字符串,先判断该字符串的第一个字符和最后一个字符是否相等,如果相等,检查第二个字符和倒数第二个字符是否相等。这个过程一直进行,直到出现不相等的情况或者串中所有字符都检测完毕。当字符串有奇数个字符时,中间的字符不用检查。

程序 7-2　Palindrome.java

```java
package com.boda.xy;
import java.util.Scanner;
public class Palindrome {
  public static boolean isPalindrome(String s){
    var low = 0;
    var high = s.length() - 1;      // 依次从前后各取一个字符比较是否相等
    while(low < high){
      if(s.charAt(low) != s.charAt(high))
        return false;                // 不相等返回 false
      low ++;
      high -- ;
    }
    return true;
  }
  public static void main(String[]args){
    var sc = new Scanner(System.in);
    System.out.print("请输入一个字符串:");
    var s = sc.nextLine();
    if(isPalindrome(s))
      System.out.println(s + ":是回文。");
    else
      System.out.println(s + ":不是回文。");
  }
}
```

运行程序，输入"上海自来水来自海上"，结果如图 7-3 所示。

图 7-3　程序 7-2 的运行结果

7.2.3　字符串的查找

String 类提供了从字符串中查找字符和子串的方法，如下所示。

- public int indexOf(int ch)：查找字符 ch 第一次出现的位置。如果查找不成功则返回 -1，下述方法相同。
- public int indexOf(int ch, int fromIndex)：查找字符 ch 从 fromIndex 开始第一次出现的位置(在原字符串中的下标)。
- public int indexOf(String str)：查找字符串 str 第一次出现的位置。
- public int indexOf(String str, int fromIndex)：查找字符串 str 从 fromIndex 开始第一次出现的位置(在原字符串中的下标)。
- public int lastIndexOf(int ch)：查找字符 ch 最后一次出现的位置。
- public int lastIndexOf(int ch, int endIndex)：查找字符 ch 到 endIndex 为止最后一

次出现的位置。
- public int lastIndexOf(String str)：查找字符串 str 最后一次出现的位置。
- public int lastIndexOf(String str, int endIndex)：查找字符串 str 到 endIndex 为止最后一次出现的位置（在原字符串中的下标）。

下列代码演示了几个查找方法。

```
var s = new String("This is a Java string.");
System.out.println(s.length());                  // 输出:22
System.out.println(s.indexOf('a'));              // 输出:8
System.out.println(s.lastIndexOf('a',12));       // 输出:11
System.out.println(s.indexOf("is"));             // 输出:2
System.out.println(s.lastIndexOf("is"));         // 输出:5
System.out.println(s.indexOf("my"));             // 输出:-1
```

7.2.4 字符串的比较

在 Java 程序中，经常需要比较两个字符串是否相等或比较两个字符串的大小，下面介绍如何比较字符串。

1. 字符串相等比较

如果要比较两个字符串对象的内容是否相等，可以使用 String 类的 equals() 方法或 equalsIgnoreCase() 方法。

- public boolean equals(String anotherString)：比较两个字符串的内容是否相等。
- public boolean equalsIgnoreCase(String anotherString)：比较两个字符串的内容是否相等，不区分大小写。

下面代码演示了这两个方法的使用。

```
var s1 = new String("Hello");
var s2 = new String("Hello");
System.out.println(s1.equals(s2));                    // 输出:true
System.out.println(s1.equals("hello"));               // 输出:false
System.out.println(s1.equalsIgnoreCase("hello"));     // 输出:true
```

实际上 equals() 是从 Object 类中继承来的，原来在 Object 类中，该方法比较的是对象的引用，而在 String 类中覆盖了该方法，比较的是字符串的内容。

特别注意，不能使用"=="来比较字符串的内容是否相等。请看下面代码：

```
var s1 = new String("Hello");
var s2 = new String("Hello");
System.out.println(s1 == s2);      // 输出:false
```

这是因为在使用"=="比较引用类型的数据（对象）时，比较的是引用（地址）是否相等。只有两个引用指向同一个对象时，结果才为 true。上面使用构造方法创建的两个对象是不同的，因此 s1 和 s2 的引用是不同的，如图 7-4(a) 所示。

再请看下面一段代码：

```
var s1 = "Hello";                    // 不是用构造方法创建的对象
var s2 = "Hello";
System.out.println(s1 == s2);        // 输出:true
```

这次输出结果为 true。这两段代码的不同之处在于,创建 s1、s2 对象的代码不同。这里的 s1、s2 是用字符串常量创建的两个对象。字符串常量存储和对象存储不同,字符串常量是存储在常量池中,对内容相同的字符串常量在常量池中只有一个副本,因此 s1 和 s2 是指向同一个对象,如图 7-4(b)所示。

(a) s1和s2指向不同的对象　　　　(b) s1和s2指向相同的对象

图 7-4　字符串实例与字符串常量的不同

2. 字符串大小比较

使用 equals()方法只能比较字符串的内容相等与否,要比较大小,可以使用 String 类的 compareTo()方法,格式如下:

```
public int compareTo(String another)
```

方法将当前字符串与参数字符串比较,并返回一个整数值,使用字符的 Unicode 码值进行比较。若当前字符串小于参数字符串,方法返回值小于 0;若当前字符串大于参数字符串,方法返回值大于 0;若当前字符串等于参数字符串,方法返回值等于 0。

下面语句输出 -2,因为 'C' 的 Unicode 值比 'E' 的 Unicode 值小 2。

```
System.out.println("ABC".compareTo("ABE"));
```

如果在字符串比较时忽略大小写,可使用 compareToIgnoreCase(String anotherString)方法。

注意　字符串不能使用 >、>=、<、<= 进行比较,要比较大小只能使用 compareTo()方法。可以使用 == 和 != 比较两个字符串,但它们比较的是两个字符串的引用是否相同。

下面程序 7-3 使用冒泡排序法,将给出的字符串数组按由小到大的顺序排序。

程序 7-3　StringSort.java

```
package com.boda.xy;
public class StringSort{
    public static void main(String[] args){
        String []str = {"中国","美国","俄罗斯","法国","英国"};
        System.out.print("排序前:");
        for(var s: str)
          System.out.print(s+" ");
        for(var i = str.length-1; i>= 0; i--)
          for(var j = 0; j < i; j++){
            if(str[j].compareTo(str[j+1])> 0){
              String temp = str[j];              ┐
              str[j] = str[j+1];                 ├─ 交换元素
              str[j+1] = temp;                   ┘
```

```
            }
        }
        System.out.print("\n排序后:");
        for(var s: str)
            System.out.print(s + " ");     ← 输出排序后每个元素
    }
}
```

运行结果如图 7-5 所示。

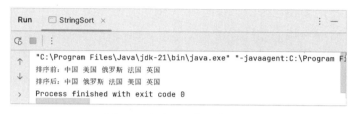

图 7-5　程序 7-3 的运行结果

说明：对中文字符串，排序规则是按字符的 Unicode 码的大小排序；对英文字符串，则按字符的 ASCII 码排序。

7.2.5　字符串转换为数组

字符串不是数组，但是字符串能够转换成字符数组或字节数组。String 类提供了下列方法将字符串转换成数组。

- public char[] toCharArray()：将字符串中的字符转换为字符数组。
- public void getChars(int srcBegin, int srcEnd, char[] dst, int dstBegin)：将字符串中从起始位置（srcBegin）到结束位置（srcEnd）之间的字符复制到字符数组 dst 中，dstBegin 为目标数组的起始位置。
- public byte[] getBytes()：使用平台默认的字符集将字符串编码成字节序列并将结果存储到字节数组中。
- public byte[] getBytes(String charsetName)：使用指定的字符集将字符串编码成字节序列并将结果存储到字节数组中。该方法抛出 java.io.UnsupportedEncodingException 异常。

下面代码使用 toCharArray() 方法将字符串转换为字符数组，使用 getChars() 方法将字符串的一部分复制到字符数组中。

```
var s = new String("This is a Java string.");
var chars = s.toCharArray();
System.out.println(chars);          //输出:This is a Java string.
var subs = new char[4];
s.getChars(10,14,subs,0);
System.out.println(subs);           //输出:Java
```

7.2.6　字符串的拆分与组合

使用 String 类的 split() 方法可以将一个字符串分解成子字符串或**令牌**（token），使用

join()方法可以将 String 数组中的字符串连接起来,使用 matches()方法返回字符串是否与正则表达式匹配。

- public String[] split(String regex):参数 regex 表示正则表达式,根据给定的正则表达式将字符串拆分成字符串数组。
- public boolean matches(String regex):返回字符串是否与给定的正则表达式匹配。
- public static String join(CharSequence delimiter,CharSequence… elements):使用指定的分隔符将 elements 的各元素组合成一个新字符串。

下面程序 7-4 使用 split()方法拆分字符串,使用 join()方法将一个字符串数组按指定的分隔符组合成一个字符串。

程序 7-4　SplitJoinDemo.java

```java
package com.boda.xy;
public class SplitJoinDemo {
    public static void main(String[]args) {
        var ss = "one little,two little,three little.";
        var str = ss.split("[ ,.]");
        for(var s : str){
            System.out.println(s);
        }
        System.out.println(ss.matches(".*little.*"));        // 输出:true
        // 连接字符串
        var joined = String.join("\\","C:","javastudy","com");
        System.out.println(joined);                           // 输出:usr/local/bin
        String [] seasons = {"春", "夏", "秋", "冬"};
        var s = String.join("-",seasons);
        System.out.println(s);                                // 输出:春-夏-秋-冬
    }
}
```

运行结果如图 7-6 所示。

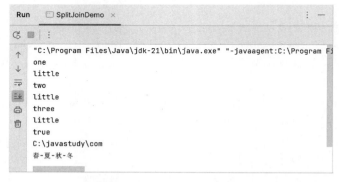

图 7-6　程序 7-4 的运行结果

在 split()中指定的正则表达式"[,.]"的含义是使用空格、逗号或句点为分隔符拆分字符串。

String 类的静态 join()方法,实现将一个字符串数组按指定的分隔符组合成一个字符串,它的功能与 split()方法相反。

7.2.7　String 对象的不变性

在 Java 程序中一旦创建了一个 String 对象,就不能对其内容进行改变,因此说 Java 的 String 对象是不可变的字符串。

有些方法看起来是修改字符串,但字符串修改后产生了另一个字符串,这些方法对原字符串没有任何影响,原字符串永远不会改变。请看下面的例子:

```
var s = new String("Hello,world");
s.replace('o','A');                    // s 的值并没有改变
s = s.substring(0,6).concat("Java");
s.toUpperCase();                       // s 的值并没有改变
System.out.println(s);                 // 输出:Hello,Java
```

7.2.8　命令行参数

Java 应用程序从 main()方法开始执行,main()方法的声明格式如下:

```
public static void main(String []args){}
public static void main(String ... args){}
```

参数 String[] args 称为**命令行参数**,它是一个字符串数组,该参数在程序运行时通过命令行传递给 main()方法。

下面程序 7-5 要求从命令行为程序传递 3 个参数,在 main()方法中通过 args[0]、args[1]、args[2]输出这 3 个参数的值。

程序 7-5　HelloProgram.java

```
package com.boda.xy;
public class HelloProgram{
  public static void main(String[] args){
    System.out.println(args[0] + " " + args[1] + " " + args[2]);
  }
}
```

运行该程序需要通过命令行为程序传递 3 个参数,如下所示:

```
D:\study> java HelloProgram how are you!
```

程序运行结果如下所示:

```
how are you!
```

在命令行中,参数字符串是通过空格分隔的。但如果参数本身包含空格,则需要用双引号将参数括起来。

Java 解释器根据传递的参数个数确定数组 args 的长度,如果给出的参数少于引用的元素,则抛出 ArrayIndexOutOfBoundsException 运行时异常,如下所示:

```
D:\study> java HelloProgram How are
```

上述命令中只提供了两个命令行参数,创建的 args 数组长度为 2,而程序中访问了第 3 个元素(args[2]),故产生运行时异常。

命令行参数传递的是字符串,若将其作为数值处理,需要进行转换。例如,可以使用 Integer 类的 parseInt()方法将参数转换为 int 类型的数据。

✍ 多学一招

在 IntelliJ IDEA 中要为应用程序传递参数,需要选择 Run→Edit Configuration,在打开的窗口 Program arguments 文本框中输入程序参数,如图 7-7 所示。单击 Run 按钮即可执行程序。

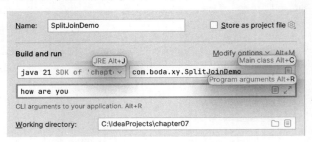

图 7-7 指定程序参数

7.2.9 格式化输出

可以使用 System.out.printf()方法在控制台上显示格式化输出,格式如下:

```
public PrintStream printf(String format, Object... args)
```

参数 format 是格式控制字符串,其中可以嵌入格式符(specifier)指定参数如何输出。args 为输出参数列表,参数可以是基本数据类型,也可以是引用数据类型。

格式符的一般格式如下:

```
%[argument_index$][flags][width][.precision]conversion
```

格式符以百分号(%)开头,至少包含一个转义字符,其他为可选内容。其中,argument_index 用来指定哪个参数应用该格式。例如,"%2$"表示列表中的第 2 个参数。flags 用来指定一个选项,如"+"表示数据前面添一个加号,"0"表示数据前面用 0 补充。width 和 precision 分别表示数据所占最少的字符数和小数的位数。conversion 为指定的格式符,表 7-2 列出了常用的格式符。

表 7-2 常用的格式符

格式符	含义
%d	结果被格式化成十进制整数
%f	结果被格式化成十进制浮点数
%e	结果以科学记数法格式输出
%s	结果以字符串输出
%b	结果以布尔值(true 或 false)形式输出
%c	结果为 Unicode 字符
%n	换行格式符,它不与参数对应。与\n 含义相同,但%n 是跨平台的

请看下面两行代码的输出：

```
System.out.printf("PI = %f%n", Math.PI);        // 输出：PI = 3.141593
System.out.printf("E= %e%n", Math.E);           // 输出：E = 2.718282e + 00
```

在 String 类中还定义了一个静态的 format() 方法，格式如下：

```
public static String format(String format, Object... args)
```

这个方法的功能是按照参数指定的格式，将 args 格式化成字符串返回。此外，在 java.io.PrintStream 类、java.io.PrintWriter 类以及 java.util.Formatter 类中都提供了相应的 format() 方法。它们的不同之处是方法的返回值不同。在各自类中的 format() 方法返回各自类的一个对象，如 Formatter 类的 format() 方法返回一个 Formatter 对象。有关这些方法的使用，请参阅 Java API 文档。

7.3 StringBuilder 类

StringBuilder 类表示可变字符串，即该类的对象内容是可以修改的。一般来说，只要使用字符串的地方，都可以使用 StringBuilder 类，它比 String 类更灵活。

7.3.1 创建 StringBuilder 对象

StringBuilder 类是 Java 5 新增加的，它表示可变字符串。下面是 StringBuilder 类常用的构造方法。

- public StringBuilder()：创建一个没有字符的字符串缓冲区，初始容量为 16 个字符。此时 length() 方法的值为 0，而 capacity() 方法的值为 16。
- public StringBuilder(int capacity)：创建一个没有字符的字符串缓冲区，capacity 为指定的初始容量。
- public StringBuilder(String str)：利用一个已存在的字符串对象 str 创建一个字符串缓冲区对象，另外再分配 16 个字符的缓冲区。

设有下列代码：

```
var str = new StringBuilder("Hello");
```

str 对象在内存中的状态如图 7-8 所示。

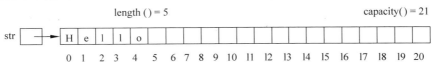

图 7-8　StringBuilder 对象的长度与容量

在创建 StringBuilder 对象时，系统除了为字符串分配空间外，还额外分配了 16 个字符的缓冲区。缓冲区主要是为方便 StringBuilder 对象的修改。StringBuilder 对象是可变对象，即修改是在原对象上完成的。如果修改后的长度超过容量，则将容量修改为（原容量＋1）

的 2 倍。

```
System.out.println(str.length());          // 输出：5
System.out.println(str.capacity());        // 输出：21
```

7.3.2　StringBuilder 的常用方法

StringBuilder 类除了定义了 length()、charAt()、indexOf()、getChars() 等方法外，还提供了下列常用方法。

- public int capacity()：返回当前的字符串缓冲区的总容量。
- public void setCharAt(int index，char ch)：用 ch 修改指定位置的字符。
- public StringBuilder append(String str)：在当前字符串的末尾添加一个字符串。该方法有一系列的重载方法，参数可以是 boolean、char、int、long、float、double、char[] 等任何数据类型。
- public StringBuilder insert(int offset，String str)：在当前字符串的指定位置插入一个字符串。这个方法也有多个重载的方法，参数可以是 boolean、char、int、long、float、double、char[] 等类型。
- public StringBuilder deleteCharAt(int index)：删除指定位置的字符，后面字符向前移动。
- public StringBuilder delete(int start，int end)：删除从 start 开始到 end（不包括 end）之间的字符。
- public StringBuilder replace(int start，int end，String str)：用字符串 str 替换从 start 开始到 end（不包括 end）之间的字符。
- public StringBuilder reverse()：将字符串的所有字符反转。
- public String substring(int start)：返回从 start 开始到字符串末尾的子字符串。
- public String substring(int start，int end)：返回从 start 开始到 end（不包括 end）之间的子字符串。
- public void setLength(int newLength)：设置字符序列的长度。如果 newLength 小于原字符串的长度，字符串将被截短；如果 newLength 大于原字符串的长度，字符串将使用空字符（'\u0000'）扩充。

下面程序 7-6 演示了 StringBuilder 类常用方法的使用。

程序 7-6　StringBuilderDemo.java

```
package com.boda.xy;
public class StringBuilderDemo{
  public static void main(String[] args){
    var ss = new StringBuilder("Hello");
    System.out.println(ss.length());
    System.out.println(ss.capacity());
    ss.append("Java");              ←──── 所有操作都是在原来的 ss 上操作
    System.out.println(ss);
    System.out.println(ss.insert(5,","));
```

```
        System.out.println(ss.replace(6,10,"World!"));
        System.out.println(ss.reverse());
    }
}
```

运行结果如图 7-9 所示。

图 7-9　程序 7-6 的运行结果

使用 StringBuilder 对象可以方便地对其修改,而不需要生成新的对象。

7.3.3　运算符"＋"的重载

在 Java 语言中不支持运算符的重载,但有一个特例,即"＋"运算符(包括＋＝),它是唯一重载的运算符。该运算符除了用于计算两个数之和外,还用于连接两个字符串。当用"＋"运算符连接的两个操作数其中有一个是 String 类型时,该运算即为字符串连接运算,如下所示:

```
int age = 18 ;
var  s = "我今年" + age + "岁。";
```

上述连接运算过程实际上是按如下方式进行的:

```
var s = new StringBuilder("我今年").append(age).append("岁。").toString();
```

提示　Java 还定义了 StringBuffer 类,它也是可变字符串。它与 StringBuilder 类的主要区别是 StringBuffer 类的实例是线程安全的,而 StringBuilder 类的实例不是线程安全的。如果不需要线程同步,建议使用 StringBuilder 类。

7.4　案例学习——字符串加密解密

扫一扫

视频讲解

1. 问题描述

在密码学中,恺撒密码(Caesar cipher)是一种最简单且最广为人知的加密技术。它是一种替换加密技术,明文中的所有字母都在字母表上向后(或向前)按照一个固定数目进行偏移后被替换成密文。这个加密方法是以罗马时期恺撒的名字命名的。

编写程序,实现简单的加密功能:从键盘上输入一个英文字符串(明文),程序运行将该字符串加密后输出(密文)。加密规则为:字符串中的每个字母都用它后面的第 5 个字母代替,其他字符不变,如 A 用 F 代替、a 用 f 代替,对字母表后面的字母,如 V 用 A 代替、Z 用 E 代替。编写解密程序,从键盘输入密文字符串,程序打印输出解密后的明文字符串。

2. 运行结果

运行字符串加密程序的结果如图 7-10 所示。

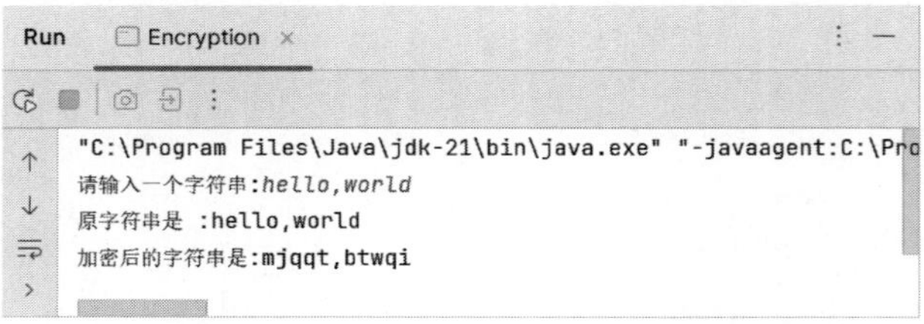

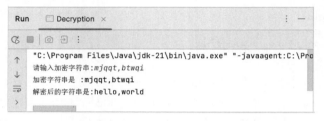

图 7-10 字符串加密程序的运行结果

运行字符串解密程序的结果如图 7-11 所示。

图 7-11 字符串解密程序的运行结果

3. 设计思路

根据题目要求,使用 Scanner 类的方法从键盘读取字符串,然后创建 StringBulder 对象,在其上取出每个字符,然后对其变换再写入字符串,具体如下。

(1) 对于加密程序,根据取出字符的范围,对字符变换,代码如下所示:

```
if(c >= 'A' && c <= 'Z' || c >'a' && c <= 'z'){
    if(c >'U' && c <= 'Z' || c >'u' && c <= 'z'){
        c = (char)(c - 21);
    }else{
        c = (char)(c + 5);
    }
}
```

(2) 对于解密程序,根据取出字符的范围,对字符变换,代码如下所示:

```
if(c >= 'A' && c <= 'Z' || c >'a' && c <= 'z'){
    if(c >= 'A' && c <= 'E' || c >= 'a' && c <= 'e'){
        c = (char)(c + 21);
    }else{
        c = (char)(c - 5);
    }
}
```

4. 代码实现

字符串加密如程序 7-7 所示。注意,这里只对英文字符加密和解密,其他字符不变。

程序 7-7 Encryption.java

```java
package com.boda.xy;
import java.util.Scanner;
public class Encryption{
    public static void main(String[ ]args){
        var sc = new Scanner(System.in);
        System.out.print("请输入一个字符串:");
        var str = sc.nextLine();
        System.out.println("原字符串是 :" + str);
        StringBuilder ss = new StringBuilder(str);

        for(int i = 0;i < ss.length(); i++){
            char c = ss.charAt(i);
            if(c >= 'A' && c <= 'Z' || c >'a' && c <= 'z'){
                if(c >'U' && c <= 'Z' || c >'u' && c <= 'z'){
                    c = (char)(c - 21);
                }else{
                    c = (char)(c + 5);
                }
            }
            ss.setCharAt(i,c);
        }
        System.out.println("加密后的字符串是:" + ss);
    }
}
```

字符串解密如程序 7-8 所示。

程序 7-8 Decryption.java

```java
package com.boda.xy;
import java.util.Scanner;
public class Decryption{
    public static void main(String[ ]args){
        var sc = new Scanner(System.in);
        System.out.print("请输入加密字符串:");
        var str = sc.nextLine();
        System.out.println("加密字符串是 :" + str);
        StringBuilder ss = new StringBuilder(str);

        for(int i = 0;i < ss.length(); i++){
            char c = ss.charAt(i);
            if(c >= 'A' && c <= 'Z' || c >'a' && c <= 'z'){
                if(c >= 'A' && c <= 'E' || c >= 'a' && c <= 'e'){
                    c = (char)(c + 21);
                }else{
                    c = (char)(c - 5);
                }
            }
            ss.setCharAt(i,c);
```

```
        }
        System.out.println("解密后的字符串是:" + ss);
    }
}
```

扫一扫

视频讲解

7.5 基本类型包装类

Java 语言提供了 8 种基本数据类型,如整型(int)、字符型(char)等。这些数据类型不属于 Java 的对象层次结构。Java 语言保留这些数据类型主要是为了提高效率。这些类型的数据在方法调用时是采用值传递的,不能采用引用传递。

有时需要将基本类型数据作为对象处理,如许多类的方法需要对象作参数。因此,Java 为每种基本数据类型提供了一个对应的类,这些类通常称为**基本数据类型包装类**(wrapper class),通过这些类,可以将基本类型的数据包装成对象。

基本数据类型与包装类的对应关系如表 7-3 所示。

表 7-3 基本数据类型与包装类的对应关系

基本数据类型	对应的包装类	基本数据类型	对应的包装类
boolean	Boolean	int	Integer
char	Character	long	Long
byte	Byte	float	Float
short	Short	double	Double

7.5.1 Character 类

Character 类的对象封装了单个字符值。可以使用 Character 类的静态工厂方法创建 Character 对象,其格式如下:

```
public static Character valueOf(char c)
```

提示 从 Java 9 开始,不推荐使用包装类的构造方法创建对象,而推荐使用静态工厂方法 valueOf() 创建包装类对象。

下面代码创建了几个 Character 对象并演示了有关方法的使用。

```
var a = Character.valueOf('A');
var b = Character.valueOf('π');
Character c = '中';           ←── 自动装箱
System.out.println(a.compareTo('D'));                        // 输出:-3
System.out.println(Character.isJavaIdentifierStart(b));      // 输出:true
System.out.println(Character.isDigit(c));                    // 输出:false
```

Character 类的常用方法有:
- public char charValue():返回 Character 对象所包含的 char 值。
- public int compareTo(Character anotherChar):比较两个字符对象。如果该字符对象与参数字符对象相等,返回 0;若小于参数字符,返回值小于 0;若大于参数字符,则返回值大于 0。
- public static boolean isDigit(char ch)：返回参数字符是否是数字。
- public static boolean isLetter(char ch)：返回参数字符是否是字母。
- public static boolean isLowerCase(char ch)：返回参数字符是否是小写字母。
- public static boolean isUpperCase(char ch)：返回参数字符是否是大写字母。
- public static boolean isWhiteSpace(char ch)：返回参数字符是否是空白字符。
- public static char toLowerCase(char ch)：将参数字符转换为小写字母返回。
- public static char toUpperCase(char ch)：将参数字符转换为大写字母返回。

7.5.2　Boolean 类

Boolean 类的对象封装了一个布尔值(true 或 false)，可以使用 boolean 值或字符串创建 Boolean 实例。
- public static Boolean valueOf(boolean b)：用一个 boolean 型值创建一个 Boolean 对象。
- public static Boolean valueOf(String s)：将参数 s 的值转换为 Boolean 对象。

下面代码定义了几个 Boolean 型变量：

```
var b = true;
var b2 = Boolean.valueOf(b);                // 定义一个 Boolean 类型变量
var b3 = Boolean.parseBoolean("TruE");      // 创建值为 true 的 Boolean 对象
var b4 = Boolean.valueOf("Yes");            // 创建值为 false 的 Boolean 对象
```

Boolean 类的常用方法如下：
- public boolean booleanValue()：返回该 Boolean 对象所封装的 boolean 值。
- public static int compare (boolean x，boolean y)：比较两个布尔值。如果 x==y，返回 0；若!x&&y，返回值小于 0；若 x&&!y，返回值大于 0。
- public static boolean logicalAnd (boolean a，boolean b)：返回 a 和 b 的逻辑与运算结果。
- public static boolean logicalOr (boolean a，boolean b)：返回 a 和 b 的逻辑或运算结果。
- public static boolean logicalXor (boolean a，boolean b)：返回 a 和 b 的逻辑异或运算结果。

7.5.3　创建数值类对象

六种数值型包装类（Byte、Short、Integer、Long、Float 和 Double）都有静态工厂方法 valueOf()和 parseXxx()。一个是以该类型的基本数据类型作为参数，另一个以一个字符串作为参数。

例如，Integer 类有下面方法：

```
public static Integer valueOf (int value)
```

使用 int 类型的值创建包装类型 Integer 对象。要构造一个包装了 int 型值 314 的 Integer 型对象，可以使用下面方法：

```
var intObj = Integer.valueOf(314);
```

下面代码使用 Double 类的 parseDouble()静态方法将一个字符串转换为 double 型值。

```
var pi = Double.parseDouble("3.14159");
```

每种包装类型都覆盖了 toString()方法和 equals()方法,因此使用 equals()方法比较包装类型的对象时是比较内容或所包装值。

每种数值类都定义了若干实用方法,下面是 Integer 类的一些常用方法:
- public static String toBinaryString(int i):返回整数 i 用字符串表示的二进制序列。
- public static String toHexString(int i):返回整数 i 用字符串表示的十六进制序列。
- public static String toOctalString(int i):返回整数 i 用字符串表示的八进制序列。
- public static int highestOneBit(int i):返回整数 i 的二进制补码的最高位 1 所表示的十进制数。例如 7(111)的最高位的 1 表示的值为 4。
- public static int lowestOneBit(int i):返回整数 i 的二进制补码的最低位 1 所表示的十进制数。例如 10(1010)的最低位的 1 表示的值为 2。
- public static int reverse(int i):返回将整数 i 的二进制序列反转后的整数值。
- public static int signum(int i):返回整数 i 的符号。若 i 大于 0,返回 1;若 i 等于 0,返回 0;若 i 小于 0,则返回-1。

注意 每种包装类型的对象中所包装的值是不可改变的,要改变对象中的值必须重新生成新的对象。

下面程序 7-9 演示了 Integer 类常用方法的使用。

程序 7-9 IntegerDemo.java

```
package com.boda.xy;
public class IntegerDemo {
  public static void main (String[] args) {
    System.out.println(Integer.toBinaryString(13));
    System.out.println(Integer.toHexString(13));
    System.out.println(Integer.toOctalString(13));
    System.out.println(Integer.toBinaryString(Integer.reverse(13)));
    System.out.println(Integer.highestOneBit(13));
    System.out.println(Integer.lowestOneBit(13));
  }
}
```

运行结果如图 7-12 所示。

每个数值包装类都定义了 byteValue()、shortValue()、intValue()、longValue()、floatValue()和 doubleValue()方法,这些方法返回包装对象的基本类型值。

```
System.out.println(Double.valueOf(12.4).intValue());        // 输出:12
System.out.println(Integer.valueOf(12).doubleValue());      // 输出:12.0
```

每个数值包装类都定义了 SIZE、BYTES、MAX_VALUE、MIN_VALUE 常量。SIZE 表示每种类型的数据所占的位数,BYTES 表示数据所占的字节数。MAX_VALUE 表示对

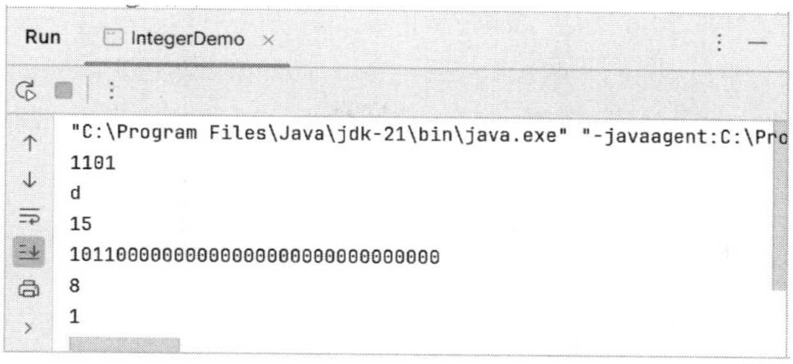

图 7-12 程序 7-9 的运行结果

应基本类型数据的最大值。对于 Byte、Short、Integer 和 Long 来说，MIN_VALUE 表示 byte、short、int 和 long 类型的最小值。对 Float 和 Double 来说，MIN_VALUE 表示 float 和 double 型的最小正值。

除了上面的常量外，在 Float 和 Double 类中还分别定义了 POSITIVE_INFINITY、NEGATIVE_INFINITY、NaN(not a number)，它们分别表示正、负无穷大和非数值。请看下面代码：

```
var d = 5.0 / 0.0;                              // d的结果是 Infinity, 表示正无穷大
System.out.println(d == Double.POSITIVE_INFINITY);   // 输出:true
System.out.println(-5.0 / 0.0);                 // 输出:-Infinity, 表示负无穷大
System.out.println(0.0 / 0.0);                  // 输出:NaN, 表示不是一个数(Not a Number)
```

使用整型包装类的方法还支持无符号数学计算。例如，byte 类型值可以表示 −128～127 的有符号数，使用 Byte 类的静态 toUnsignedInt() 方法可以把一个 byte 型数转换成范围为 0～255 的整数。Short 类也定义了 toUnsignedInt() 方法把 short 类型值转换成无符号整数。Integer 类还定义了 toUnsignedString() 方法把 int 值转换成字符串。

7.5.4 自动装箱与自动拆箱

为方便基本类型和包装类型之间的转换，Java 5 版提供了一种新的功能，称为自动装箱和自动拆箱。**自动装箱**(autoboxing)是指基本类型的数据可以自动转换为包装类的实例，**自动拆箱**(unboxing)是指包装类的实例自动转换为基本类型的数据。例如，下面表达式就是自动装箱：

```
Integer value = 300;     // 自动装箱
```

该赋值语句将基本类型数据 300 自动转换为包装类型，然后赋值给包装类的变量 value。下面的语句是自动拆箱：

```
int x = value;           // 自动拆箱
```

它把 Integer 类型的变量 value 中的数值 300 解析出来，然后赋值给基本类型的整型变量 x。

自动装箱和自动拆箱在很多上下文环境中都是自动应用的。除了上面的赋值语句外，在方法参数传递中也适用。例如，当方法需要一个包装类对象(如 Character)时，可以传递

给它一个基本数据类型(如 char),传递的基本类型将自动转换为包装类型。

这里需要注意,这种自动转换不是在任何情况下都能进行的。例如,对于基本类型的变量 x,表达式 x.toString()就不能通过编译,但可以通过先对其进行强制转换来解决这个问题。下面代码将 x 强制转换为 Object 类型,然后再调用其 toString()方法。

```
((Object)x).toString()
```

由于包装类的对象是不可变的,并且两个具有相同值的对象引用可能是不同的,因此,在 Java 语言中存在这样一个事实:对于某些类型来说,对相同值的装箱转换总是产生相同的值,这些类型包括 boolean、byte、char、short 和 int 类型,例如,假设有下面的方法:

```
static boolean isSame(Integer a, Integer b){
    return a == b;
}
```

对于下面的调用将返回 true:

```
isSame(30, 30);
```

而对于下面的调用将返回 false:

```
isSame(30, new Integer(30));
```

因为 30 转换的包装类对象与包装类对象 Integer(30)是不同的对象。注意,对于-128~127(byte 类型)的数在装箱时都只生成一个实例,其他整数在装箱时生成不同的实例,因此调用 isSame(129,129)的结果为 false。

从上述程序可以看到,自动装箱与自动拆箱大大方便了程序员编程,避免了基本类型和包装类型之间的来回转换。

7.5.5 字符串与基本类型转换

将字符串转换为基本数据类型,可通过包装类的 parseXxx()静态方法实现,这些方法定义在各自的包装类型中。例如,在 Integer 类中定义了 parseInt()静态方法,该方法将字符串 s 转换为 int 型数,如下所示:

```
public static int parseInt(String s)
```

如果 s 不能正确转换成整数,抛出 NumberFormatException 异常。例如,将字符串"314"转换成 int 型值,可用下列代码:

```
var d = Integer.parseInt(c);
```

其他包装类中定义的相应方法如下所示:
- public static byte parseByte(String str):将字符串参数 str 转换为 byte 类型值。
- public static short parseShort(String str):将字符串参数 str 转换为 short 类型值。
- public static int parseInt(String str):将字符串参数 str 转换为 int 类型值。

- public static long parseLong(String str)：将字符串参数 str 转换为 long 类型值。
- public static float parseFloat(String str)：将字符串参数 str 转换为 float 类型值。
- public static double parseDouble(String str)：将字符串参数 str 转换为 double 类型值。
- public static boolean parseBoolean(String str)：将字符串参数 str 转换为 boolean 类型值。

仅包含一个字符的字符串转换成字符型数据，可用下列方法得到：

```
var str = "A";
var c = str.charAt(0);    // 返回字符串的第一个字符
```

若要将基本类型的值转换为字符串，可以使用 String 类中定义的 valueOf() 静态方法，下面方法将 double 型数转换为 String。

- public static String valueOf(double d)：将参数的基本类型 double 值转换为字符串。String 类中还定义了多个重载的 valueOf() 方法。

例如，下面代码将 double 值 3.14159 转换为字符串。

```
var d = 3.14159;
var s = String.valueOf(d);    // 将 double 值转换为字符串
```

注意　将字符串转换为基本数据类型，字符串的格式必须与要转换的数据格式匹配，否则产生 NumberFormatException 异常。

7.6　案例学习——一个整数栈的实现

扫一扫

视频讲解

1. 问题描述

栈(stack)是一种**后进先出**(Last In First Out，LIFO)的数据结构，在计算机领域应用广泛。例如，编译器就使用栈来处理方法调用。当一个方法被调用时，方法的参数和局部变量被推入栈中，当方法又调用另一个方法时，新方法的参数和局部变量也被推入栈中。当方法执行完返回调用者时，该方法的参数和局部变量从栈中弹出，释放其所占空间。

本案例要求定义一个类模拟栈结构。为简单起见，设栈中存放 Integer 类型值，用数组存储栈元素。为栈类定义默认构造方法和带参数构造方法。定义栈的操作方法，包括入栈方法 push()、出栈方法 pop()、返回栈顶元素方法 peek()、判空方法 empty() 以及返回栈大小的方法 geiSize()。

2. 设计思路

根据问题描述，本案例的设计思路如下：

(1) 用数组实现栈的功能，栈元素存放在 elements 数组元素中。数组下标为 0 的元素作为栈底，即第一个元素保存为下标为 0 的元素，添加下一个元素时，保存在下标为 1 的元素中。栈顶元素是下标为 size−1 的元素。

(2) 当创建栈对象时将同时创建一个数组对象。使用默认构造方法创建的栈包含 10

个元素，也可以使用带参数构造方法指定数组初始大小。变量 size 用来记录栈中元素的个数，下标为 size－1 的元素为栈顶元素。如果栈空，size 值为 0。

（3）实现栈的常用方法，其中包括 push()将一个整数存入栈中；pop()方法元素出栈方法；peek()方法返回栈顶元素但不出栈；empty()方法返回栈是否为空；getSize()方法返回栈中元素个数。

3．代码实现

整型栈类的代码如程序 7-10 所示。

程序 7-10　IntStack.java

```java
package com.boda.xy;
import java.util.NoSuchElementException;
public class IntStack{
    private Integer[] elements;                    // 用数组存放栈的元素
    private int size = 0;
    public static final int DEFAULT_CAPACITY = 10;
    // 构造方法定义
    public IntStack(){
        this(DEFAULT_CAPACITY);
    }
    public IntStack(int capacity){
        elements = new Integer[capacity];
    }
    //进栈方法
    public void push(Integer value){
        if(size >= elements.length){
            // 创建一个长度是原数组长度 2 倍的数组
            Integer[] temp = new Integer[elements.length * 2];
            // 将原来数组元素复制到新数组中
            System.arraycopy(elements,0,temp,0,elements.length);
            elements = temp;
        }
        elements[size++] = value;
    }
    //出栈方法
    public Integer pop(){
        if (isEmpty()) {
            throw new NoSuchElementException();    // 抛出异常
        }else {
            return elements[--size];
        }
    }
    //返回栈顶元素方法
    public Integer peek(){
        if (isEmpty()) {
            throw new NoSuchElementException ();   // 抛出异常
        }else {
            return elements[size - 1];
        }
    }
    //判空方法
    public boolean isEmpty(){
```

```
        return size == 0;
    }
    public int getSize(){
        return size;
    }
}
```

程序 7-11 对 IntStack 栈类进行测试。

程序 7-11　IntStackDemo.java

```
package com.boda.xy;
import java.util.Random;
public class IntStackDemo{
    public static void main(String[] args){
        var stack = new IntStack();
        var rand = new Random();
        //向栈中存入 11 个随机生成的整数
        for(int i = 0; i <= 10; i++){
            var n = Integer.valueOf(rand.nextInt(100));
            System.out.print(n + " ");
            stack.push(n);
        }
        System.out.println();
        //弹出栈中的所有元素
        System.out.println("栈大小为:" + stack.getSize());
        while(!stack.isEmpty()){
            System.out.print(stack.pop() + " ");
        }
    }
}
```

4. 运行结果

运行程序的结果如图 7-13 所示。其中第 1 行输出为整数的入栈顺序,第 3 行输出为出栈顺序。可见,出栈顺序与入栈顺序相反,即后进先出。

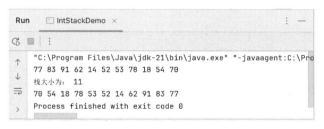

图 7-13　程序 7-11 的运行结果

多学一招

实现 IntStack 类使用的是 Integer 数组,如果要实现元素是 Double 型的栈怎么办呢? 我们是否还应该创建 DoubleStack 类呢? 实际上,我们可以定义栈的元素类型为 Object 类型,这样栈就可以存放任何类型元素。我们还可以使用泛型定义栈。实际上,Java 集合框架就提供了一个 java.util.Stack 泛型栈类。

扫一扫

视频讲解

7.7 Math 类

java.lang.Math 类定义了一些方法完成基本算术运算,如指数函数、对数函数、平方根函数以及三角函数等。Math 类是 final 类,因此不能被继承。它的构造方法是 private 的,因此不能实例化。Math 类中定义的两个常量 PI 和 E 以及所有的方法都是 static 的,因此仅能通过类名访问。Math 类的常用方法如表 7-4 所示。

表 7-4 Math 类的常用方法

方 法	说 明
static double sin(double x)	返回角度 x 的正弦值,x 的单位为弧度
static double cos(double x)	返回角度 x 的余弦值,x 的单位为弧度
static double tan(double x)	返回角度 x 的正切值,x 的单位为弧度
static double asin(double x)	返回角度 x 的反正弦,x 的单位为弧度
static double acos(double x)	返回角度 x 的反余弦,x 的单位为弧度
static double abs(double x)	返回 x 的绝对值,该方法另有 3 个重载的版本
static double exp(double x)	返回 e 的 x 次方的值
static double log(double x)	返回以 e 为底的自然对数的值
static double sqrt(double x)	返回 x 的平方根
static double pow(double x, double y)	返回 x 的 y 次方的值
static double max(double x, double y)	返回 x、y 的最大值和最小值,另有参数为 float、long 和 int 的重载版本
static double min(double x, double y)	
static double random()	返回 0.0~1.0 的随机数(包含 0.0 但不包含 1.0)
static double ceil(double x)	返回大于或等于 x 的最小整数
static double floor(double x)	返回小于或等于 x 的最大整数
static double rint(double x)	返回与 x 最接近的整数,如果 x 到两个整数的距离相等,返回其中的偶数
static int round(float x)	返回(int)Math.floor(x+0.5)
static long round(double x)	返回(long)Math.floor(x+0.5)
static double toDegrees(double angrad)	将弧度转换为角度
static double toRadians(double angrad)	将角度转换为弧度

Math 类中的 random()方法用来生成大于或等于 0.0 且小于 1.0 的 double 型随机数(0<=Math.random()<1.0)。该方法十分有用,可以用来生成任意范围的随机数,如下所示:

```
(int)(Math.random() * 10)           // 返回 0~9 的随机整数
50  + (int)(Math.random() * 51)     // 返回 50~100 的随机整数
```

一般地,a + (int)(Math.random() * (b+1)) 返回 a 到 a+b 之间的随机数,包括 a+b。

编写程序,随机生成 100 个小写字母。由于小写字母的 ASCII 码值在 97('a')和 122('z')之间,因此本题只需随机产生 100 个 97~122 的整数,然后把它们转换成字符即可,如程序 7-2 所示。

程序 7-12　RandomCharacter.java

```java
package com.boda.xy;
public class RandomCharacter {
  public static char getLetter(){
    return (char)(97 + Math.random() * (26));
  }
  public static void main (String[] args) {
    for(var i = 1 ;i <= 100 ; i ++){
      System.out.print(getLetter() + " ");
      if( i % 20 == 0)      // 每输出20个字母换行
        System.out.println();
    }
  }
}
```

程序某次的运行结果如图 7-14 所示。

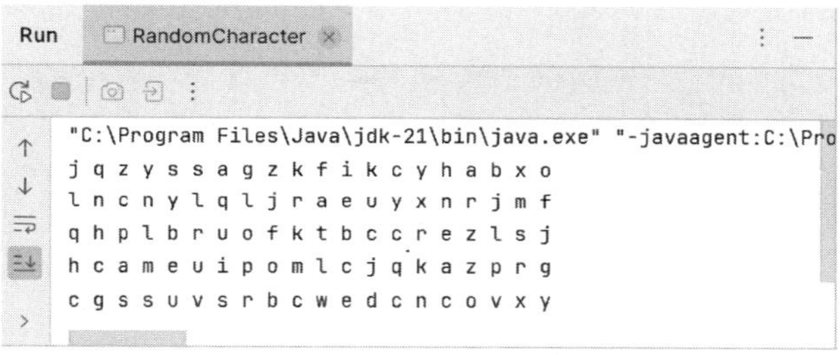

图 7-14　程序 7-12 的运行结果

7.8　BigInteger 类和 BigDecimal 类

视频讲解

如果在计算中需要非常大的整数或非常高精度的浮点数，可以使用 java.math 包中定义的 BigInteger 类和 BigDecimal 类。这两个类都扩展了 Number 类并实现了 Comparable 接口，它们的实例都是不可变的。

BigInteger 的实例可以表示任何大小的整数。使用 BigInteger 类构造方法可以创建大整数对象。

- public BigInteger(byte [] value)：用字节数组 value 的二进制位构成的整数创建 BigInteger 对象。
- public BigInteger(String value)：用包含数字的字符串参数 value 创建 BigInteger。

BigInteger 类定义了 ZERO、ONE、TWO 和 TEN 几个常量，它们分别表示 0、1、2 和 10。该类定义的常用方法如下所示：

- public BigInteger add(Integer val)：返回当前对象与参数对象的和。
- public BigInteger subtract(Integer val)：返回当前对象与参数对象的差。
- public BigInteger multiply(Integer val)：返回当前对象与参数对象的积。
- public BigInteger divide(Integer val)：返回当前对象与参数对象的商。
- public BigInteger and(Integer val)：返回当前对象与参数对象逻辑与运算的结果。

- public BigInteger or(Integer val)：返回当前对象与参数对象逻辑或运算的结果。
- public BigInteger not()：返回当前对象按位取非运算的结果。
- public BigInteger gcd(Integer val)：返回当前对象与参数对象的最大公约数。
- public BigInteger mod(Integer val)：返回当前对象除以参数对象的余数。
- public BigInteger pow(int exponent)：返回当前对象的 exponent 次方的数。

BigDecimal 的实例可以表示任何大小的浮点数。使用 BigDecimal 类构造方法可以创建 BigDecimal 实例，常用构造方法如下：

- public BigDecimal(char[] in)：使用字符数组创建 BigDecimal 对象。
- public BigDecimal(double val)：使用参数 val 值创建 BigDecimal 对象。
- public BigDecimal(String val)：使用字符串创建 BigDecimal 对象。

BigDecimal 类中定义了与 BigInteger 类类似的方法，如 add()、subtract()、multiply()、divide() 以及 remainder() 等方法执行算术运算，还可以使用 compareTo() 方法比较它们的大小。下面代码创建了两个 BigInteger 实例，然后计算它们相乘的结果。

```java
var a = new BigInteger("9223372036854775807");   // long 型最大值
var b = new BigInteger("2");
var c = a.multiply(b);
System.out.println(c);                            // 输出:18446744073709551614
```

下面程序 7-13 计算了整数 50 的阶乘。

程序 7-13 LargeFactorial.java

```java
package com.boda.xy;
import java.math.*;
public class LargeFactorial{
  public static BigInteger factorial(long n){
    var result = BigInteger.ONE;      // BigInteger.ONE 常量,表示 1
    for (long i = 1; i <= n; i++){
      result = result.multiply(new BigInteger(i + ""));
    }
    return result;
  }
  public static void main(String[]args){
     System.out.println("50! is \n" + factorial(50));
  }
}
```

运行结果如图 7-15 所示。

图 7-15 程序 7-13 的运行结果

对 BigDecimal 对象，其精度没有限制。使用 divide() 方法时，如果运算不能终止，将抛出 ArithmeticException 异常。但是，可以使用重载的 divide(Bigdecimal d, int scale, int

RoundingMode rm)方法来指定精度和圆整模式以避免异常,这里,scale 为小数点后的最小的位数。下面代码创建两个 BigDecimal 对象,然后执行除法运算,保留 20 位小数,圆整模式为 RoundingMode.HALF_UP。

```
var a = new BigDecimal(10.0);
var b = new BigDecimal(6.0);
var c = a.divide(b, 20, RoundingMode.HALF_UP);
System.out.println(c);        // 输出:1.66666666666666666667
```

调用 BigDecimal 的 valueOf(n,e) 返回 BigDecimal 实例,其值为 $n \times 10^{-e}$。下面表达式输出精确结果 0.9。

```
var a = BigDecimal.valueOf(2,0);
var b = BigDecimal.valueOf(11,1);
System.out.println(a.subtract(b));    // 输出:0.9
```

也可以使用字符串构造函数创建 BigDecimal 实例。

7.9 日期-时间 API

扫一扫

视频讲解

时间是自然界无处不在的客观属性。在自然界中,时间每时每刻都存在、连续发生一去不复返。为了方便在计算机中表示时间,人们使用时间轴表示时间点,时间点是时间轴上离散的点,相邻时间点之间的距离等于一个最小不可分割的时间单位。

从 Java SE 8 开始提供了一个新的日期-时间 API,它们定义在 java.time 包中。常用的类包括 LocalDate、LocalTime、LocalDateTime、YearMonth、MonthDay、Year、Instant、Duration 及 Period 等类。

7.9.1 LocalDate 类

LocalDate 对象用来表示带年月日的日期,它不带时间信息。使用 LocalDate 对象可以记录重要的事件,如人的出生日期、产品的出厂日期等。可以使用下列方法创建 LocalDate 对象:

- public static LocalDate now():获得默认时区的系统时钟的当前日期。
- public static LocalDate of(int year,int month,int day):通过指定的年、月、日值获得一个 LocalDate 对象。月份的有效值为 1~12,日期的有效值为 1~31。
- public static LocalDate of(int year,Month month,int day):通过指定的年、月、日值获得一个 LocalDate 对象。这里的月份使用 Month 枚举常量。如果指定的值非法,将抛出 java.time.DateTimeException 异常。

日期-时间 API 中大多数类创建的对象都是不可变的,即对象一经创建就不能改变,这些对象也是线程安全的。创建日期-时间对象使用工厂方法而不是构造方法,如 now()方法、of()方法、from()方法、with()方法等,这些类也没有修改方法。表 7-5 给出了 LocalDate 类的常用方法。

表 7-5　LocalDate 类的常用方法

方　　法	说　　明
now、of、parse	这些静态方法可以根据当前日期或指定的年、月、日构造 LocalDate 对象
plusDays、plusWeeks、plusMonths、plusYears	给当前的 LocalDate 对象增加几天、几周、几个月或几年
minusDays、minusWeeks、minusMonths、minusYears	给当前的 LocalDate 对象减少几天、几周、几个月或几年
plus、minus	给当前的 LocalDate 对象增加或减少一个 Duration 或 Period
withDayOfMonth、withDayOfYear、withMonth、withYear	将月的第几天、年的第几天作为新 LocalDate 对象返回或者将月份或年修改为指定值并返回一个新的 LocalDate 对象
getDayOfWeek	返回星期几，返回值是 DayOfWeek 的一个枚举值
getDayOfMonth	返回月份中的第几天(1～31)
getDayOfYear	返回年份中的第几天(1～366)
getMonth、getMonthValue	返回 Month 的枚举值或者月份的数字值(1～12)
getYear	返回年份值(−999 999 999～999 999 999)
until	得到两个日期之间的 Period 对象或指定 ChronoUnits 的数字
isBefore、isAfter	将当前 LocalDate 对象和另外 LocalDate 对象比较
isLeapYear	返回 LocalDate 对象是否是闰年，如果是，返回 true。即年份能被 4 整除但不能被 100 整除或者能被 400 整除
lengthOfMonth、lengthOfYear	返回 LocalDate 对象月的天数和年的天数

下面语句创建了两个 LocalDate 实例：

```
var today = LocalDate.now();
var birthDay = LocalDate.of(2002, Month.OCTOBER, 20);
```

下面代码使用 plusYears 和 plusDays()方法创建了 LocalDate 实例：

```
var newBirthday = birthDay.plusYears(18);
var pday = LocalDate.of(2020,1,1).plusDays(255);     // 2020 年的程序员日
```

LocalDate 类提供了一些访问方法获取日期的有关信息，如 getDayOfWeek()方法可以获得日期中的星期，下列代码返回"SUNDAY"。

```
var dofw = LocalDate.of(2018, Month.SEPTEMBER, 2).getDayOfWeek();
```

下面程序 7-14 演示了 LocalDate 类的使用。

程序 7-14　DateDemo.java

```
package com.boda.xy;
import java.time.LocalDate;
import java.time.Month;
public class DateDemo {
    public static void main(String[] args) {
        var today = LocalDate.now();
        System.out.println("今天的日期是:" + today);
        System.out.println("年:" + today.getYear());
```

```
        System.out.println("月:" + today.getMonthValue());
        System.out.println("日:" + today.getDayOfMonth());
        System.out.println("星期:" + today.getDayOfWeek());

        var birthday = LocalDate.of(2010, Month.OCTOBER, 20);
        System.out.println("我的出生日期是:" + birthday);
        System.out.println(birthday.getYear() + "年"
                + (birthday.isLeapYear()?"是闰年":"不是闰年"));
    }
}
```

运行结果如图 7-16 所示。

图 7-16　程序 7-14 的运行结果

7.9.2　LocalTime 类

LocalTime 对象表示本地时间,包含时、分和秒,它是不可变对象,最小精度是纳秒。例如,时间"13:45:30.123456789"可以用 LocalTime 对象存储。时间对象中不包含日期和时区。可以使用下面方法创建 LocalTime 对象：

- public static LocalTime now()：获得默认时区系统时钟的当前时间。
- public static LocalTime now(ZoneId zone)：获得指定时区系统时钟的当前时间。
- public static LocalTime of(int hour, int minute, int second)：根据给定的时、分、秒创建一个 LocalTime 实例。
- public static LocalTime of(int hour, int minute, int second, int nanoOfSecond)：根据给定的时、分、秒和纳秒创建一个 LocalTime 实例。

表 7-6 给出了 LocalTime 类的常用方法。

表 7-6　LocalTime 类的常用方法

方　　法	说　　明
now、of、parse	这些静态方法可以根据当前时间或指定的小时、分钟、可选的秒、纳秒构造 LocalTime 对象
plusHours、plusMinutes、plusSeconds、plusNanos	给当前的 LocalTime 对象增加几小时、几分钟、几秒或几纳秒
minusHours、minusMinutes、minusSeconds、minusNanos	给当前的 LocalTime 对象减少几小时、几分钟、几秒或几纳秒

方 法	说 明
plus、minus	给当前的 LocalTime 对象增加或减少一个 Duration
withHour、withMinute、withSecond、withNano	将小时、分钟、秒或纳秒修改为指定值，并返回一个新的 LocalTime 对象
getHour、getMinute、getSecond、getNano	获得当前 LocalTime 对象的小时、分钟、秒或纳秒
toSecondOfDay、toNanoOfDay	返回午夜到当前 LocalTime 之间相隔的秒数或纳秒数
isBefore、isAfter	比较两个 LocalTime 的前后

下面代码创建了两个 LocalTime 对象：

```
var rightNow = LocalTime.now();
var bedTime = LocalTime.of(22, 30);      // 或者 LocalTime.of(22, 30, 0)
```

LocalTime 类 now()方法创建的对象默认带纳秒时间，也可以用 truncatedTo()方法将其截短，不保留纳秒，如下所示：

```
var time = LocalTime.now();
var truncatedTime = time.truncatedTo(ChronoUnit.SECONDS);
```

7.9.3　LocalDateTime 类

LocalDateTime 类用来处理日期和时间，该类对象实际是 LocalDate 和 LocalTime 对象的组合，用来表示一个特定事件的开始时间等，如北京奥林匹克运动会的开幕时间是 2008 年 8 月 8 日下午 8 点。

除了 now()方法外，LocalDateTime 类还提供了 of()方法创建对象，如下所示：

- public static LocalDateTime now()：获得默认时区的系统时钟的当前日期和时间对象。
- public static LocalDateTime of(int year, int month, int dayOfMonth, int hour, int minute)：通过指定的年月日和时分获得日期时间对象，秒和纳秒设置为 0。
- public static LocalDateTime of(int year, int month, int dayOfMonth, int hour, int minute, int second)：通过指定的年月日和时分秒获得日期时间对象。
- public static LocalDateTime now(ZoneId zone)：获得指定时区的系统时钟的当前日期和时间对象。

LocalDateTime 类定义了 from()方法可从另一种时态格式转换成 LocalDateTime 实例，也定义了在 LocalDateTime 实例上加、减小时、分钟、周和月等，下面代码演示了几个方法的使用。

下面程序 7-15 使用 LocalDateTime 类返回日期时间。

程序 7-15　DateTimeDemo.java

```
package com.boda.xy;
import java.time.Instant;
import java.time.LocalDateTime;
```

```
import java.time.Month;
import java.time.ZoneId;
public class DateTimeDemo {
  public static void main(String[] args) {
    System.out.printf("现在时间: %s%n", LocalDateTime.now());
    System.out.printf("2024 年 10 月 6 日 11:30am: %s%n",
            LocalDateTime.of(2024, Month.OCTOBER, 6, 11, 30));
    // 从当前时刻获得当前日期时间
    System.out.printf("现在时刻: %s%n",
        LocalDateTime.ofInstant(Instant.now(), ZoneId.systemDefault()));
    // 当前时间的 6 个月之后和 6 个月之前的时间
    System.out.printf("6 个月之后时间: %s%n",
            LocalDateTime.now().plusMonths(6));
    System.out.printf("6 个月之前时间: %s%n",
            LocalDateTime.now().minusMonths(6));
  }
}
```

运行结果如图 7-17 所示。

图 7-17　程序 7-15 的运行结果

提示　Java 还提供了 ZonedDateTime 表示更复杂的带时区时间，有关时区和时间偏移的类还有 ZonedId、OffsetDateTime 和 OffsetTime 等，这些对象都带有时区信息。

7.9.4　Instant 类、Duration 类和 Period 类

Instant 类表示时间轴上的一个点。Duration 类和 Period 类都表示一段时间，前者是基于时间的（秒、纳秒），后者是基于日期的（年、月、日）。

1. Instant 类

时间轴上的原点是格林尼治时间 1970 年 1 月 1 日 0 点（1970-01-01T00：00：00Z）。从那一时刻开始时间按照每天 86 400 秒精确计算，向前向后都以纳秒计算。Instant 值可以追溯到 10 亿年前（Instant.MIN），最大值 Instant.MAX 是 1 000 000 000 年 12 月 31 日。

静态方法 Instant.now()返回当前的瞬间时间点。Instant 类定义了一些实例方法，如加减时间。Instant 类还定义了 isAfter()、isBefore()方法比较两个 Instant 实例。

下面程序 7-16 使用 Instant 类返回时间点。

程序 7-16　InstantDemo.java

```
package com.boda.xy;
import java.time.Clock;
```

```java
import java.time.Instant;
public class InstantDemo {
    public static void main(String[] args) {
        var timestamp = Instant.now();
        System.out.println(timestamp);
        var oneHourLater = Instant.now().plusSeconds(60 * 60);
        System.out.println(oneHourLater);
        final Clock clock = Clock.systemUTC();        // 返回系统时钟时刻
        Instant instant = clock.instant();
        Instant now = Instant.now().plusSeconds(5);
        System.out.println(instant.isBefore(now));    // 输出:true
    }
}
```

运行结果如图 7-18 所示。

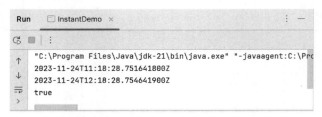

图 7-18 程序 7-16 的运行结果

2. Duration 类

Duration 对象表示基于秒、纳秒的时间段。如果创建 Duration 实例结束点在开始点之前,它的值可以为负值。

为了计算两个瞬时点的时间差,可以使用静态方法 Duration.between()。例如,下面代码计算一个算法的运行时间:

```java
var start = Instant.now();                          // 算法开始执行时刻
runAlgorithm();                                     // 执行算法代码
var end = Instant.now();                            // 算法执行结束时刻
var timeElapsed = Duration.between(start, end);
var millis = timeElapsed.toMillis();                // 得到算法执行的毫秒数
```

下面代码在 Instant 对象上加 10 秒:

```java
var start = Instant.now();
var gap = Duration.ofSeconds(10);
var later = start.plus(gap);
```

一个 Duration 就是两个瞬时点之间的时间量,可以调用 toNanos()、toMillis()、toSeconds()、toMinutes()、toHours()以及 toDays()将 Duration 转换为常用的时间单位。

3. Period 类

Period 类表示基于日期的(年、月、日)一段时间,该类提供了 getDays()、getMonths()、getYears()等方法从 Period 中抽取一段时间。整个时间段用年、月、日表示,如果要用单一的时间单位表示,可以使用 ChronoUnit.between()方法。

编写程序,计算人的年龄和出生天数,假设出生日期为 2002 年 12 月 19 日。代码如程序 7-17 所示。

程序 7-17 YearOfBirthDemo.java

```java
package com.boda.xy;
import java.time.LocalDate;
import java.time.Month;
import java.time.Period;
import java.time.temporal.ChronoUnit;
public class YearOfBirthDemo {
    public static void main(String[] args) {
        var today = LocalDate.now();
        var birthday = LocalDate.of(2002, Month.DECEMBER, 19);
        var p = Period.between(birthday, today);
        // 计算两个日期之间相差的天数
        long days = ChronoUnit.DAYS.between(birthday, today);
        System.out.println("你已出生:" + p.getYears() + " 年 , "
                + p.getMonths() + "个月," + p.getDays() + "天 ");
        System.out.println("你出生的天数:" + days );
    }
}
```

运行结果如图 7-19 所示。

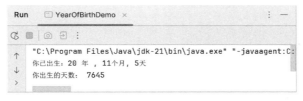

图 7-19　程序 7-17 的运行结果

7.9.5　日期时间解析和格式化

日期-时间 API 提供了 parse()方法将字符串解析成包含日期和时间的信息,还提供了 format()方法将时态数据格式化成字符串。

1．时态数据解析

LocalDate 类的带一个参数的 parse(CharSequence)方法使用 ISO_LOCAL_DATE 格式化器将一个字符串(如"2015-07-09")解析成日期数据。若需要指定不同的格式化器,可使用带两个参数的 parse(CharSequence，DateTimeFormatter)方法。若字符串不能解析成对应的日期-时间数据,则抛出 java.time.format.DateTimeParseException 异常。

下面代码使用 ISO_LOCAL_DATE 格式化器将"2018-07-09"解析成日期 2018 年 7 月 9 日:

```java
var in = "2018-07-09";
var date = LocalDate.parse(in);
```

可以使用预定义的格式化器，将它传递给 parse() 方法解析日期数据。下面代码使用预定义的 BASIC_ISO_DATE 格式化器将"20180709"解析成 2018 年 7 月 9 日。格式化器类是 java.time.format.DataTimeFormatter。

```java
var in = "20180709";
var date = LocalDate.parse(in, DateTimeFormatter.BASIC_ISO_DATE);
```

也可以通过指定的模式定义格式化器。下面代码使用模式"yyyy-MM-dd"创建了一个格式化器，该格式用 4 位数字表示年，2 位数字表示月，2 位数字表示日期。用该模式创建的格式化器可以识别"2018-08-31"字符串。

```java
var text = "2018-08-31";
try {
    var formatter = DateTimeFormatter.ofPattern("yyyy-MM-dd");
    var date = LocalDate.parse(text, formatter);
    System.out.printf("%s%n", date);
}catch (DateTimeParseException exc) {
    System.out.printf("%s 不能被解析！%n", text);
    throw exc;            // 再抛出异常
}
```

从 Java API 文档中可以找到 DateTimeFormatter 类的完整模式符号列表。也可以使用 LocalTime 类的 parse() 方法将表示时间的字符串（如"10:15:30"）解析成 LocalTime 对象。

2．时态数据格式化

使用 format(DateTimeFormatter) 方法指定的格式可以将时态对象表示成字符串。下面代码使用"yyyy-MM-dd"格式将当前的日期格式化成字符串：

```java
var date = LocalDate.now();
var formatter = DateTimeFormatter.ofPattern("yyyy-MM-dd");
var text = date.format(formatter);
System.out.printf("%s%n",text);
```

下面程序 7-18 使用"MMM d yyy hh:mm a"格式将 LocalDateTime 实例转换为字符串，该格式中包含了月、日、年、小时、分钟和上下午信息（a 表示上午）。

程序 7-18 DateFormatDemo.java

```java
package com.boda.xy;
import java.time.DateTimeException;
import java.time.LocalDateTime;
import java.time.Month;
import java.time.ZoneId;
import java.time.format.DateTimeFormatter;
public class DateFormatDemo {
    public static void main(String[] args) {
        var leavingZone = ZoneId.of("America/Los_Angeles");;
        var departure = LocalDateTime.of(2022,Month.JULY,20,19,30);
        var arrvingZone = ZoneId.of("Asia/Shanghai");
        var arrive = LocalDateTime.of(2022,Month.JULY,21,22,20);
        // 将本地日期时间格式化
```

```
        try {
            var format =
                    DateTimeFormatter.ofPattern("MMM d yyyy   hh:mm a");
            String out = departure.format(format);
            System.out.printf("出发日期：%s (%s)%n", out, leavingZone);
            out = arrive.format(format);
            System.out.printf("到达日期：%s (%s)%n", out, arrvingZone);
        }catch (DateTimeException exc) {
            System.out.printf("%s can't be formatted!%n", departure);
            throw exc;
        }
    }
}
```

运行结果如图 7-20 所示。

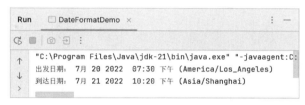

图 7-20　程序 7-18 的运行结果

7.10　案例学习——打印输出月历

扫一扫

视频讲解

1．问题描述

打印输出月历是编程经常实现的功能，Java 语言也有多种方法打印月历。本案例要求用户从键盘输入年份和月份（如 2024 2），程序在控制台输出该年的这个月的月历。

2．设计思路

使用 LocalDate 类打印输出月历的基本思路如下。

（1）根据用户输入的年份和月份，可以创建该月的第一天的 LocalDate 对象，代码如下：

```
var dates = LocalDate.of(year,month,1);
```

（2）根据该月的第一天日期可以返回当月的天数 dayOfMonth 和第一天是星期几 dayOfWeek，返回 1 是周一，返回 7 是周日，代码如下：

```
var daysOfMonth = dates.lengthOfMonth();
var dayOfWeek = dates.getDayOfWeek().getValue();
```

（3）有了上面两个值，就可以打印月历。如果 dayOfWeek 值不是 1（星期一），则要输出前导空格，否则不输出空格。然后使用下面代码输出该月的每天日期：

```
for(var i = 1; i <= daysOfMonth;i++){
    System.out.printf("%4d",i);
```

```
        if((dayOfWeek + i - 1) % 7 == 0)
            System.out.println();         //换行
}
```

3. 代码实现

问题的实现代码如程序 7-19 所示，程序运行首先要求用户输入年份和月份。

程序 7-19 PrintCalendar.java

```java
package com.boda.xy;
import java.util.Scanner;
import java.util.Locale;
import java.time.LocalDate;
import java.time.format.TextStyle;

public class PrintCalendar {
    public static void main(String[] args) {
        var input = new Scanner(System.in);
        System.out.print("请输入年份和月份(如 2025 1):");
        var year = input.nextInt();
        var month = input.nextInt();
        // 得到月第一天日期
        var dates = LocalDate.of(year, month, 1);
        String monthName = dates.getMonth().getDisplayName(
                    TextStyle.FULL, Locale.getDefault());
        // 返回当前月的天数
        var daysOfMonth = dates.lengthOfMonth();
        System.out.println(year + "年        " + monthName);
        System.out.println("-------------------------------");
        System.out.printf("%4s%3s%4s%3s%4s%3s%4s%n",
                "一","二","三","四","五","六","日");
        // 返回 1 月 1 日是周几,返回 1 是周一,返回 7 是周日
        var dayOfWeek = dates.getDayOfWeek().getValue();
        // 输出前导空格,如果是周一(dayOfWeek 值为 1)不输出空格
        for (var i = 2; i <= dayOfWeek; i++)
            System.out.printf("%4s", " ");
        // 输出该月的日期
        for (var i = 1; i <= daysOfMonth; i++) {
            System.out.printf("%4d", i);
            if ((dayOfWeek + i - 1) % 7 == 0)
                System.out.println();          // 换行
        }
        System.out.println();
    }
}
```

4. 运行结果

程序运行要求从键盘输入年份和月份(如 2025 1),程序输出该月的月历,如图 7-21 所示。

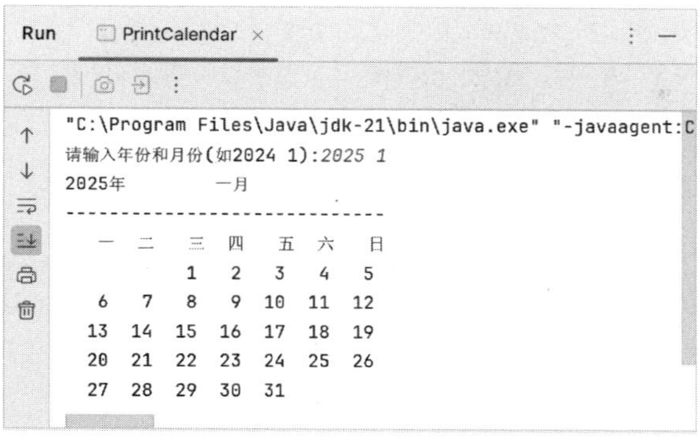

图 7-21 程序 7-19 的运行结果

7.11 本章小结

本章学习了 Java 语言的核心类库，介绍了 Java 的根类 Object 类、字符串类，包括 String 类和 StringBuilder 类，之后介绍了基本类型包装类，然后介绍了 Math 类以及 BigInteger 类和 BigDecimal 类，最后介绍了日期-时间 API 有关的类和枚举。

下一章将介绍接口和 Java 语言的其他类型，包括接口的定义和使用、枚举类型、注解类型以及各种内部类。

7.12 习题与实践

扫一扫 习题

扫一扫 自测题

7.13 上机实验

扫一扫 上机实验

第 8 章

接口与内部类

CHAPTER 8

本章知识点思维导图

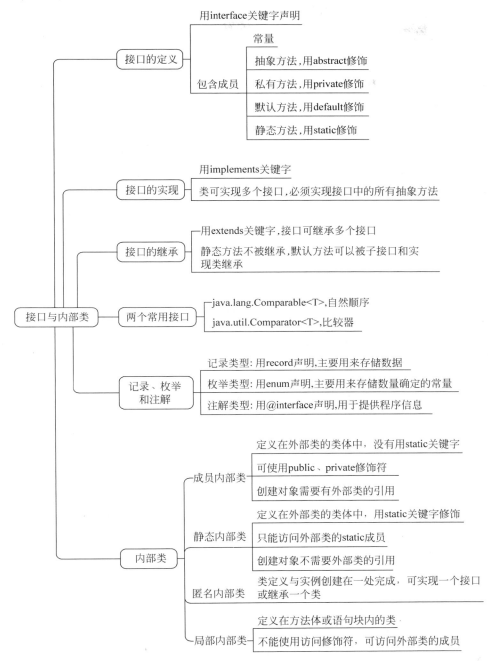

8.1 接口

Java 语言中所有的类都处于一个类层次结构中，除 Object 类以外，所有的类都只有一个直接父类，即子类与父类之间是单继承的关系，而不允许多重继承。而现实问题类之间的

扫一扫

视频讲解

继承关系往往是多继承的关系,为了实现多重继承,Java 语言通过接口使得处于不同层次、互不相关的类具有相同的行为。

8.1.1 接口的定义

接口(interface)定义了一种可以被类层次中的任何类实现的行为的协议。在 Java 8 之前,接口中只能定义常量和抽象方法,从 Java 8 开始,接口中还可以定义默认方法、静态方法和私有方法。接口主要为实现类提供一种操作契约,可以用来实现多重继承。

接口的定义与类的定义类似,包括接口声明和接口体两部分。接口声明使用 interface 关键字,格式如下:

```
[public] interface 接口名[extends 超接口]{
    // 接口体
}
```

接口名必须为合法的标识符。extends 表示该接口继承(扩展)了哪些接口,如果继承了多个接口,接口名之间用逗号分隔。如果接口使用 public 修饰,则该接口可以被所有的类使用,否则接口只能被同一个包中的类使用。

花括号内为接口体,接口体中可以定义**常量**、**抽象方法**、**默认方法**、**私有方法和静态方法**等。

下面程序 8-1 定义了一个简单的接口 Eatable(可吃的)。

程序 8-1　Eatable.java

```
package com.boda.xy;
public interface Eatable{
    public abstract String howToEat();        ←— 抽象方法
}
```

接口被看作一种特殊的类型。与常规类一样,每个接口都被编译为独立的字节码文件。使用接口有点像使用抽象类。接口可以作为引用变量的数据类型或类型转换的结果等。与抽象类一样,不能用 new 运算符创建接口的实例。

接口中的抽象方法只有声明,没有实现。抽象方法也可以省略 public、abstract 修饰符,省略修饰符编译器会自动加上。下面两行代码是等价的:

```
public abstract String howToEat();
String howToEat();
```

在 UML 中,接口的表示与类图类似,图 8-1 是 Eatable 接口的 UML 图,其中接口名上方使用<<interface>>表示接口,接口名和抽象方法名使用斜体表示。

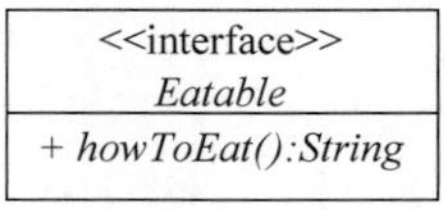

接口通常表示某种能力,因此接口名的后缀通常是 able,如 Comparable 表示可比较的、Flyable 表示能飞的、Runnable 表示可执行的。

<<interface>>
Eatable
+ *howToEat():String*

图 8-1　Eatable 接口的 UML 图

8.1.2 接口的实现

实现接口就是实现接口中定义的抽象方法,这需要在类声明中用 implements 子句来表示实现接口,一般格式如下:

```
[public] class 类名 implements 接口列表{
    // 类体定义
}
```

一个类可以实现多个接口,这需要在 implements 子句中指定要实现的接口并用逗号分隔。在这种情况下如果把接口理解成特殊的类,那么这个类利用接口实际上实现了多继承。

如果实现接口的类不是 abstract 类,则在类的定义部分必须实现接口中的所有抽象方法,即必须保证非 abstract 类中不能存在 abstract 方法。

一个类实现某接口的抽象方法时,必须使用与接口完全相同的方法签名,否则只是重载方法而不是实现已有的抽象方法。可以在实现的方法上使用@Override 注解,以保证是覆盖方法而不是方法重载。

接口方法的访问修饰符都是 public,所以类在实现方法时,必须显式使用 public 修饰符,否则编译器警告缩小了访问控制范围。

下面程序 8-2 定义 Mutton 类实现 Eatable 接口。

程序 8-2 Mutton.java

```
package com.boda.xy;
public class Mutton implements Eatable{
    @Override
    public String howToEat(){          ←── 实现接口的抽象方法
        return "烤羊肉串";
    }
}
```

由于 Mutton 类不是抽象类,它必须实现 Eatable 接口中的 howToEat()方法。为了保证实现的方法是接口中定义的方法,也应该使用@Override 注解。

8.1.3 接口的继承

一个接口可以继承一个或多个接口。与类的继承类似,子接口继承父接口中的常量、抽象方法、默认方法。定义接口的继承仍使用 extends 关键字,一般格式如下:

```
[public] interface 接口名 extends 接口列表{
    // 接口体定义
}
```

接口的继承是子接口继承父接口中的抽象方法和默认方法。与类的继承不同,一个接口可以继承多个父接口。

下面程序 8-3 中首先定义了 AA 接口和 BB 接口,然后定义了 CC 接口继承 AA 接口和 BB 接口。

程序 8-3 CC.java

```java
package com.boda.xy;
interface AA {
    int STATUS = 100;                    // 常量声明
    public abstract void display();      // 一个抽象方法
}
interface BB {
    public abstract void show();         // 一个抽象方法
    public default void print(){         // ←— 一个默认方法,有方法体
        System.out.println("这是BB接口的默认方法");
    }
}
//接口 CC 继承了接口 AA 和接口 BB
public interface CC extends AA, BB{
    int NUM = 3;                         // 定义一个常量
}
```

在接口 CC 中,除本身定义的常量和各种方法外,它将继承所有超接口中的常量和方法,因此,在接口 CC 中包含两个常量、两个抽象方法和一个默认方法。

一个类实现接口必须实现接口中的所有抽象方法。程序 8-4 定义的 DD 类实现 CC 接口,它必须实现 CC 接口的两个抽象方法。

程序 8-4 DD.java

```java
package com.boda.xy;
public class DD implements CC{
    @Override
    public void display(){               // ←— 实现 AA 接口中的 display 方法
        System.out.println("实现AA接口的display方法");
    }
    @Override
    public  void show(){                 // ←— 实现 BB 接口中的 show 方法
        System.out.println("实现BB接口的show方法");
    }
    // 测试 DD 类的使用
    public static void main(String[] args){
        DD dd = new DD();
        System.out.println(DD.STATUS);   // ←— 从 AA 接口继承来的常量
        dd.show();
        dd.print();                      // ←— 调用继承来的默认方法
        AA aa = new DD();
        aa.display();
    }
}
```

运行结果如图 8-2 所示。

上述 AA、BB、CC 接口与 DD 类之间的关系如图 8-3 所示,图中虚线表示接口实现。可以看到,**接口允许多继承**,而类的继承只能是单继承。

一个类也可以实现多个接口,下面的 AB 类实现了 AA 接口和 BB 接口。

图 8-2　程序 8-4 的运行结果

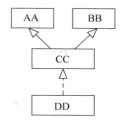

图 8-3　接口与类的层次关系

```
package com.boda.xy;
public class AB implements AA, BB{
    public void display(){          ←── 实现接口 AA 的 display 方法
        System.out.println("接口 AA 的 display 方法");
    }

    public  void show(){            ←── 实现接口 BB 中的 show 方法
        System.out.println("接口 BB 的 show 方法");
    }
}
```

一个类实现多个接口就要实现每个接口中的抽象方法。接口中的常量和默认方法都被实现类继承，但接口中的静态方法不被继承。

8.1.4　接口类型的使用

接口也是一种引用类型，任何实现该接口的实例都可以存储在该接口类型的变量中。当通过接口对象调用某个方法时，Java 运行时系统确定该调用哪个类中的方法。对 8.1.3 节中定义的 AA、BB、CC 接口和 DD 类，下面代码是合法的：

```
AA aa = new DD();        // 向上自动类型转换
BB bb = new DD();
CC cc = new DD();
aa.display();            // 调用实现类的方法
bb.show();
cc.print();              // 调用继承的默认方法
```

代码的运行结果如图 8-4 所示。

图 8-4　代码的运行结果

代码中创建了 3 个 DD 类的对象，并分别赋给 AA、BB 和 CC 接口对象，在这 3 个对象上可以调用接口本身定义和继承的方法。注意调用 cc.print() 的输出，尽管 print() 方法是

BB 接口的默认方法,但在 DD 类中继承了该方法。

8.1.5 常量

定义在接口中的任何变量都自动加上 public、final、static 属性,因此它们都是常量。常量的定义可以省略修饰符,下面 3 行代码效果相同:

```
int STATUS = 100;
public int STATUS = 100;
public final static int STATUS = 100;
```

按照 Java 标识符的命名惯例,常量名都使用大写字母命名。接口中的常量应该使用接口名引用。不推荐在接口中定义常量,因为使用枚举类型描述一组常量集合比在接口中定义常量更好。关于枚举类型的定义和使用请参考 8.6 节。

由于接口可以多继承,可能会出现常量冲突问题。如果常量名不冲突,子接口可以继承父接口的常量。如果多个父接口中有同名的常量,则子接口中不能继承,但子接口可以重新定义一个同名的常量。

视频讲解

8.2 接口方法

在 Java 的早期版本中,接口的所有方法都必须是抽象的。从 Java 8 开始可以在接口中添加两种有具体实现的方法:静态方法和默认方法。在 Java 9 中,还可以定义私有(private)方法。

8.2.1 默认方法

可以给接口中的任何方法提供一个默认实现,这称为**默认方法**(default method)。默认方法需要使用 default 关键字定义。

```
public interface BB {
  public void show();              // 一个抽象方法
  public default void print(){     ←── 一个默认方法,有方法体
    System.out.println("这是 BB 接口的默认方法");
  }
}
```

默认方法需要通过引用变量调用。默认方法可以被子接口和实现类继承,但子接口中若定义相同的默认方法,父接口中的默认方法将被隐藏。

8.2.2 私有方法

在 Java 9 中,除了静态方法和默认方法外,还可以在接口中定义私有方法。私有方法使用 private 修饰,它通常实现某种行为,这些行为可以被默认方法调用。

```
public interface MyInterface {
   void normalMethod();          // 抽象方法
   private void init() {         ←— 私有方法实现某种操作
      System.out.println("完成某些初始化操作");
   }
   default void defaultMethodA(){
      init();                    ←— 在默认方法中调用私有方法
   }
   default void defaultMethodB() {
      init();                    ←— 在默认方法中调用私有方法
   }
}
```

如果使用默认方法开发 API,那么接口的私有方法可能有助于实现其部分功能。

8.2.3 静态方法

在一个类中可以定义静态方法,它被该类的所有实例共享。从 Java 8 开始,可以在接口中定义静态方法,与接口有关的静态方法都可以在接口中定义,而不再需要辅助类。定义静态方法使用 static 关键字,默认的访问修饰符是 public。

```
public interface SS {
   int STATUS = 100;
   public static void display(){    ←— 静态方法也是实现的方法
      System.out.println(STATUS);
   }
}
```

接口的静态方法使用"接口名.方法名()"的形式访问。接口的静态方法不能被子接口继承,也不能被实现类继承。静态方法在哪个接口中定义,就用哪个接口名访问。

8.2.4 关于接口与抽象类

在 Java 8 之前的时代,在抽象类和接口之间做出选择比现在容易。在那时,如果需要在扩展/实现类之间共享一些实现,就选择抽象类。否则,就使用接口。今天,也可以将实现放在接口中,因此创建抽象类的动机肯定会减少。然而,仍然有下面一些理由使用抽象类。

- 在抽象类中可以添加最终(final)方法,但在接口中不能。如果想阻止一个方法被覆盖,这一点非常重要。
- 在抽象类中可以使用字段保存对象的状态。相反,接口中的字段是 public static 的,这意味着它们的值在实现类的所有实例之间共享。
- 在抽象类中可以定义构造方法,但在接口中不能。

8.3 接口示例

Java 类库中也定义了许多接口,有些接口中没有定义任何方法,这些接口称为标识接口,如 java.lang 包中定义的 Cloneable 接口、java.io 包中的 Serializable 接口。有些接口中定义了若干方法,如 java.lang 包中的 Comparable＜T＞接口中定义了 comapreTo()方法,AutoClosable 接口中定义了 close()方法,Runnable 接口中定义了 run()方法。下面介绍两个用于对象比较的接口：Comparable＜T＞接口和 Comparator＜T＞接口。

8.3.1　Comparable＜T＞接口

我们知道,要比较两个 String 对象的大小,可以使用它的 compareTo()方法。现在假设要比较两个 Circle 对象的大小,该如何比较呢？Circle 类是用户定义的类,它无法比较大小。要想比较 Circle 对象的大小,如按面积比较,需要实现 Comparable＜T＞接口的 compareTo()方法。Comparable＜T＞接口的定义如下所示：

```
package java.lang;
public interface Comparable<T>{
    int compareTo(T other);
}
```

Comparable＜T＞是**泛型接口**(关于泛型的概念请参考第 10 章内容)。在实现该接口时,将泛型类型 T 替换成一种具体的类型。如果希望一个类的对象能够比较大小,类必须实现 Comparable＜T＞接口的 compareTo()方法。该方法实现当前对象与参数对象比较,返回一个整数值。当调用对象小于、等于、大于参数对象时,该方法分别返回负整数、0、正整数。按这种方法比较出的对象顺序称为**自然顺序**(natural order)。

下面程序 8-5 说明了如何通过实现 Comparable＜T＞接口对 Circle 类的对象根据其面积大小进行比较。

程序 8-5　Circle.java

```
package com.boda.xy;
import java.util.Arrays;
public class Circle implements Comparable<Circle>{
    private double radius;
    public Circle(){}
    public Circle(double radius){
        this.radius = radius;
    }
    public double getPerimeter(){        // 求周长方法
        return 2 * radius * Math.PI;
    }
    public double getArea(){             // 求面积方法
        return radius * radius * Math.PI;
    }
    @Override
    public int compareTo(Circle circle){
        if(getArea() > circle.getArea())
            return 1;
        else if (getArea() < circle.getArea())
            return -1;
        else
            return 0;
```

```java
    }
    public static void main(String[] args){
        Circle[] circles = new Circle[]{
            new Circle(3.4), new Circle(2.5), new Circle(5.8), };
        System.out.println(circles[0].compareTo(circles[1]));
        //对 circles 数组中 3 个 Circle 对象排序
        Arrays.sort(circles);
        for(Circle c : circles)
            System.out.printf("%6.2f%n",c.getArea());
    }
}
```

运行结果如图 8-5 所示。

图 8-5　程序 8-5 的运行结果

比较浮点数大小时,如果希望返回两个浮点数的比较结果(-1、0 或 1),应该使用 Double 类的 compare()方法。上面的 compareTo()方法可以写成如下形式:

```java
public int compareTo(Circle circle){
    return Double.compare(this.getArea(),circle.getArea());
}
```

Java API 中的许多类实现了 Comparable<T>接口,如基本数据类型包装类(Byte、Short、Integer、Long、Float、Double、Character、Boolean)、File 类、String 类、LocalDate 类、BigInteger 类和 BigDecimal 类也实现了 Comparable<T>接口,这些类的对象都可以按自然顺序排序。

下面代码比较了两个本地日期的大小:

```java
var d1 = LocalDate.now();
var d2 = LocalDate.of(1949,10,1);
System.out.println(d1.compareTo(d2));        // 输出结果是年的差值
```

上述代码输出结果是正值,表明当前日期 d1 大于 1949 年 10 月 1 日这个日期。

8.3.2　Comparator<T>接口

假设需要根据长度而不是字典顺序对字符串排序,可以使用 Arrays 类的带两个参数的 sort()方法,格式如下:

```java
public static <T> void sort(T[] a, Comparator<? super T> c)
```

第一个参数 a 是任意类型的数组,第二个参数 c 是一个实现了 java.util.Comparator 接口的实例,它称为比较器对象。Comparator<T>接口中声明了 compare()抽象方法,如下所示:

```
public interface Comparator<T> {
    int compare(T first, T second);
    // 其他静态方法和默认方法
}
```

compare()方法用来比较它的两个参数对象。当第一个参数小于、等于、大于第二个参数时,该方法分别返回负整数、0、正整数。

下面程序 8-6 按字符串的长度比较大小,长度小的排在前面。这可以定义一个比较器对象,也就是实现 Comparator<String>接口的类。

程序 8-6 LengthComparator.java

```java
package com.boda.xy;
import java.util.Arrays;
import java.util.Comparator;
public class LengthComparator implements Comparator<String>{
    @Override
    public int compare(String first, String second){
        return first.length() - second.length();
    }

    public static void main(String[]args){
        var ss = new String[]{"this", "is","a","test","string"};
        Arrays.sort(ss,new LengthComparator());      ←── 对数组 ss 按长度排序
        for(var s : ss)
            System.out.print(s + " ");
    }
}
```

有了 LengthComparator 类就可以按长度比较字符串。下面代码使用 Arrays.sort()方法对 String 数组排序。

```java
varss = new String[]{"this", "is","a","test","string"};
Arrays.sort(ss, new LengthComparator());
for(var s : ss)
    System.out.print(s + " ");
```

运行结果如图 8-6 所示。

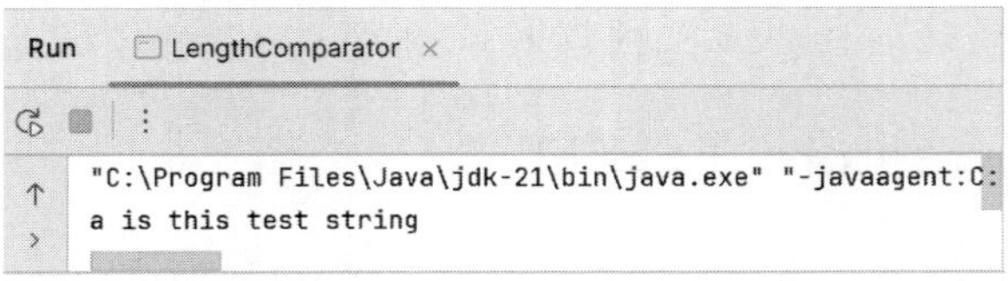

```
Run    LengthComparator ×

"C:\Program Files\Java\jdk-21\bin\java.exe" "-javaagent:C:
a is this test string
```

图 8-6 程序的运行结果

8.4 案例学习——比较员工对象大小

扫一扫

视频讲解

1. 问题描述

定义 Employee 类使其实现 Comparable<T>接口的 compareTo()方法，使它能够根据员工号（整型 id 字段值）进行比较，id 小的员工排在前面。

创建一个包含三个元素的 Employee 数组，使用 Arrays 类的 sort()方法对数组元素排序。然后输出数组元素，查看 Employee 对象是否按 id 从小到大排序。

定义一个比较器类 AgeComparator，使其实现 Comparator<T>接口的 compare()方法，在 Arrays.sort()方法中指定该比较器时要求能够根据员工的年龄（没有年龄字段，但是有出生日期字段 birthday）进行比较，年龄大的员工排在前面。

2. 设计思路

要使类对象能够比较大小有两种方式：实现 Comparable<T>接口和实现 Comparator<T>接口。

（1）要使 Employee 类能够比较大小，定义类需要实现 Comparable 接口，这样比较大小得出的顺序为自然顺序。

```
@Override
public int compareTo(Employee employee){
    if(getId() > employee.getId())
        return 1;
    else if (getId() < employee.getId())
        return -1;
    else
        return 0;
}
```

（2）类对象还可以按其他方式比较大小，这时需要定义比较器，即实现 Comparator<T>接口。下面代码按员工的出生日期升序排序：

```
@Override
public int compare(Employee first, Employee second){
    if(first.getBirthday().isBefore(second.getBirthday())) {
        return -1;
    }else if(second.getBirthday().isBefore(first.getBirthday())) {
        return 1;
    }else{
        return 0;
    }
}
```

有了比较器对象，在对象排序时将它传递给排序方法即可。

3. 代码实现

程序 8-7 定义了 Employee 类，它实现了 Comparable<T>接口的 compareTo()方法，根据 id 成员值比较大小，因此 Employee 对象可以比较大小。程序 8-8 是一个实现

Comparator＜T＞接口的类。程序 8-9 的 EmployeeTest 演示了 Employee 对象的排序。

程序 8-7　Employee.java

```java
package com.boda.xy;
import java.time.LocalDate;
public class Employee implements Comparable<Employee>{
    private int id;
    private String name;
    private LocalDate birthday;
    private double salary;

    public Employee(){
    }
    // 带 3 个参数构造方法
    public Employee (int id, String name,LocalDate birthday,double salary){
        this.id = id;
        this.name = name;
        this.birthday = birthday;
        this.salary = salary;
    }
    public int getId() {
        return id;
    }
    public void setId(int id) {
        this.id = id;
    }
    public LocalDate getBirthday() {
        return birthday;
    }
    public void setBirthday(LocalDate birthday) {
        this.birthday = birthday;
    }
    public String getName() {
      return name;
    }
    public double getSalary() {
      return salary;
    }
    @Override
    public int compareTo(Employee employee){
        if(getId() > employee.getId())
          return 1;
        else if (getId() < employee.getId())
          return -1;
        else
          return 0;
    }
}
```

程序 8-8　AgeComparator.java

```java
package com.boda.xy;
import java.util.Comparator;
public class AgeComparator implements Comparator<Employee> {
  @Override
```

```java
    public int compare(Employee first, Employee second){
      if(first.getBirthday().isBefore(second.getBirthday())) {
        return -1;
      }else if(second.getBirthday().isBefore(first.getBirthday())) {
        return 1;
      }else {
        return 0;
      }
    }
}
```

程序 8-9　EmployeeTest.java

```java
package com.boda.xy;
import java.time.LocalDate;
import java.util.Arrays;
public class EmployeeTest {
    public static void main(String[] args) {
        Employee[] empArray = new Employee[] {
            new Employee(105, "张三",LocalDate.of(1980,12, 15), 6000),
            new Employee(102, "李四",LocalDate.of(2002,8, 28), 4000),
            new Employee(108, "王五",LocalDate.of(2001,10, 10), 4800)
        };
        Arrays.sort(empArray);                           ←┤ 按自然顺序排序
        for(var emp: empArray) {
            System.out.println(emp.getId() + "  " + emp.getName() + " "
                + emp.getBirthday() + "  " + emp.getSalary() );
        }
        System.out.println();
        Arrays.sort(empArray,new AgeComparator());       ←┤ 按指定的比较器排序
        for(var emp: empArray) {
            System.out.println(emp.getId() + "  " + emp.getName() + " "
                + emp.getBirthday() + "  " + emp.getSalary() );
        }
    }
}
```

4. 运行结果

案例运行结果如图 8-7 所示。这里有三名员工，第一次输出是按员工号升序排序，第二次输出是按年龄降序（出生日期升序）排序。

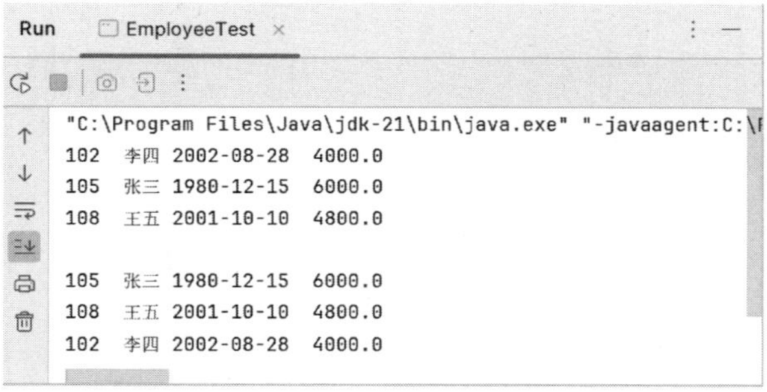

```
"C:\Program Files\Java\jdk-21\bin\java.exe" "-javaagent:C:\
102  李四 2002-08-28  4000.0
105  张三 1980-12-15  6000.0
108  王五 2001-10-10  4800.0

105  张三 1980-12-15  6000.0
108  王五 2001-10-10  4800.0
102  李四 2002-08-28  4000.0
```

图 8-7　案例的运行结果

8.5 记录类型

在 Java 程序开发中,我们经常需要定义一些数据类,比如与数据库表交互的 Java Beans 类或 POJO 类,这些类通常使用字段表示数据,然后我们要为该类定义构造方法,为字段定义访问方法和修改方法。这就需要程序员编写大量的代码。

从 Java 16 开始,如果要定义这样的类,可以使用 record 关键字将它定义为一个**记录类型**。这种数据类型提供了一种紧凑的语法来声明一种主要用于保存数据的类。

假设定义一个 Customer 记录类型,它带两个字段 name 和 address,那么该类可能需要如下定义,如程序 8-10 所示。

程序 8-10 Customer.java

```
package com.boda.xy;
public record Customer(String name, String address){
    // 这里可以定义记录类型的成员           ←——此处相当于构造方法
}
```

这里,类型名后面是一对括号,里面是字段的声明,这相当于定义了一个构造方法。记录类型与其他类型一样被编译成类(.class)文件。**对于记录类型,编译器将自动添加构造方法、equals()方法、hashCode()方法和 toString()方法,并且为每个实例变量添加访问方法(但不提供修改方法)。**

声明的 Customer 记录类型继承了 java.lang.Record 类,编译器为 Customer.class 类定义的成员变量和成员方法如下所示。

```
private final java.lang.String name;
private final java.lang.String address;
public Customer(java.lang.String name, java.lang.String address) {
    /*编译的代码 */
}
public final java.lang.String toString() {
    /*编译的代码 */
}
public final int hashCode() {
    /*编译的代码 */
}
public final boolean equals(java.lang.Object o) {
    /*编译的代码 */
}
public java.lang.String name() {
    /*编译的代码 */ }
public java.lang.String address() {
    /*编译的代码 */
}
```

Customer 类和它的两个成员被声明为 final,也就是记录类型不能被继承,成员也不能被修改。编译器自动为它添加构造方法、equals()方法、hashCode()方法和 toString()方法,并且为实例变量添加访问方法。这里的**访问方法名为实例名**,如 name()、address()等,而不是 getName()、getAddress()这种形式。

下面程序 8-11 创建了两个 Customer 记录类型实例并演示了有关方法的使用。

程序 8-11　CustomerDemo.java

```java
package com.boda.xy;
public class CustomerDemo {
    public static void main(String[] args) {
        var customer = new Customer("张明月","北京市海淀区");
        var customer2 = new Customer("李大海","上海市科技路 20 号");
        System.out.println("姓名:" + customer.name());
        System.out.println("地址:" + customer.address());
        System.out.println(customer.toString());
        System.out.println(customer.equals(customer2));
        System.out.println(customer.hashCode());
        System.out.println(customer2.hashCode());
    }
}
```

程序的运行结果如图 8-8 所示。

图 8-8　程序 8-11 的运行结果

在记录的主体中,还可以声明 static 成员、构造方法和实例方法,例如:

```
public Customer(String name){
    this(name,null);                ←──┤ 自定义的构造方法必须明确调用带参数构造方法
}

public static String info = "客户";   ←──┤ 一个静态变量

public static void show(){             ←──┤ 一个静态方法
    System.out.println("显示:" + info);
}

public void showName(){                ←──┤ 一个实例方法
    System.out.println("姓名:" + name);
}
```

注意　不能在记录类型中声明实例变量,但可以声明静态变量。

在记录体中还可以覆盖超类 Record 中定义的方法,下面代码覆盖了 toString()方法和 hashCode()方法。

```
@Override
public String toString() {
    return "姓名:" + name + ",地址:" + address;
```

```
}
@Override
public int hashCode() {
    return Objects.hash(name,address);
}
```

注意 记录类型字段的访问器名是属性名(),而不是getXxx()。例如,假设记录类型有一个name属性,则它的访问器为name(),而不是getName()。此外,记录类型没有修改方法,也就是没有类似的setName()方法。

在记录类型中用户还可以定义自己的方法和构造方法,但通常不这样做。记录类型主要是解决用于存储数据的普通类的一个常见问题,从为类编写多行代码简化为只需编写一行代码,这大大优化了代码并节省了程序员的录入时间。

下面对记录类型做一简单总结:
- 记录类型默认继承了java.lang.Record类,不能显式继承其他类。
- 记录类型是final的,即它不可以被继承。
- 每个成员变量都被加上private final,对象创建后它们就不可变。
- 每个成员变量都提供了public访问方法,如name(),但不提供修改方法。
- 提供了带所有参数的构造方法、toString()方法、equals()方法和hashCode()方法。

8.6 枚举类型

在实际应用中,有些数据的取值被限定在几个确定的值之内。例如,一年有4个季度,一周有7天、一副纸牌有4种花色等。对这种类型的数据,以前通常在类或接口中定义常量实现。Java 5中增加了枚举类型,这种类型的数据可以定义为枚举类型。

8.6.1 枚举的定义和使用

枚举类型是一种特殊的引用类型,它的声明和使用与类和接口有类似的地方。它可以作为顶层的类型声明,也可以像内部类一样在其他类的内部声明,但不能在方法的内部声明枚举。

枚举类型都隐含地继承了java.lang.Enum抽象类,Enum类又是Object类的子类,同时实现了Comparable接口和Serializable接口。每个枚举类型都包含了若干方法,下面是一些常用的。

- public static E[] values():返回一个包含了所有枚举常量的数组,这些枚举常量在数组中是按照它们的声明顺序存储的。
- public static E valueOf(String name):返回指定名字的枚举常量。如果这个名字与任何一个枚举常量的名字都不能精确匹配,将抛出IllegalArgumentException异常。
- public final int compareTo(E o):返回当前枚举对象与参数枚举对象的比较结果。
- public final String name():返回枚举常量名。
- public final int ordinal():返回枚举常量的顺序值,该值基于常量声明的顺序,第一个常量的顺序值是0,第二个常量的顺序值为1,依此类推。

- public String toString()：返回枚举常量名。

下面程序 8-12 定义了一个名为 Direction 的枚举类型，它表示 4 个方向。

程序 8-12 Direction.java

```java
package com.boda.xy;
public enum Direction{
    EAST, SOUTH, WEST, NORTH;
}
```

枚举类型的声明使用 enum 关键字，Direction 为枚举类型名，其中声明了 4 个常量，分别表示 4 个方向。由于枚举类型的实例是常量，因此按照命名惯例它们都用大写字母表示。程序 8-12 经过编译后产生了一个 Direction.class 类文件。

上述声明中，最后一个常量 NORTH 后面的分号可以省略，但如果枚举中还声明了方法，最后的分号不能省略。

为了使用枚举类型，需要创建一个该类型的引用，并将某个枚举的实例赋值给它。下面程序 8-13 输出了每个枚举的常量名和它们的顺序号。

程序 8-13 EnumDemo.java

```java
package com.boda.xy;
public class EnumDemo {
    public static void main(String[] args){
        // 声明一个枚举类型变量，并用一个枚举赋值
        var left = Direction.WEST;
        System.out.println(left);    // 输出 WEST
        //输出每个枚举对象的序号
        for(var d : Direction.values()){
            System.out.println(d.name() + ",序号" + d.ordinal());
        }
    }
}
```

运行结果如图 8-9 所示。

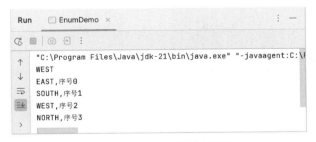

图 8-9 程序 8-13 的运行结果

8.6.2 在 switch 中使用枚举

枚举类型有一个特别实用的特性，即它可以在 switch 语句中使用。java.time.DayOfWeek 是一个枚举类型，其中包括一周的 7 天，分别为 MONDAY、TUESDAY、WEDNESDAY、THURSDAY、FRIDAY、SATURDAY 和 SUNDAY，序号从 0 到 6。

下面程序 8-14 在 switch 结构中使用了 DayOfWeek 枚举。

程序 8-14　EnumSwitch.java

```java
package com.boda.xy;
import java.time.DayOfWeek;
public class EnumSwitch{
    public static void describe(DayOfWeek day) {
        switch (day) {
           case MONDAY ->
               System.out.println("Mondays are bad.");
           case FRIDAY ->
               System.out.println("Fridays are better.");
           case SATURDAY, SUNDAY ->
               System.out.println("Weekends are best.");
           default ->
               System.out.println("Midweek days are so-so.");
        }
    }

    public static void main(String[] args) {
      var firstDay = DayOfWeek.MONDAY;
        describe(firstDay);
        var thirdDay = DayOfWeek.WEDNESDAY;
        describe(thirdDay);
        var seventhDay = DayOfWeek.SUNDAY;
        describe(seventhDay);
    }
}
```

运行结果如图 8-10 所示。

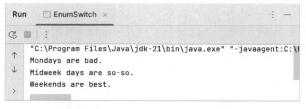

图 8-10　程序 8-14 的运行结果

8.6.3　枚举的构造方法

在枚举类型的声明中,除了枚举常量外还可以声明构造方法、成员变量和其他方法,下面程序 8-15 定义了 Color 枚举,它包含 4 种颜色。

程序 8-15　Color.java

```java
package com.boda.xy;
public enum Color {
    RED("红色", 1), GREEN("绿色", 2), WHITE("白色", 3), YELLOW("黄色", 4);
    private String name;            ←┐ 两个成员变量
    private int index;              ←┘
    private Color(String name, int index) {  ←┐ 构造方法
        this.name = name;
        this.index = index;
```

```java
    }
    // 普通方法
    public static String getName(int index) {
        for (var c : Color.values()) {
            if (c.getIndex() == index) {
                return c.name;
            }
        }
        return null;
    }
    // getter 和 setter 方法
    public String getName() {
        return name;
    }
    public void setName(String name) {
        this.name = name;
    }
    public int getIndex() {
        return index;
    }
    public void setIndex(int index) {
        this.index = index;
    }
    @Override
    public String toString() {              ←— 覆盖超类的 toString()方法
        return this.index + "_" + this.name;
    }

    public static void main (String[] args) {
        var c = Color.YELLOW;               // 这将自动调用构造方法
        System.out.println(c.toString());   // 输出:4－黄色
        System.out.println(c.name());       // 输出:YELLOW
        System.out.println(c.cardinal());   // 输出:3
    }
}
```

枚举类型 Color 中声明了 4 个枚举常量,同时声明了两个 private 的成员变量 name 和 index 分别表示颜色名和索引,另外声明了一个 private 的构造方法和成员的 setter 方法和 getter 方法,最后还覆盖了父类的 toString()方法。

注意 枚举常量必须在任何其他成员的前面声明。

8.7 内部类

视频讲解

Java 允许在一个类的内部定义另一个类(接口、枚举或注解),这种类称为**内部类**(inner class)或**嵌套类**(nested class)。有多种类型的内部类。大致可分为成员内部类、静态内部类、匿名内部类和局部内部类。下面分别讨论这几种内部类的定义和使用。

8.7.1 成员内部类

成员内部类是没有用 static 修饰且定义在外部类的类体中。在成员内部类中可以定义自己的成员变量和方法，也可以定义自己的构造方法。成员内部类的访问修饰符可以是 private、public、protected 或缺省修饰符。成员内部类可以看成是外部类的一个成员，因此可以访问外部类的所有成员（包括私有成员）。

下面程序 8-16 在 Outer 类中定义了一个成员内部类 Inner。

程序 8-16　Outer.java

```java
package com.boda.xy;
public class Outer{
    private int x = 200;
    private class Inner{              ←┐
        int y = 300;                   │
        public int sum(){              │  成员内部类定义
            return x + y;              │
        }                              │
    }                                 ←┘
    public void makeInner(){
        var ic = new Inner();                      // 创建内部类对象
        System.out.println(ic.sum());
    }

    public static void main(String[] args){
        var outer = new Outer();
        outer.makeInner();
        var inner = outer.new Inner();
        System.out.println(inner.sum());           // 输出:500
    }
}
```

运行结果如图 8-11 所示。

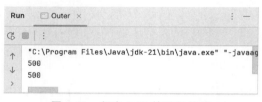

图 8-11　程序 8-16 的运行结果

程序中 Inner 是 Outer 的成员内部类。内部类编译后将单独生成一个类文件，如程序 8-16 编译后将生成两个类文件：Outer.class 和 Outer$Inner.class。

在外部类的方法中（如 makeInner）可以直接创建内部类的实例。在外部类的外面要创建内部类的实例必须先创建一个外部类的实例，因为内部类对象对外部类对象有一个隐含的引用。

创建内部类对象也可以使用下面的语句实现：

```java
var inner = new Outer().new Inner();
```

在使用成员内部类时需要注意下面几个问题。

- 成员内部类中不能定义 static 变量和 static 方法。
- 成员内部类也可以使用 abstract 和 final 修饰，其含义与其他类一样。
- 成员内部类还可以使用 private、public、protected 或包可访问修饰符。

8.7.2 静态内部类

静态内部类使用 static 修饰,静态内部类也称**嵌套类**(nested class),静态内部类与成员内部类的行为完全不同,下面是它们的不同之处。

- 静态内部类中可以定义静态成员,而成员内部类不能。
- 静态内部类只能访问外部类的静态成员。成员内部类可以访问外部类的实例成员和静态成员。
- 创建静态内部类的实例不需要先创建一个外部类的实例。相反,创建成员内部类实例时,必须先创建一个外部类的实例。

下面程序 8-17 演示了静态内部类的使用。

程序 8-17 Outer2.java

```java
package com.boda.xy;
public class Outer2{
    private static int x = 100;
    private int m = 200;
    public static class Inner2{              ←— 静态内部类定义
        private String y = "hello";
        public void innerMethod(){
            System.out.println("x = " + x);  ←— 可访问外部类的静态成员
            System.out.println("y = " + y);
        }
    }
    public static void main(String[] args){
        // 不需要外部类的实例就可以直接创建一个静态内部类实例
        var inner = new Outer2.Inner2();
        inner.innerMethod();
    }
}
```

运行结果如图 8-12 所示。

图 8-12　程序 8-17 的案例运行结果

静态内部类实际是一种外部类,它不存在对外部类的引用,不通过外部类的实例就可以创建一个对象。程序中的 Outer2.Inner2 就是静态内部类的完整名称,此时必须使用完整的类名(如 Outer2.Inner2)创建对象。

静态内部类不具有任何对外部类实例的引用,因此静态内部类中的方法不能使用 this 关键字访问外部类的实例成员,然而这些方法可以访问外部类的 static 成员。这一点与一般类的 static 方法的规则相同。

8.7.3 匿名内部类

定义类最终目的是创建一个类的实例,但如果某个类的实例只使用一次,可以将类的定义和实例的创建在一起完成,或者说在定义类的同时就创建一个实例。以这种方式定义的没有名字的类称为**匿名内部类**(anonymous inner class)。

声明和构建匿名内部类的一般格式如下:

```
new TypeName(){
    /* 此处为类体 */
}
```

匿名内部类可以继承一个类或实现一个接口,这里 TypeName 是匿名内部类所继承的类或实现的接口。如果实现一个接口,该类是 Object 类的直接子类。匿名内部类继承类或实现接口不需要使用 extends 或 implements 关键字。匿名内内部类不能同时继承一个类和实现一个接口,也不能实现多个接口。

由于匿名内部类没有名称,所以在类体中不能定义构造方法。由于不知道类名,所以只能在定义类的同时使用 new 关键字创建类的实例。实际上,匿名内部类的定义和创建对象发生在同一个地方。

另外,上式是一个表达式,它返回一个对象的引用,所以可以直接使用或将其赋给一个引用变量。

```
TypeName obj = new TypeName(){
    /* 此处为类体 */
};
```

也可以将构建的匿名类对象作为方法的参数。

```
someMethod(new TypeName() {
           /* 此处为类体 */
          });
```

下面程序 8-18 中的匿名内部类实现了一个 Printable 接口。

程序 8-18　PrintableTest.java

```java
package com.boda.xy;
interface Printable{
    public void print(String message);
}
public class PrintableTest{
    public static void main(String[]args){
        var printer = new Printable(){    ←┤创建一个匿名内部类实例,该类实现了 Printable 接口
            @Override
            public void print(String message){
                System.out.println(message);
            }
        };    ←┤这里的分号是赋值语句的结束
        printer.print("这是惠普打印机");
    }
}
```

运行结果如图 8-13 所示。

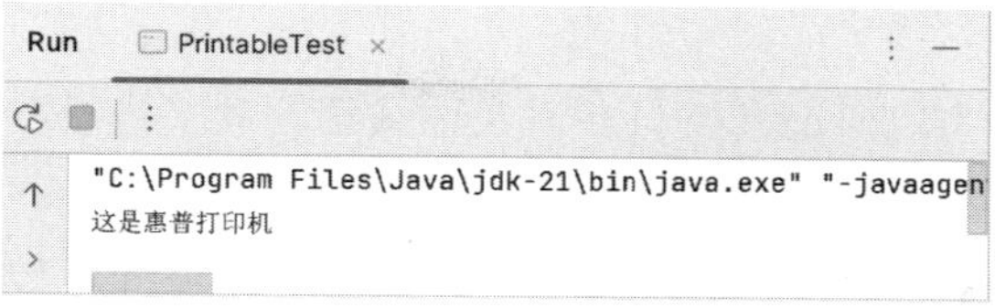

图 8-13　程序 8-18 的运行结果

　　Printable 是一个接口，其中声明了一个 print() 抽象方法。在 PrintableTest 类的 main() 方法中声明了一个 Printable 接口变量，然后用 new Printable() 创建了一个实现该接口的对象。

　　下面程序 8-19 通过继承 Animal 类并覆盖它的 eat() 方法定义了一个匿名内部类并创建了一个对象。

程序 8-19　AnimalTest.java

```java
package com.boda.xy;
class Animal{
    public void eat(){
        System.out.println("I like eat anything.");
    }
}
public class AnimalTest{
    public static void main(String[]args){
        var dog = new Animal(){           // 继承 Animal 类
            @Override
            public void eat(){
                System.out.println("I like eat bones.");
            }
        };
        dog.eat();
    }
}
```

运行结果如图 8-14 所示。

图 8-14　程序 8-19 的运行结果

　　这里创建的匿名内部类实际上继承了 Animal 类，是 Animal 类的子类，并覆盖了 Animal 类的 eat() 方法。同时代码创建了一个匿名类的实例，并用 dog 指向它。

　　匿名内部类的一个重要应用是编写 Java 图形界面的事件处理程序。如为按钮对象 button 注册事件处理器，就可以使用匿名内部类。关于 Java 图形界面的事件处理请参阅其他教材。

8.7.4 局部内部类

可以在方法体或语句块内定义类。在方法体或语句块(包括方法、构造方法、局部块、初始化块或静态初始化块)内部定义的类称为**局部内部类**(local inner class)。

局部内部类不能看作外部类的成员,它只对局部块有效,如同局部变量一样,在声明它的块之外完全不能访问,因此也不能有任何访问修饰符。

下面程序 8-20 在方法中定义了一个局部内部类。

程序 8-20　Outer3.java

```java
package com.boda.xy;
public class Outer3{
    private String x = "hello";
    public void makeInner(int param){
        final String y = "local variable";
        final class Inner3{          ←── 方法体中的局部内部类
            public void show(){
                System.out.println("x = " + x);
                System.out.println("y = " + y);
                System.out.println("param = " + param);
            }
        }
        new Inner3().show();          ←── 创建局部内部类实例并调用方法
    }
    public static void main(String[] args){
        var outer = new Outer3();
        outer.makeInner(47);
    }
}
```

运行结果如图 8-15 所示。

图 8-15　程序 8-20 的运行结果

在 Outer3 类的 makeInner()方法中定义了一个局部内部类 Inner3,该类只在 makeInner()方法中有效,就像方法中定义的变量一样。在方法体的外部不能创建 Inne3 类的对象。在局部内部类中可以访问外层类的实例变量(x)、访问方法的参数(param)以及访问方法的局部变量(y)。

在 main()方法中创建了一个 Outer3 类的实例并调用了它的 makeInner()方法,该方法创建了一个 Inner3 类的对象并调用了其 show()方法。

使用局部内部类时要注意下面几个问题。

- 局部内部类同方法局部变量一样,不能使用 private、protected 和 public 等访问修饰符,也不能使用 static 修饰,但可以使用 final 或 abstract 修饰。

- 局部内部类可以访问外部类的成员,若要访问其所在方法的参数和局部变量,这些参数和局部变量不能修改。
- static 方法中定义的局部内部类,可以访问外部类定义的 static 成员,不能访问外部类的实例成员。

8.8 注解类型

扫一扫

视频讲解

注解类型(annotation type)以结构化的方式为程序元素提供信息,这些信息能够被外部工具(编译器、解释器等)自动处理。

注解有许多用途,下面是最常见的用途。
- 为编译器提供信息。编译器可以使用注解检测错误或阻止编译警告。
- 编译时或部署时处理。软件工具可以处理注解信息生成代码、XML 文件等。
- 运行时处理。有些注解在运行时可以被检查。

像使用类一样,要使用注解必须先定义注解类型(也可以使用语言本身提供的注解类型)。

8.8.1 注解概述

注解是为 Java 源程序添加的说明信息,这些信息可以被编译器等工具使用。可以给 Java 包、类型(类、接口、枚举)、构造方法、方法、成员变量、参数及局部变量进行标注。例如,可以给一个 Java 类进行标注,以便阻止 javac 程序可能发出的任何警告,也可以对一个想要覆盖的方法进行标注,让编译器知道你是要覆盖这个方法而不是重载它。

1. 注解和注解类型

学习注解会经常用到下面两个术语:**注解**(annotation)和**注解类型**(annotation type)。注解类型是一种特殊的接口类型,注解是注解类型的一个实例。就像接口一样,注解类型也有名称和成员。注解中包含的信息采用"键/值"对的形式,可以有零或多个"键/值"对,并且每个键有一个特定类型。它可以是一个 String、int 或其他 Java 类型。没有"键/值"对的注解类型称作标记注解类型(marker annotation type)。如果注解只需要一个"键/值"对,则称为单值注解类型。

2. 注解语法

在 Java 程序中为程序元素指定注解的语法如下所示:

@AnnotationType

或者

@AnnotationType(elementValuePairs)

在使用注解类型标注程序元素时,对每个没有默认值的元素,都应该以 name = value 的形式对元素初始化。初始化的顺序并不重要,但每个元素只能出现一次。如果元素有默认值,可以不对该元素初始化,也可以用一个新值覆盖默认值。

如果注解类型是标记注解类型(无元素),或者所有的元素都具有默认值,那么就可以省略初始化器列表。

如果注解类型只有一个元素,可以使用缩略的形式对注解元素初始化,即不用使用 name = value 的形式,而是直接在初始化器中给出唯一元素的值。例如,假设注解类型 Copyright 只有一个 String 类型的元素,用它注解程序元素时就可以写作如下形式:

```
@Copyright("copyright 2010 - 2015")
```

8.8.2 标准注解

注解的功能很强大,但程序员很少需要定义自己的注解类型。大多数情况下是使用语言本身定义的注解类型。下面介绍几个 Java API 中定义的注解类型。

Java 语言规范中定义了 3 个注解类型,它们是供编译器使用的。这 3 个注解类型定义在 java.lang 包中,分别为@Override、@Deprecated 和@SuppressWarnings。

1. @Override 注解

@Override 是一个标记注解类型,可以用在一个方法的声明中,它告诉编译器这个方法要覆盖父类中的某个方法。使用该注解可以防止程序员在覆盖某个方法时出错。例如,考虑下面的 Parent 类:

```
class Parent{
  public double calculate(double x, double y){
      return x * y;
  }
}
```

假设现在要扩展 Parent 类,并覆盖它的 calculate()方法。下面是 Parent 类的一个子类:

```
class Child extends Parent{
  public int calculate(int x, int y){
      return (x + 1) * y;
  }
}
```

Child 类可以编译。然而,Child 类中的 calculate()方法并没有覆盖 Parent 中的方法,因为它的参数是 2 个 int 型,而不是 2 个 double 型。使用@Override 注解就可以很容易防止这类错误。每当你想要覆盖一个方法时,就在这个方法前声明@Override 注解类型,如下所示:

```
class Child extends Parent{
  @Override
  public int calculate(int x, int y){
      return (x + 1) * y;
  }
}
```

这样,如果要覆盖的方法不是父类中的方法,编译器就会产生一个编译错误,并指出 Child 类中的 calculate()方法并没有覆盖超类中的方法,如图 8-16 所示。

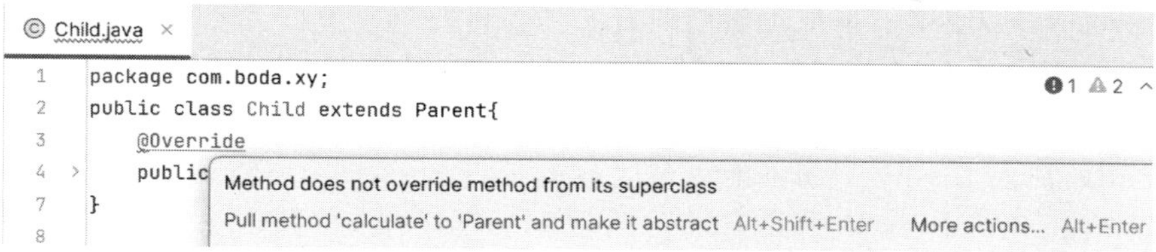

图 8-16　代码的运行结果

2. @Deprecated 注解

@Deprecated 是一个标记注解类型,可以应用于某个方法或某个类型,指明方法或类型已被弃用。标记已被弃用的方法或类型,是为了警告其代码用户,不应该使用或者覆盖该方法,或者不该使用或扩展该类型。一个方法或类型被标记弃用通常是因为有了更好的方法或类型。当前的软件版本中保留这个被弃用的方法或类型是为了向后兼容。

下面程序 8-21 演示了@Deprecated 注解的使用。

程序 8-21　DeprecatedDemo.java

```java
package com.boda.xy;
import java.util.Date;
import java.time.LocalDate;
public class DeprecatedDemo{
    @Deprecated
    public Date today(){            ←── 被声明为废弃使用
        return new Date();
    }
    public LocalDate getToday(){
        return LocalDate.now();
    }
    public static void main(String[]args){
        var dd = new DeprecatedDemo();
        System.out.println(dd.today());
        System.out.println(dd.getToday());
    }
}
```

编译该文件,编译器将发出警告,程序可以正常运行。但在程序中不推荐使用被废弃的方法。

3. @SuppressWarnings 注解

使用@SuppressWarnings 注解指示编译器阻止某些类型的警告,具体的警告类型可以用初始化该注解的字符串来定义。该注解可应用于类型、构造方法、方法、成员变量、参数以及局部变量。它的用法是传递一个 String 数组,其中包含需要阻止的警告。语法如下所示:

```
SuppressWarnings(value = {string-1,…,string-n})
```

以下是@SuppressWarnings 注解的常用有效参数。
- unchecked,未检查的转换警告。
- deprecation,使用了不推荐使用的方法的警告。
- serial,实现了 Serializable 接口但没有定义 serialVersionUID 常量的警告。
- rawtypes,使用了旧的语法创建泛型类对象时发出的警告。
- finally,任何 finally 子句不能正常完成的警告。
- fallthrough,switch 块中某个 case 后没有 break 语句的警告。

下面程序 8-22 阻止了代码中出现的几种编译警告。

程序 8-22 SuppressWarningDemo.java

```java
package com.boda.xy;
import java.io.Serializable;
import java.util.*;
@SuppressWarnings(value = {"unchecked","deprecation"})
public class SuppressWarningDemo implements Serializable {
    public static void main(String[] args) {
        var d = new Date();
        System.out.println(d.getDay());

        var myList = new ArrayList();         // 该语句仍然有警告
        myList.add("one");
        myList.add("two");
        myList.add("three");
        System.out.println(myList);
    }
}
```

该类通过@SuppressWarnings 注解阻止了 2 种警告类型：unchecked 和 deprecation。如果没有使用@SuppressWarnings 注解,当程序代码出现这几种情况时,编译器将给出警告信息。

8.8.3 定义注解类型

除了可以使用 Java 类库提供的注解类型外,用户也可以定义和使用注解类型。注解类型的定义与接口类型的定义类似。注解类型的定义使用 interface 关键字,前面加上@符号。

```java
public @interface CustomAnnotation{
    // …
}
```

默认情况下,所有的注解类型都扩展了 java.lang.annotation.Annotation 接口。该接口定义了一个返回 Class 对象的 annotationType()方法,如下所示：

```
Class <?extends Annotation> annotationType()
```

另外,该接口还定义了 equals()方法、hashCode()方法和 toString()方法。

下面程序 8-23 定义了名为 ClassInfo 的注解类型。

程序 8-23 ClassInfo.java

```
package com.boda.xy;
public @interface ClassInfo{
    String created();
    String author();
    String lastModified();
    int version();
}
```

可以像类和接口一样编译该注解类型，编译后产生 ClassInfo.class 类文件。在注解类型中声明的方法称为注解类型的元素，它的声明类似于接口中的方法声明，没有方法体，但有返回类型。元素的类型有一些限制，如只能是基本类型、String、枚举类型、其他注解类型等，并且元素不能声明任何参数。

实际上，注解类型的元素就像对象的域一样，所有应用该注解类型的程序元素都要对这些域实例化。这些域的值是在应用注解时由初始化器决定的，或者由元素的默认值决定。

定义注解时可以使用 default 关键字为元素指定默认值。例如，假设需要定义一个名为 Version 的注解类型表示软件版本，通过两个元素 major 和 minor 表示主版本号和次版本号，并分别指定其默认值分别为 1 和 0（表示 1.0 版），该注解类型就可以如下所示定义：

```
public @interface Version{
    int major() default 1;
    int minor() default 0;
}
```

Version 注解类型可以用来标注类和接口，也可以供其他注解类型使用。例如，可以用它来重新定义 ClassInfo 注解类型，如下所示：

```
public @interface ClassInfo{
    String created();
    String author();
    String lastModified();
    Version version();
}
```

注解类型中也可以没有元素，这样的注解称为标记注解（marker annotation），这与标记接口类似。例如，下面定义了一个标记注解类型 Preliminary：

```
public @interface Preliminary { }
```

如果注解类型只有一个元素，这个元素应该命名为 value。例如，Copyright 注解类型只有一个 String 类型的元素，则其应该定义为如下形式：

```
public @interface Copyright {
    String value();
}
```

这样，在为程序元素注解时就可以不需要指定元素名称，而采用一种缩略的形式，如下所示：

```
@Copyright("flying dragon company").
```

8.9 本章小结

本章首先介绍了接口的定义和使用,包括接口的实现、继承、接口的各种方法以及接口的应用,接下来介绍了 Java 的枚举类型和注解类型,最后介绍了 Java 的内部类,包括成员内部类、静态内部类、匿名内部类和局部内部类。

下一章将介绍 Java 语言的异常处理机制,包括异常的概念和异常类、捕获异常、声明方法抛出异常、使用 try…with…resources 结构以及自定义异常类等。

8.10 习题与实践

习题

自测题

8.11 上机实验

上机实验

第9章

异常处理

CHAPTER 9

本章知识点思维导图

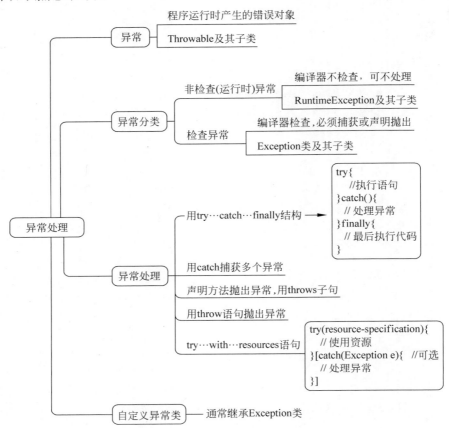

9.1 异常与异常类

同大多数现代编程语言一样，Java 有着健壮的异常处理机制。本节首先讨论异常和异常类，9.2 节将讨论如何处理异常。

9.1.1 异常的概念

所谓**异常**（exception）是在程序运行过程中产生的使程序终止正常运行的错误对象。如数组下标越界、整数除法中零作除数、文件找不到等都可能使程序终止运行。

为了理解异常的概念，首先看下面的例子。程序 9-1 将产生数组下标越界异常。

程序 9-1　ArrayExceptionDemo.java

```
package com.boda.xy;
public class ArrayExceptionDemo {
    public static void main(String[] args) {
        int []a = new int[5];
        System.out.println(a[5]);        //不存在下标是 5 的元素
```

```
            System.out.println("程序正常结束");
        }
    }
```

该段代码编译不会发生错误,但运行时在控制台会输出错误信息,如图 9-1 所示。

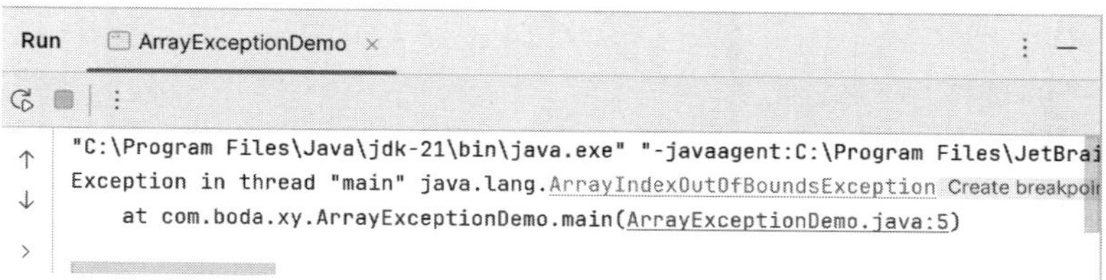

```
"C:\Program Files\Java\jdk-21\bin\java.exe" "-javaagent:C:\Program Files\JetBrai
Exception in thread "main" java.lang.ArrayIndexOutOfBoundsException Create breakpoi
    at com.boda.xy.ArrayExceptionDemo.main(ArrayExceptionDemo.java:5)
```

图 9-1　程序 9-1 的运行结果

从图 9-1 可以看到,程序执行没有结束,而是发生了异常。在控制台显示了异常信息,这里的信息表示,在 main 线程中发生 java.lang.ArrayIndexOutOfBoundsException 异常,它发生在程序的第 5 行。

Java 语言规定在使用数组元素时,下标范围是 0 到数组的 length－1,超出这个范围将发生 ArrayIndexOutOfBoundsException 异常,它称为**数组下标越界异常**。

再看下面程序 9-2,该程序试图从键盘输入一个字符,然后输出。但调用 System.in.read()方法时发生了编译错误。

程序 9-2　InputCharDemo.java

```
package com.boda.xy;
public class InputCharDemo{
    public static void main(String[] args){
        System.out.print("请输入一个字符:");
        var c = (char)System.in.read();          ←── 该行发生编译错误
        System.out.println("c = " + c);
    }
}
```

编译程序报错,结果如图 9-2 所示。

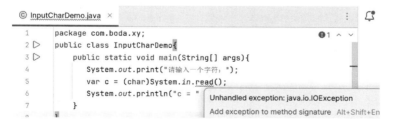

图 9-2　程序 9-2 编译错误

图 9-2 消息框中显示了错误的原因"Unhandled exception java.io.IOException"(未处理的 java.io.IOException 异常),该异常必须被处理、捕获或声明抛出。出现编译错误的原因是,read()方法在定义时声明抛出 IOException 异常,这种异常属于检查异常,因此程序中若调用该方法必须对该异常处理。

9.1.2 异常类型

Java 语言的异常处理采用面向对象的方法,定义了多种异常类。Java 的异常类都是 Throwable 类的子类,它是 Object 类的直接子类,定义在 java.lang 包中。Throwable 类有 Error 和 Exception 两个子类,这两个子类又分别有若干个子类。图 9-3 给出了 Throwable 类及其常见子类的层次结构。

Error 类描述的是系统的内部错误,这样的错误很少出现。如果发生了这类错误,则除了通知用户及终止程序外,几乎什么也不能做,程序中一般不对这类错误处理。

Exception 类的子类一般又可分为两种类型:非检查异常和检查异常。

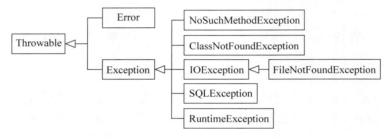

图 9-3 Throwable 类及其子类的层次

1. 非检查异常

非检查异常(unchecked exception)是 RuntimeException 类及其子类异常,也称为**运行时异常**。常见的非检查异常如图 9-4 所示。

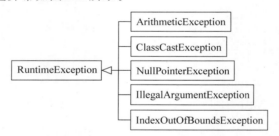

图 9-4 RuntimeException 类及其子类

非检查异常是在程序运行时检测到的,可能发生在程序的任何地方且数量较大,因此编译器不对非检查异常(包括 Error 类的子类)处理,这种异常又称**免检异常**。

程序运行时发生非检查异常时运行时系统会把异常对象交给默认的异常处理程序,在控制台显示异常的内容及发生异常的位置。

下面介绍几种常见的非检查异常。

NullPointerException:空指针异常,即当某个对象的引用为 null 时调用该对象的方法或使用对象时就会产生该异常,例如:

```
String name = null;
System.out.println(name.length());                    // 该语句发生异常
```

ArithmeticException：算术异常，在做整数的除法或整数求余运算时可能产生的异常，它是在除数为零时产生的异常。

```
int a = 5;
int b = a / 0;                    // 该语句发生异常
```

注意　浮点数运算不会产生该类异常。例如，1.0/0.0 的结果为 Infinity。

ClassCastException：对象转换异常，Java 支持对象类型转换，若不符合转换的规定，则产生该异常，如下所示：

```
Object o = new Object();
String s = (String)o;             // 该语句发生异常
```

ArrayIndexOutOfBoundsException：数组下标越界异常，当引用数组元素的下标超出范围时产生的异常，如下所示：

```
int a[] = new int[5];
a[5] = 10;                        // 该语句发生异常
```

因为定义的数组 a 的长度为 5，不存在 a[5]这个元素，所以发生数组下标越界异常。

NumberFormatException：数字格式错误异常，在将字符串转换为数值时，如果字符串不能正确转换成数值则产生该异常，如下所示：

```
double d = Double.parseDouble("5m7.8");    // 该语句发生异常
```

该异常的原因是字符串"5m7.8"不能正确转换成 double 型数据。

注意　尽管编译器不对非检查异常处理，但如果程序运行时产生这类异常，程序也不能正常结束。为了保证程序正常运行，要么避免产生非检查异常，要么对非检查异常进行处理。

2．检查异常

检查异常（checked exception）是除 RuntimeException 类及其子类以外的异常类，有时也称为**必检异常**。对这类异常，程序必须捕获或声明抛出，否则编译不能通过。程序 9-2 中的 read()方法声明抛出 IOException 异常就是必检异常。再比如，若试图使用 Java 命令运行一个不存在的类，则会产生 ClassNotFoundException 异常，若调用了一个不存在的方法，则会产生 NoSuchMethodException 异常。

9.2　用 try…catch 捕获异常

异常处理可分为下面几种：使用 try…catch…finally 捕获并处理异常；通过 throws 子句声明抛出异常；用 throw 语句抛出异常；使用 try…with…resources 管理资源。

异常都是在方法中产生的。方法运行过程中如果产生了异常，在这个方法中就生成一个代表该异常的对象，并把它交给运行时系统，这个过程称为**抛出异常**。运行时系统在方法的调用栈中查找,从产生异常的方法开始进行回溯,直到找到包含相应异常处理的方法为止,这一过程称为**捕获异常**。

最后,如果 main()方法中也没有处理异常的代码,运行时系统将异常交给 JVM,JVM 将在控制台显示异常信息。

捕获并处理异常最常用的方法是用 try…catch…finally 语句,一般格式如下:

```
try{
    // 需要处理的代码        ←—| 可能发生异常的代码
} catch (ExceptionType1 exceptionObject){
    // 处理异常代码          ←—| 处理异常的代码
}[catch (ExceptionType2 exceptionObject){
    // 异常处理代码          ←—| 可有多个 catch 块
}]
[finally{                    ←—| finally 块是可选的
    // 最后处理代码
}]
```

说明:

(1) try 块将程序中可能产生异常的代码段用花括号括起来,该块内可能抛出一种或多种异常。

(2) catch 块用来捕获异常,括号中指明捕获的异常类型及异常引用名,类似于方法的参数,它指明了 catch 语句所处理的异常。花括号中是处理异常的代码。catch 语句可以有多个,用来处理不同类型的异常。

注意 若有多个 catch 块,异常类型的排列顺序必须按照从特殊到一般的顺序,即子类异常放在前面,父类异常放在后面,否则将产生编译错误。

当 try 块中产生异常时,运行时系统从上到下依次检测异常对象与哪个 catch 块声明的异常类相匹配,若找到匹配的或其父类异常,就进入相应 catch 块处理异常,catch 块执行完毕说明异常得到处理。

(3) finally 块是可选项。异常的产生往往会中断应用程序的执行,而在异常产生前,可能有些资源未被释放。有时无论程序是否发生异常,都要执行一段代码,这时就可以通过 finally 块实现。无论异常产生与否 finally 块都会被执行。即使是使用 return 语句,finally 块也要被执行,除非 catch 块中调用了 System.exit()方法终止程序的运行。

另外需要注意,一个 try 块必须有一个 catch 块或 finally 块,catch 块或 finally 块也不能单独使用,必须与 try 块搭配使用。

下面程序 9-3 是对程序 9-1 的修改,使用 try…catch 结构捕获异常。

程序 9-3 ArrayExceptionDemo.java

```
package com.boda.xy;
public class ArrayExceptionDemo {
    public static void main(String[] args) {
        int []a = new int[5];
        try{
            System.out.println(a[5]);        ←—| 该语句抛出异常
        }catch(Exception e){
```

```
            System.out.println(e.toString());          ←— 处理异常
        }
        System.out.println("程序正常结束");
    }
}
```

这里使用 try 块将可能发生异常的代码括起来，使用 catch 块处理异常。如果 try 块中的代码发生异常，则执行 catch 块中的代码处理异常。如果 try 块中的代码不发生异常，则不执行 catch 块中的代码。

✍ **多学一招**

可以利用 IDEA 的**实时模板**功能快速录入 try…catch 结构。方法是先选中要放在 try 结构中的代码，然后按下 CTRL＋ALT＋T 快捷键，打开 Surround With 列表框，从中选中需要使用的模板即可。

下面程序 9-4 是对程序 9-2 的修改，使用 try…catch 结构捕获异常。

程序 9-4　InputCharDemo.java

```java
package com.boda.xy;
import java.io.*;
public class InputCharDemo{
    public static void main(String[] args){
        System.out.print("请输入一个字符:");
        try{
            char c = (char)System.in.read();
            System.out.println("c = " + c);
        }catch(IOException e){
            e.printStackTrace();
        }
    }
}
```

程序中用 try 块将需要处理异常的语句包含起来，并用 catch 块捕获处理异常，这样程序就没有编译错误。程序中调用了异常对象的 printStackTrace()方法，它从控制台输出异常栈跟踪。从栈跟踪中可以了解到发生的异常类型和发生异常的源代码的行号。

在异常类的根类 Throwable 中还定义了其他方法，如下所示。

- public void printStackTrace()：在标准错误输出流上输出异常调用栈的轨迹。
- public String getMessage()：返回异常对象的细节描述。
- public void printStackTrace(PrintWriter s)：在指定输出流上输出异常调用栈的轨迹。
- public String toString()：返回异常对象的简短描述，是 Object 类中同名方法的覆盖。

这些方法被异常子类所继承，可以调用异常对象的方法获得异常的有关信息，这可使程序调试更方便。有关其他方法的详细内容，请参阅 Java API 文档。

注意　catch 块中的异常可以是父类异常，另外 catch 块中可以不写任何语句，只要有一对花括号，系统就认为异常被处理了，程序编译时就不会出现错误，编译后程序正常运行。catch 块内的语句只有在真的产生异常时才被执行。

9.3 捕获多个异常

如前所述,一个 try 语句后面可以跟两个或多个 catch 语句。虽然每个 catch 语句经常提供自己的特有的代码序列,但是有时捕获异常的两个或多个 catch 语句可能执行相同的代码序列。现在可以使用 JDK 7 提供的一个新功能,用一个 catch 语句处理多个异常,而不必单独捕获每个异常类型,这就减少了代码重复。

要在一个 catch 语句中处理多个异常,需要使用或运算符(|)分隔多个异常。下面的程序 9-5 演示了捕获多个异常的方法。

程序 9-5 MultiCatchDemo.java

```java
package com.boda.xy;
public class MultiCatchDemo{
   public static void main(String[] args){
      int a = 88, b = 0;
      int result;
      char[] letter = {'A', 'B', 'C'};
      for(var i = 0; i < 2; i ++){
        try{
           if(i == 0)
             result = a / b;               // 产生 ArithmeticException
           else
             letter[5] = 'X';              // 产生 ArrayIndexOutOfBoundsException
        }
        //这里捕获多个异常
        catch(ArithmeticException | ArrayIndexOutOfBoundsException me){
           System.out.println("捕获到异常:" + me);
        }
      }
      System.out.println("处理多重捕获之后。");
   }
}
```

运行结果如图 9-5 所示。

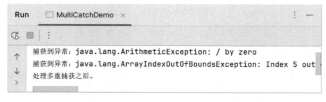

图 9-5 程序 9-5 的运行结果

程序运行时,当尝试除以 0 时,将产生一个 ArithmeticException 错误。当尝试越界访问 letter 数组时,将产生一个 ArrayIndexOutOfException 错误,两个异常被同一个 catch 语句捕获。注意,多重捕获的每个形参隐含地为 final,所以不能为其赋新值。

9.4 throws 和 throw 关键字

扫一扫

视频讲解

所有的异常都产生在方法(包括构造方法)内部的语句。有时方法中产生的异常不需要在该方法中处理,可能需要由该方法的调用方法处理,这时可以在声明方法时用 throws 子句声明抛出异常,将异常传递给调用该方法的方法处理。

声明方法抛出异常的格式如下:

```
返回值类型 方法名([参数列表]) throws 异常列表{
    // 方法体
}
```

按上述方式声明的方法,就可以对方法中产生的异常不做处理,若方法内抛出了异常,则调用该方法的方法必须捕获这些异常或者再声明抛出。

程序 9-3 的例子是在 method() 方法中处理异常,若不在该方法中处理异常,而由调用该方法的 main() 方法处理,修改的程序如程序 9-6 所示。

程序 9-6　ThrowsExceptionDemo.java

```
package com.boda.xy;
public class ThrowsExceptionDemo{
    static void method (intvalue) throws ArithmeticException,
        ArrayIndexOutOfBoundsException{
        if(value == 0){
            System.out.println("无异常发生");
            return;
        }else if(value == 1){
            int iArray[] = new int[4];
            iArray[4] = 3;
        }
    }
    public static void main(String[] args){
        try{
            method (0);
            method (1);
            method (2);                    // 该语句不能被执行
        }catch(ArrayIndexOutOfBoundsException e){
            System.out.println("捕获到:" + e);
        }finally{
            System.out.println("执行 finally 块."); }
    }
}
```

运行结果如图 9-6 所示。

注意　对于运行时异常可以不做处理,对于非运行时异常必须使用 try…catch 结构捕获或声明方法抛出异常。

前面讲到子类可以覆盖父类的方法,但若父类的方法使用 throws 声明抛出了异常,子类方法也可以使用 throws 声明异常。但是要注意,子类方法抛出的异常必须是父类方法抛出的异常或子异常。

```
            Run      ThrowsExceptionDemo  ×

            "C:\Program Files\Java\jdk-21\bin\java.exe" "-javaagent:C:\Progr
            无异常发生
            捕获到:java.lang.ArrayIndexOutOfBoundsException: Index 4 out of b
            执行finally块。
```

图 9-6　程序 9-6 的运行结果

```
class AA{
    public void test() throws IOException{
        System.out.println("In AA's test()");
    }
}
class BB extends AA{
    public void test () throws FileNotFoundException{        // 允许
        System.out.println("In BB's test()");
    }
}
class CC extends AA{
    public void test () throws Exception{                    // 错误
        System.out.println("In CC's test()");
    }
}
```

代码中 BB 类的 test() 方法是对 AA 类 test() 方法的覆盖，它抛出的 FileNotFoundException 异常是 IOException 异常类的子类，这是允许的。而在 CC 类的 test() 中抛出了 Exception 异常，该异常是 IOException 异常类的父类，这是不允许的，不能通过编译。

到目前为止，处理的异常都是由程序产生的，并由程序自动抛出，然而在程序中也可以创建一个异常对象，然后用 throw 关键字抛出，或者将捕获到的异常对象用 throw 语句再次抛出，throw 语句的格式如下所示：

throw 异常实例;

这里，异常实例可以是用户创建的异常对象，也可以是程序捕获到的异常对象，该实例必须是 Throwable 类或其子类的实例。

下面程序 9-7 使用了 throw 语句抛出异常。

程序 9-7　ThrowExceptionDemo.java

```
package com.boda.xy;
import java.io.IOException;
public class ThrowExceptionDemo{
    public static void method() throws IOException{
        try{
            throw new IOException("文件未找到");      ←── 抛出一个异常实例
        }catch(IOException e){
            System.out.println("捕获到异常");
            throw e;                                  ←── 将捕获到的异常对象再次抛出
        }
    }
}
```

```
    public static void main(String[] args){
        try{
            method();
        }catch(IOException e){
            System.out.println("再次捕获:" + e);
        }
    }
}
```

运行结果如图 9-7 所示。

图 9-7　程序 9-7 的运行结果

程序 9-7 在 method()方法中的 try 块中用 new 创建了一个 IOException 异常对象并将其抛出，随后在 catch 块中捕获到该异常，然后又再次将该异常抛给 main()方法，在 main()方法的 catch 块中捕获并处理了该异常。

请注意，该程序在 method()方法需使用 throws 声明抛出 IOException 异常，因为该异常是必检异常，必须捕获或声明抛出。在 main()方法可以使用 try…catch 捕获和处理异常，也可以声明抛出。

9.5　try…with…resources 语句

Java 程序中经常需要创建一些对象（如 I/O 流、数据库连接），这些对象在使用完后需要关闭。忘记关闭文件可能导致内存泄漏，并引起其他问题。在 JDK 7 之前，通常使用 finally 语句来确保一定会调用 close()方法，如下所示：

```
try{
    // 打开资源
}catch(Exception e){
    // 处理异常
}finally{
    // 关闭资源
}
```

如果在调用 close()方法时抛出异常，那么也要处理这种异常。这样编写的程序代码会变得冗长。例如，下面是打开一个数据库连接的典型代码。

```
Connection conn = null;
try{
    // 创建连接对象并执行操作
    conn = DriverManager.getConnection(
        "jdbc:mysql://localhost:3306//webstore","root","root");
```

```
}catch(Exception e){
   //处理异常
}finally{
   if(conn != null){
     try{
         conn.close();          ← 冗长而枯燥的代码
     }catch(SQLException e){
         // 处理异常
     }
   }
}
```

可以看到，为了关闭连接对象要在 finally 块中写这些代码，如果在一个 try 块中打开多个资源，代码会更长。JDK 7 提供的自动关闭资源的功能为管理资源（如文件流、数据库连接等）提供了一种简便的方式。这种功能是通过一种叫 try…with…resources 的 try 语句实现，有时称为自动资源管理。try…with…resources 的主要优点是可以避免在资源（如文件流）不需要时忘记将其关闭。

try…with…resources 语句的基本形式如下所示：

```
try(resource-specification){
   // 使用资源           ← 控制离开 try 块后,创建的资源将自动
}[                          调用 close()方法关闭,代码简洁
   catch(Exception e){  ← catch 子句是可选的
   }
]
```

这里，resource-specification 是声明并初始化资源（如文件）的语句，它包含变量声明，用被管理的对象的引用初始化该变量。这里可以创建多个资源。当 try 块结束时，资源会自动释放。如果是文件，文件将被关闭，因此不需要显式调用 close() 方法，try…with…resources 语句也可以包含 catch 语句和 finally 语句。

Java 9 增强了 try…with…resources 语句的功能，允许在 try 块外部创建资源对象，然后在 try…with…resources 语句中使用这些对象。示例如下所示：

```
void method(Connection conn, ResultSet rs) {
   try (conn; rs) {
     while (rs.next()) {
         // 处理检索的数据
     }
   } catch (SQLException ex) {
         // 执行某种操作
         // 异常可能由不正确的 SQL 语句引起
   }
}
```

上述代码看起来要简洁得多，但实际上程序员更喜欢在相同的上下文中创建和释放（关闭）资源。

并非所有的资源都可以自动关闭。只有实现了 java.lang.AutoCloseable 接口的资源才可以自动关闭。该接口是 JDK 7 新增的，它定义了 close() 方法。java.io.Closeable 接口继承了 AutoCloseable 接口。这两个接口被所有的 I/O 流类实现，包括 FileInputStream 和

FileOutputStream。因此,在使用 I/O 流(包括文件流)时,可以使用 try…with…resources 语句。

9.6 自定义异常类

扫一扫

视频讲解

尽管 Java 已经预定义了许多异常类,但有时还需要定义自己的异常类。编写自定义异常类实际上是继承一个 API 标准异常类,用新定义的异常处理信息覆盖原有信息的过程。常用的编写自定义异常类的模式如下:

```java
public class CustomException extends Exception {
    public CustomException(){}
    public CustomException(String message) {
        super(message);
    }
}
```

当然也可选用 Throwable 作为父类。其中无参数构造方法为创建缺省参数对象提供了方便。第二个构造方法将在创建这个异常对象时提供描述这个异常信息的字符串,通过调用超类构造方法向上传递给父类,对父类中的 toString() 方法中返回的原有信息进行覆盖。

假设程序中需要验证用户输入的数据值必须是正值。我们可以按照以上模式编写自定义异常类,如程序 9-8 所示。

程序 9-8 NegativeValueException.java

```java
package com.boda.xy;
public class NegativeValueException extends Exception {
    public NegativeValueException()  {}
    public NegativeValueException(String message) {
        super(message);
    }
}
```

有了上述的自定义异常类,我们在程序中就可以使用它。假设编写程序要求用户输入圆半径,计算圆面积。该程序要求半径值应该为正值。

程序 9-9 CustomExceptionDemo.java

```java
package com.boda.xy;
import java.util.Scanner;
public class CustomExceptionDemo{
    public static void main(String[] args){
        var input = new Scanner(System.in);
        var radius = 0,area = 0;
        System.out.print("请输入半径值:");
        try{
            radius = input.nextDouble();
            if(radius < 0){
                throw new NegativeValueException("半径值不能小于 0.");
            } else{
```

```
            area = Math.PI * radius * radius;
            System.out.println("圆的面积是:" + area);
        }
    }catch(NegativeValueException nve){
        System.out.println(nve.getMessage());
    }
  }
}
```

运行程序，假设输入一个负值，程序会抛出 NegativeValueException 异常，如图 9-8 所示。

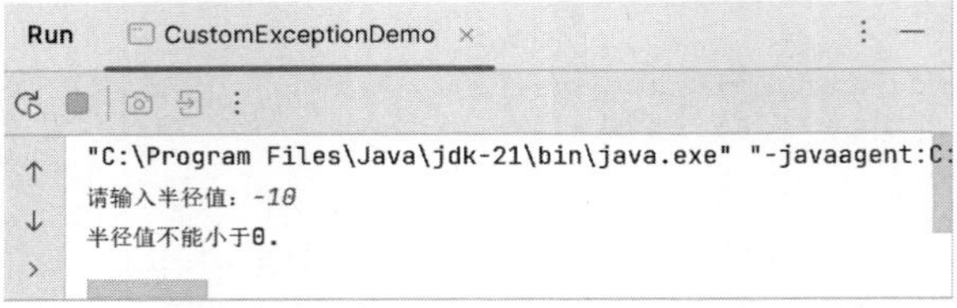

图 9-8　程序 9-9 的运行结果

9.7　案例学习——数组不匹配异常

1. 问题描述

有一个名为 com.boda.xy.ArrayUtils 的实用工具类，该类有一个名为 addArray 的静态方法，它用于对两个长度相同的数组相加。addArray 的签名如下：

```
public static long[] addArray(int[] array1, int[] array2)
        throws MismatchedArrayException, NullPointerException
```

如果两个参数的长度不相同（比如，一个长度是 3，一个长度是 5），方法将抛出一个自定义异常类 MismatchedArrayException，要求该异常类的 toString 方法必须返回下面这个值。

数组大小不同。第一个数组大小是 3，第二个数组大小是 5.

如果其中一个数组为 null，该方法将抛出 NullPointerException 异常。编程测试产生这两种异常的情形。

2. 运行结果

当调用 addArray() 方法时，提供的数组大小不相等时，运行结果如图 9-9 所示。

图 9-9　数组大小不同

当其中一个数组是 null 时,输出结果如图 9-10 所示。

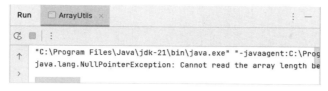

图 9-10　其中一个数组是 null

3．设计思路

（1）由于 MismatchedArrayException 异常类只在 addArray 静态方法中使用,所以这里可将该类定义为外部类 ArrayUtils 类的静态内部类。

（2）为 MismatchedArrayException 类定义一个带两个参数的构造方法,因为抛出该异常对象时要传递两个数组的大小。

（3）覆盖 MismatchedArrayException 类的 toString()方法输出异常信息。

（4）在 addArray()方法中,当两个数组大小不相等时,使用 throw 语句抛出创建的 MismatchedArrayException 对象。

4．代码实现

本案例的代码如程序 9-10 所示。

程序 9-10　ArrayUtils.java

```java
package com.boda.xy;
public class ArrayUtils {
    public static class MismatchedArrayException extends Exception{
        int x = 0, y = 0;
        public MismatchedArrayException(int x, int y) {
            this.x = x;
            this.y = y;
        }
        @Override
        public String toString() {
            return "数组大小不同。第一个数组大小是" + x +",第二个数组大小是" + y+".";  }
    }
    public static long[] addArray(int[] array1, int[] array2)
            throws MismatchedArrayException, NullPointerException {
        if(array1.length != array2.length) {
            throw new MismatchedArrayException(array1.length,array2.length);
        }
        if(array1 == null || array2 == null) {
            throw new NullPointerException();
        }
        var result = new long[array1.length];
        for(var i = 0; i<array1.length; i++) {
            result[i] = array1[i] + array2[i];
        }
        return result;
    }
```

```java
    public static void main(String[]ars) {
        int []a = new int[] {1,2,3};
        //int[] a = new int[] {1,2,3,4,5};
        int[] b = new int[] {1,2,3,4,5};
        //int[] b = null;
        long [] result;
        try{
            result = addArray(a,b);
            for(var n:result) {
                System.out.println(n);
            }
        }catch(Exception e) {
            System.out.println(e.toString());
        }
    }
}
```

9.8 本章小结

本章主要介绍了Java语言的异常处理机制,首先介绍了Java异常和异常类型,接下来介绍了如何捕获和处理异常,包括捕获多个异常、声明方法抛出异常以及try…with…resources结构的使用,最后介绍了自定义异常类的使用。

下一章将介绍泛型与集合,包括如何定义和使用泛型类、泛型方法,之后将重点介绍各种集合,包括List、Set、Queue以及Map等。

9.9 习题与实践

习题

自测题

9.10 上机实验

上机实验

第 10 章

泛型与集合

CHAPTER **10**

本章知识点思维导图

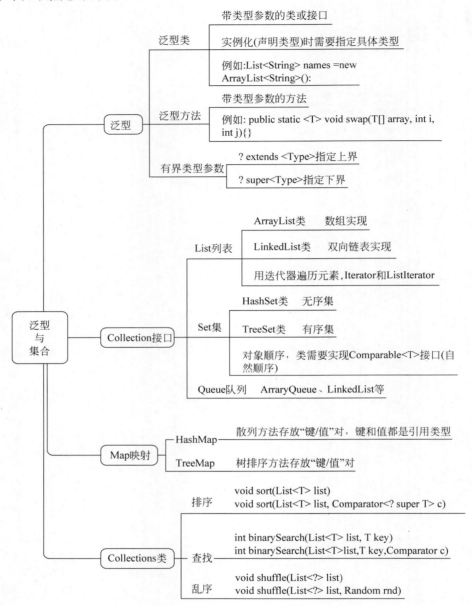

扫一扫

视频讲解

10.1 泛型

泛型是类和接口的一种扩展，主要实现参数化类型机制。泛型被广泛应用在Java集合API中，在Java集合框架中大多数的类和接口都是泛型类型。使用泛型，程序员可以编写更安全的程序。

10.1.1 泛型类

简单地说,**泛型**(generics)是带一个或多个类型参数的类或接口。下面程序 10-1 定义了一个泛型 Node 类表示节点,类型参数 E 表示 Node 对象中存放的元素值。

程序 10-1 Node.java

```java
package com.boda.xy;
public class Node<E> {
    private E data;                         // 泛型成员
    public  Node(){}                        // 默认构造方法
    public  Node(E dataItem){               // 带参数构造方法
        this.data = dataItem;
    }
    public E get() {                        // 访问方法定义
        return data;
    }
    public void add(E dataItem) {           // 修改方法定义
        this.data = dataItem;
    }
    // 显示类型名
    public void showType(){
        System.out.println("E 的类型是:" + data.getClass().getName());
    }
}
```

这里声明的 Node 类就是一个泛型类。在 Node 类的声明中使用尖括号引进了一个名为 E 的类型变量,该变量可以在类的内部任何位置使用。可以将 E 看作是一种特殊类型的变量,它可以是任何类或接口,但不能是基本数据类型。E 可以看作是 Node 类的一个形式参数,泛型也被称为**参数化类型**(parameterized type)。这种技术也适用于接口。

泛型类的使用与方法调用类似,方法调用需向方法传递参数,使用泛型类需传递一个类型参数,即用某个具体的类型替换 E。例如,如果要在 Node 对象中存放 Integer 对象,就需要在创建 Node 对象时为其传递 Integer 类型参数。如果要实例化泛型类对象,也可以使用 new 运算符,但需在类名后面加上要传递的具体类型。

```java
var intNode = new Node<Integer>();
```

一旦创建了 intNode 对象,就可以调用 add()方法设置其中的 Integer 对象,调用 get()方法返回其中的 Integer 对象,如程序 10-2 所示。

程序 10-2 NodeTest.java

```java
package com.boda.xy;
public class NodeTest{
    public static void main(String[]args){
        var intNode = new Node<Integer>();
        intNode.add(999);
        var value = intNode.get();          // ← 不需要强制类型转换
        System.out.println(value);
        intNode.showType();
```

```
        }
}
```

运行结果如图 10-1 所示。

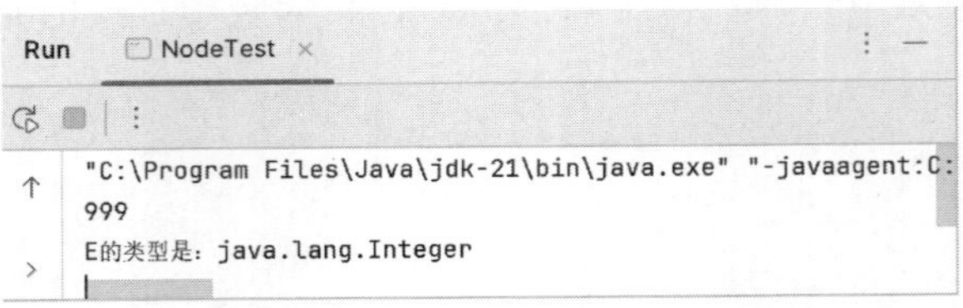

```
Run    NodeTest  ×
"C:\Program Files\Java\jdk-21\bin\java.exe" "-javaagent:C:
999
E的类型是：java.lang.Integer
```

图 10-1 程序 10-2 的运行结果

然而，如果向 intNode 中添加不相容的类型（如 String），将发生编译错误，从而在编译阶段保证了类型的安全，如下所示：

```
intNode.add(new String("hello"));              // 该语句发生编译错误
```

由于编译器能够从上下文中推断出泛型参数的类型，所以从 Java SE 7 开始，在创建泛型类型时可以使用**菱形**(diamond)语法，即仅用一对尖括号(<>)，上述创建 intNode 的语句可以写成如下形式：

```
var intNode = new Node<>();
```

💣 **脚下留神**

上面语句是合法的，不会出现编译错误。但这里没有指定泛型的具体类型，此时编译器将使用 Object 类型，当向 intNode 中添加元素时进行了向上转型，但当取出元素时可能发生运行时错误。如下所示：

```
var intNode = new Node<>();          ←── 元素类型为 Object
intNode.add(999);
Integer value = intNode.get();       ←── 编译错误
```

错误原因是不能将 Object 类型转换成 Integer 类型。因此，在使用 var 声明泛型类型（包括集合）时，尽量不使用菱形语法，且应在尖括号中给出具体的类型。

按照约定，类型参数名使用单个大写字母表示。常用的类型参数名有：E 表示元素，K 表示键，N 表示数字，T 表示类型，V 表示值等。

10.1.2 泛型接口

除了可以定义泛型类，还可以定义泛型接口。泛型可能具有多个类型参数，但在类或接口的声明中，每个参数名必须是唯一的。

下面定义一个带两个类型参数的泛型接口，以及实现泛型接口的泛型类。程序 10-3 定义了带两个参数的泛型接口 Entry，程序 10-4 定义了实现 Entry 接口的泛型类 Pair。

程序 10-3 Entry.java

```
package com.boda.xy;
```

```java
public interface Entry<K, V> {
    public K getKey();          ← 两个抽象方法
    public V getValue();
}
```

程序 10-4　Pair.java

```java
package com.boda.xy;
public class Pair<K, V> implements Entry<K, V>{
    private K key;
    private V value;
    public Pair(K key, V value) {                // 构造方法
        this.key = key;
        this.value = value;
    }
    public void setKey(K key) { this.key = key; }
    public K getKey() { return key; }
    public void setValue(V value) { this.value = value; }
    public V getValue() { return value; }
}
```

下面语句创建了两个 Pair 类实例：

```java
var p1 = new Pair<Integer,String>(20,"twenty");
var p2 = new Pair<String,String>("china", "北京");
```

10.1.3　泛型方法

泛型方法（generic method）是带类型参数的方法。类的成员方法和构造方法都可以定义为泛型方法。泛型方法的定义与泛型类的定义类似，但类型参数的作用域仅限于声明的方法和构造方法内。泛型方法可以定义为静态的和非静态的。

下面的程序 10-5 的 MathUtil 类中定义了两个 static 的泛型方法 swap() 和 compare()。swap() 方法用于交换任何数组中的两个元素（数组元素类型不是基本类型），compare() 方法用于比较两个泛型类 Pair 对象的参数 K 和 V 是否相等。特别注意，对于泛型方法必须在方法返回值前指定泛型，如<K,V>。

程序 10-5　MathUtil.java

```java
package com.boda.xy;
public class MathUtil {
    public static <T> void swap(T[] array,int i, int j){
        T temp = array[i];
        array[i] = array[j];           ← 交换数组的两个元素
        array[j] = temp;
    }
    public static <K, V> boolean compare(Pair<K, V> p1, Pair<K, V> p2) {
        return p1.getKey().equals(p2.getKey()) &&
                p1.getValue().equals(p2.getValue());
    }
    public static void main(String[] args) {
```

```java
        var numbers = new Integer[]{1, 3, 5, 7};
        MathUtil.swap(numbers, 0, 3);
        for(var n:numbers){
            System.out.print(n + "  ");              // 输出 7 3 5 1
        }
        var p1 = new Pair<>(1, "apple");
        var p2 = new Pair<>(2, "orange");
        //调用泛型方法
        boolean same = MathUtil.compare(p1, p2);
        System.out.println("\n" + same);             // 输出 false
    }
}
```

运行结果如图 10-2 所示。

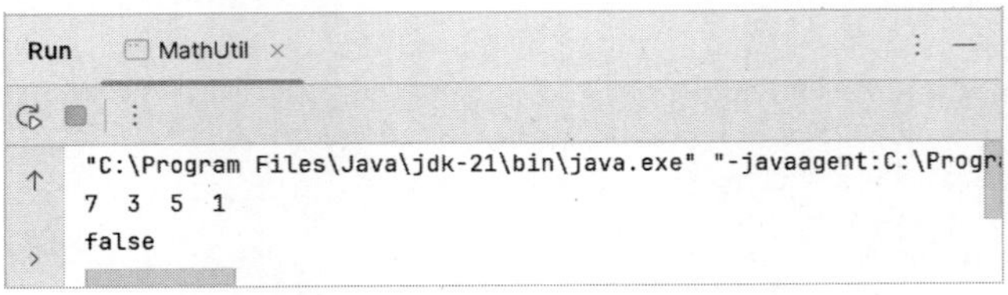

图 10-2　程序 10-5 的运行结果

程序创建了一个 Integer 数组，调用了 MathUtil 的静态泛型方法 swap() 交换两个元素位置。另外创建了两个 Pair 对象，然后调用了 MathUtil 类的静态泛型方法 compare() 比较两个对象。这里的参数类型可以省略，编译器可以推断出所需要的类型。

10.1.4　通配符"?"的使用

泛型类型本身是一个 Java 类型，就像 java.lang.String 和 java.time.LocalDate 一样，为泛型类型传递不同的类型参数会产生不同的类型。例如，下面的 list1 和 list2 就是不同的类型对象：

```java
List<Object> list1 = new ArrayList<Object>();
List<String> list2 = new ArrayList<String>();
```

这里 List 和 ArrayList 分别是泛型接口和泛型类。尽管 String 是 Object 的子类，但 List<String> 与 List<Object> 却没有关系，List<String> 并不是 List<Object> 的子类型。因此，把一个 List<String> 对象传递给一个需要 List<Object> 对象的方法，将会产生编译错误。请看下面代码：

```java
public static void printList(List<Object> list){
    for(Object element : list){
        System.out.println(element);
    }
}
```

该方法的功能是打印传递给它的列表的所有元素。如果传递给该方法的一个 List<String> 对象，将发生编译错误。如果要使上述方法可打印任何类型的列表，可将其参数类型修改为 List<?>，如下所示：

```
public static void printList(List<?> list){
    for(Object element : list){
        System.out.println(element);
    }
}
```

这里，问号(?)就是通配符，它表示该方法可接受元素是任何类型的 List 对象。

下面程序 10-6 声明了方法参数使用问号(?)通配符。List<?> list 表示元素是任何类型的 List 对象。

程序 10-6　WildCardDemo.java

```java
package com.boda.xy;
import java.util.*;
public class WildCardDemo {
    public static void printList(List<?> list){
        for(Object element : list){
            System.out.println(element);
        }
    }

    public static void main(String[] args) {
        var myList = new ArrayList<String>();     ← 元素 String 类型的 List
        myList.add("cat");
        myList.add("dog");
        myList.add("horse");
        printList(myList);
        var myList2 = new ArrayList<Integer>();   ← 元素是 Integer 类型的 List
        myList2.add(300);
        myList2.add(500);
        printList(myList2);
    }
}
```

运行结果如图 10-3 所示。

图 10-3　程序 10-6 的运行结果

10.1.5　方法中的有界参数

有时需要限制传递给类型参数的类型种类，例如，要求一个方法只接受 Number 类或其子类的实例，这就需要使用**有界类型参数**(bounded type parameter)。

有界类型分为上界和下界，上界用 extends 指定，下界用 super 指定。例如，要声明上界类型参数,应使用问号(?),后跟 extends 关键字,然后是上界类型。这里,extends 具有一般的意义,对类表示扩展(extends),对接口表示实现(implements)。

假如要定义一个 getAverage() 方法,它返回一个列表中所有数字的平均值,我们希望该方法能够处理 Integer 列表、Double 列表等各种数字列表。但是,如果把 List<Number> 作为 getAverage() 方法的参数,它将不能处理 List<Integer> 列表或 List<Double> 列表。为了使该方法更具有通用性,可以限定传递给该方法的参数是 Number 对象或其子类对象的列表,这里 Number 类型就是列表中元素类型的**上界**(upper bound)。下面程序 10-7 中的 getAverage() 方法就是这样的参数。

程序 10-7　BoundedTypeDemo.java

```java
package com.boda.xy;
import java.util.*;
public class BoundedTypeDemo {
    public static double getAverage(List<? extends Number> numberList){
        var total = 0.0;
        for(var number :numberList){
            total += number.doubleValue();
        }
        return total/numberList.size();
    }

    public static void main(String[] args) {
        var integerList = new ArrayList<Integer>();
        integerList.add(3);
        integerList.add(30);
        integerList.add(300);
        System.out.println(getAverage(integerList));          // 111.0
        var doubleList = new ArrayList<Double>();
        doubleList.add(5.5);
        doubleList.add(55.5);
        System.out.println(getAverage(doubleList));           // 30.5
    }
}
```

运行结果如图 10-4 所示。

图 10-4　程序 10-7 的运行结果

上述 getAverage() 方法的定义要求类型参数为 Number 类或其子类对象,这里的 Number 就是上界类型。因此若给 getAverage() 方法传递 List<Integer> 和 List<Double> 类型都是正确的,若传递一个非 List<Number> 对象(如 List<LocalDate>),将产生编译错误。

也可以使用 super 关键字指定列表中元素的**下界**(lower bound),如下代码所示:

```
List <? super Integer> integerList
```

这里"? super Integer"的含义是 Integer 类型或其父类型。Integer 类型构成类型的一个下界。

10.2 集合框架

在编写面向对象的程序时,经常要用到一组类型相同的对象。可以使用数组来集中存放这些类型相同的对象,但数组一经定义便不能改变大小。因此,Java 提供了一个**集合框架**(Collections Framework),该框架定义了一组接口和类,使得处理对象组更容易。

集合是指集中存放一组对象的一个对象。集合相当于一个容器,它提供了保存、获取和操作其他元素的方法。集合能够帮助 Java 程序员轻松地管理对象。Java 集合框架由两种类型构成,一种是 Collection,另一种是 Map。Collection 对象用于存放一组对象,Map 对象用于存放"键/值"对的对象。Collection 和 Map 是最基本的接口,它们又有子接口,这些接口的层次关系如图 10-5 所示。

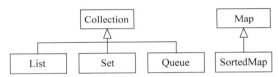

图 10-5 集合框架的接口层次关系

Collection<E>接口是所有集合类型的根接口,它继承了 Iterable<E>接口,它有三个子接口:Set 接口、List 接口和 Queue 接口。Collection 接口定义了集合操作的常用方法,这些方法可以简单分为以下几类:基本操作、批量操作、数组操作等。

Map 接口是映射对象的根接口,它定义了基本的映射操作方法。如,添加一个"键/值"对的 put()方法,返回指定键的值的 get()方法以及删除"键/值"对的 remove()方法等。

10.3 List 接口及实现类

List 接口实现一种线性表(列表)的数据结构。存放在 List 中的所有元素都有一个下标(从 0 开始),可以通过下标访问 List 中的元素。List 中可以包含重复元素。List 接口的实现类包括 ArrayList、LinkedList、Vector 和 Stack。

10.3.1 List 的操作

List 接口除了继承 Collection 的方法外,还定义了一些自己的方法。使用这些方法可以实现定位访问、查找、迭代和返回子线性表。List 的常用方法如下。

- boolean add(Object e):将指定元素插入到列表末尾。
- void add(int index, E element):将指定元素插入到指定下标处。
- E get(int index):返回指定下标处的元素。

- E set(int index，E element)：修改指定下标处的元素。
- E remove(int index)：删除指定下标处的元素。
- boolean addAll(int index，Collection<? extends E> c)：在指定下标处插入集合 c 中的全部元素。
- int indexOf(Object o)：查找指定对象第一次出现的位置。
- int lastIndexOf(Object o)：查找指定对象最后一次出现的位置。
- List<E> subList(int from，int to)：返回从 from 到 to 元素的一个子线性表。

List 从 Collection 接口继承的 remove()方法总是从列表中删除指定的首次出现的元素；add()方法和 addAll()方法总是将元素插入到列表的末尾。下面的代码可以实现连接两个列表：

```
list1.addAll(list2);
```

如果不想破坏原来的线性表,可以按如下代码实现：

```
List<String> list3 = new ArrayList<>(list1);
list3.addAll(list2);
```

10.3.2 ArrayList 类

ArrayList 是最常用的列表实现类,它通过数组实现的集合对象。ArrayList 类实际上实现了一个变长的对象数组,其元素可以动态地增加和删除。它的定位访问时间是常量时间。ArrayList 的构造方法如下。

- public ArrayList()：创建一个空的数组列表对象,默认初始容量是 10。初始容量指的是列表可以存放多少元素。当列表填满而又需要添加更多元素时,列表大小会自动增大。
- public ArrayList(Collection c)：用集合 c 中的元素创建一个数组列表对象。
- public ArrayList(int initialCapacity)：创建一个空的数组列表对象,并指定初始容量。

下列代码创建了一个 ArrayList 对象向其中插入几个元素,并使用 ArrayList 的有关方法对它操作。

```
var bigCities = new ArrayList<String>();
bigCities.add("北京");
bigCities.add("上海");
bigCities.add("广州");
System.out.println(bigCities.size());
bigCities.add(2,"伦敦");                    // 插入元素
bigCities.set(2,"纽约");                    // 修改元素
System.out.println(bigCities.contains("北京"));
System.out.println(bigCities);
System.out.println(bigCities.indexOf("巴黎"));
```

代码的运行结果如图 10-6 所示。

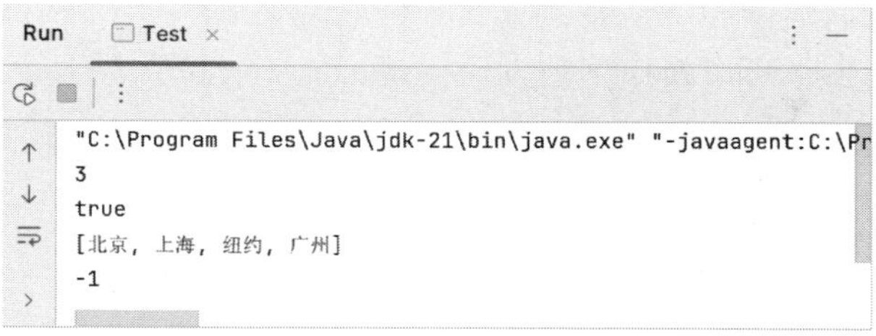

图 10-6　代码的运行结果

10.3.3　遍历集合元素

集合都是泛型类型，在声明时需通过尖括号指定要传递的具体类型。实例化泛型类对象使用 new 运算符，也可以使用菱形语法。

在使用集合时，遍历集合元素是最常见的任务。遍历集合中的元素有多种方法：使用简单的 for 循环、使用增强的 for 循环和使用 Iterator 迭代器对象。

1．使用简单的 for 循环

使用简单的 for 循环可以遍历集合中的每个元素，如下所示：

```java
for(var i = 0; i < bigCities.size(); i++){
    System.out.print(bigCities.get(i) + "  ");
}
```

2．使用增强的 for 循环

使用增强的 for 循环不但可以遍历数组的每个元素，还可以遍历集合中的每个元素。下面的代码打印了集合的每个元素：

```java
for (var city : bigCities)
    System.out.println(city);
```

上述代码的含义是：将集合 bigCities 中的每个对象存储到 city 变量中，然后打印输出。使用这种方法只能按顺序访问集合中的元素，不能修改和删除集合元素。

3．使用 Iterator 迭代器对象

迭代器是一个可以遍历集合中每个元素的对象。调用集合对象的 iterator() 方法可以得到 Iterator 对象，再调用 Iterator 对象的方法就可以遍历集合中的每个元素。Iterator 接口定义了如下 3 个方法。

- public boolean hasNext()：返回迭代器中是否还有对象。
- public E next()：返回迭代器中的下一个对象。
- public void remove()：删除迭代器中的当前对象。

Iterator 对象使用一个内部指针，开始它指向第一个元素的前面。如果在指针的后面还有元素，hasNext() 方法返回 true。调用 next() 方法，指针将移到下一个元素，并返回该

元素。remove()方法将删除指针所指的元素。假设 myList 是 ArrayList 的一个对象,要访问 myList 中的每个元素,可以使用下列方法实现:

```java
Iterator iterator = myList.iterator();                  // 得到迭代器对象
while (iterator.hasNext()){
   System.out.println(iterator.next());
}
```

使用 Iterator 也可以用 for 循环访问集合元素:

```java
for(var iterator = myList.iterator();iterator.hasNext();){
   System.out.println(iterator.next());
}
```

注意 Iterator 接口的 remove()方法用来删除迭代器中当前的对象,该方法同时从集合中删除对象。

下面程序 10-8 演示了 ArrayList 的使用。

程序 10-8 ListDemo.java

```java
package com.boda.xy;
import java.util.*;
public class ListDemo{
   public static void main(String[] args){
      var myPets = new ArrayList<String>();
      myPets.add("猫");
      myPets.add("狗");
      myPets.add("马");
      for(var pet: myPets){
         System.out.print(pet + "  ");
      }
      System.out.println();
      var bigPets = new String[]{"老虎","狮子"};
      List<String> list = new ArrayList<>();
      list.add(bigPets[0]);
      list.add(bigPets[1]);
      myPets.addAll(list);
      System.out.println(myPets.contains("大象"));
      var iterator = myPets.iterator();
      while(iterator.hasNext()){
         String pet = iterator.next();
         System.out.print(pet + "  ");
      }
   }
}
```

运行结果如图 10-7 所示。

List 还提供了 listIterator()方法返回 ListIterator 对象。它可以从前后两个方向遍历线性表中的元素,在迭代中修改元素以及获得元素的当前位置。ListIterator 是 Iterator 的子接口,它不但继承了 Iterator 接口中的方法,还定义了自己的方法。

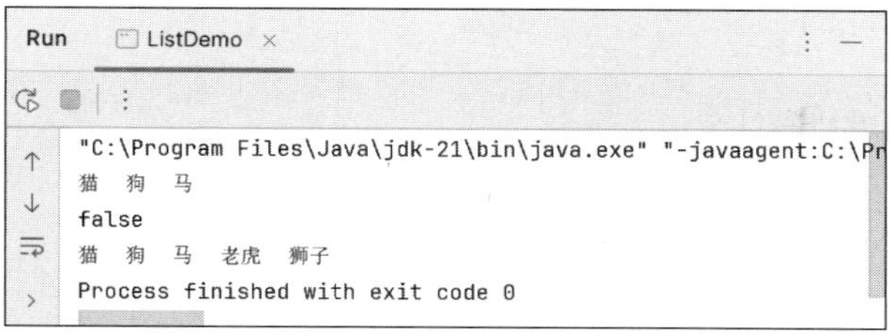

图 10-7　程序 10-8 的运行结果

10.3.4　数组转换为 List 对象

java.util.Arrays 类提供了一个 asList() 方法，它实现将数组转换成 List 对象的功能，该方法的定义如下：

```
public static <T> List<T> asList(T... a)
```

该方法提供了一个方便的从多个元素创建 List 对象的途径，它的功能与 Collection 接口的 toArray() 方法相反，如下所示：

```
var str = new String[]{"one","two","three","four"};
var list = Arrays.asList(str);              // 将数组转换为列表
System.out.println(list);
```

也可以将数组元素直接作为 asList() 方法的参数写在括号中，如下代码所示：

```
var list = Arrays.asList("one", "two", "three", "four");
```

数组元素还可以使用基本数据类型，如果使用基本数据类型，则转换成 List 对象元素时进行了自动装箱操作。

在 Java 9 中，如果希望使用几个元素创建一个集合，可以使用集合的工厂方法，从而可以避免调用 add() 方法。

```
var ints = Set.of(1, 2, 3);
var strList = List.of("first", "second");
```

注意，使用 Arrays.asList() 方法和集合的 of() 工厂方法返回的集合对象是不可变的，因此创建后再进行添加、删除等操作，将抛出 UnsupportedOperationException 异常。如果要实现对集合对象的操作，可以将其作为一个参数传递给另一个 List 的构造方法，如下所示：

```
List<String> list = new ArrayList<>(Arrays.asList(str));
```

10.4　Set 接口及实现类

Set 接口对象类似于数学上的集合概念，其中不允许有重复的元素。Set 接口没有定义新的方法，只包含从 Collection 接口继承的方法。Set 接口的常用实现类有：HashSet 类、

TreeSet 类和 LinkedHashSet 类。

10.4.1　HashSet 类

HashSet 类用散列方法存储元素，具有最好的存取性能，但元素没有顺序。HashSet 类的构造方法如下。

- public HashSet()：创建一个空的散列集合，该集合的默认初始容量是 16，默认**装填因子**(load factor)是 0.75。装填因子决定何时对散列表进行再散列。例如，如果装填因子为 0.75(默认值)，而表中超过 75% 的位置已经填入元素时，这个表就会用双倍的桶数自动地进行再散列。对于大多数的应用程序来说，装填因子为 75% 是比较合理的。
- public HashSet(Collection c)：用指定的集合 c 的元素创建一个散列集合。
- public HashSet(int initialCapacity)：创建一个散列集合，并指定集合的初始容量。

下面代码演示了 HashSet 的使用。

```java
var words = new HashSet<String>();
words.add("one");
words.add("two");
words.add("three");
words.add("four");
words.add("one");                    // 不能将重复的元素添加到集合中
for(var w : words){
    System.out.print(w + " ");       // 输出:four one two three
}
```

从结果可以看到，在向 Set 对象中添加元素时，重复的元素不能添加到集合中。另外，由于程序中使用的实现类为 HashSet，它并不保证集合中元素的顺序。

10.4.2　TreeSet 类

TreeSet 实现一种树集合，它使用红-黑树为元素排序，添加到 TreeSet 中的元素必须是可比较的，即元素的类必须实现 Comparable<T>接口。它的操作要比 HashSet 慢。

TreeSet 类的默认构造方法为创建一个空的树集合，其他构造方法如下。

- public TreeSet(Collection c)：用指定集合 c 中的元素创建一个新的树集合，集合中的元素按自然顺序排序。
- public TreeSet(Comparator c)：创建一个空的树集合，元素的排序规则按给定的比较器 c 的规则排序。

下面程序 10-9 创建了一个 TreeSet 对象，其中添加了 4 个字符串对象。

程序 10-9　TreeSetDemo.java

```java
package com.boda.xy;
import java.util.*;
public class TreeSetDemo{
    public static void main(String[] args){
        var ts = new TreeSet<String>();              // TreeSet 中的元素将自动排序
```

```
        var s = new String[]{"one","two","three","four"};
        for (var i = 0; i < s.length; i++){
           ts.add(s[i]);
        }
        System.out.println(ts);
    }
}
```

运行结果如图10-8所示。

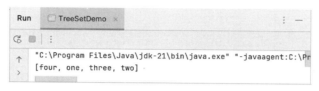

图 10-8　程序 10-9 的运行结果

从输出的结果可以看到,这些字符串是按照字母的顺序排列的。

10.4.3　对象顺序

创建 TreeSet 类对象时如果没有指定比较器对象,集合中的元素将按自然顺序排列。**所谓自然顺序**(natural order)是指集合对象实现了 Comparable＜T＞接口的 compareTo()方法,对象则根据该方法排序。如果试图对没有实现 Comparable＜T＞接口的集合元素排序,将抛出 ClassCastException 异常。另一种排序方法是创建 TreeSet 对象时指定一个比较器对象,这样,元素将按比较器的规则排序。如果需要指定新的比较规则,可以定义一个类实现 Comparator＜T＞接口,然后为集合提供一个新的比较器。

提示　关于 Comparable＜T＞和 Comparator＜T＞接口的具体使用方法,请参阅 8.3 节接口示例。

字符串的默认比较规则是按字母顺序比较。假如按反顺序比较,可以定义一个类实现 Comparator＜T＞接口,然后用该类对象作为比较器。

下面的程序 10-10 实现了字符串的降序排序。

程序 10-10　DescSortDemo.java

```
package com.boda.xy;
import java.util.*;
public class DescSortDemo{
    public static void main(String[] args){
        var s = new String[]{"China", "England","France","America","Russia",};
        Set<String> ts = new TreeSet<>();
        for(var i = 0; i < s.length; i ++)
           ts.add(s[i]);
        System.out.println(ts);            ←―|  元素按自然顺序排序
        //使用匿名内部类实现字符串倒序排序
        ts = new TreeSet<>(new Comparator<String>(){
            public int compare(String a, String b){
                return b.compareTo(a);
            }
        });
```

```
        // 将数组 s 中元素添加到 TreeSet 对象中
        for(int i = 0; i < s.length; i ++)
            ts.add(s[i]);
        System.out.println(ts);          ←———| 元素按比较器倒序输出
    }
}
```

运行结果如图 10-9 所示。

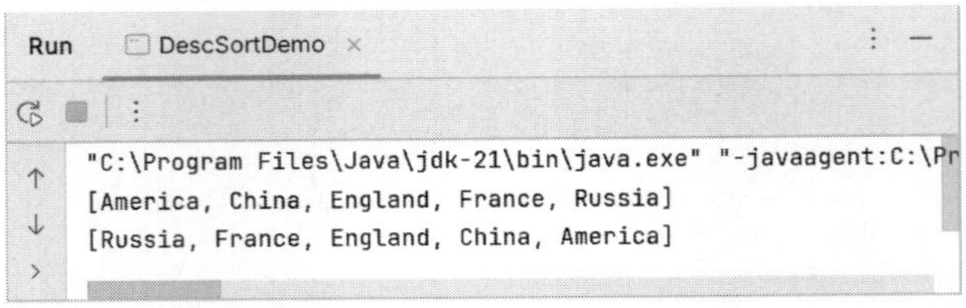

```
"C:\Program Files\Java\jdk-21\bin\java.exe" "-javaagent:C:\Pr
[America, China, England, France, Russia]
[Russia, France, England, China, America]
```

图 10-9　程序 10-10 的运行结果

输出的第一行是按字符串自然顺序的比较输出,第二行的输出使用了自定义的比较器,按与自然顺序相反的顺序输出。

视频讲解

10.5　Queue 接口及实现类

Queue 接口是 Collection 的子接口,它是以先进先出(First-In-First-Out,FIFO)的方式排列其元素,称为**队列**(queue)。Queue 接口的子接口 Deque 实现双端队列,ArrayDeque 和 LinkedList 是它的两个实现类。

10.5.1　Queue 接口和 Deque 接口

Queue 接口除了提供 Collection 的操作外,还提供了插入、删除和检查操作。Queue 接口的常用方法如下所示。

- public boolean add(E e):将指定的元素 e 插入到队列中。
- public E element():返回队列头元素,但不将其删除。
- public E remove():返回队列头元素,同时将其删除。

使用 add()方法时如果队列的容量限制遭到破坏,它将抛出 IllegalStateExcepion 异常。使用 remove()方法删除队头元素时,当队列为空时 remove()方法抛出 NoSuchElementException 异常。使用 element()方法返回队头元素时,如果队列为空则抛出 NoSuchElementException 异常。

Deque 接口实现双端队列,它支持从两端插入和删除元素,它同时实现了 Stack 和 Queue 的功能。Deque 接口中定义的基本操作方法如表 10-1 所示。

表 10-1　Deque 接口的常用方法

操作类型	队首元素操作	队尾元素操作
插入元素	addFirst(e)	addLast(e)
	offerFirst(e)	offerLast(e)

操作类型	队首元素操作	队尾元素操作
删除元素	removeFirst()	removeLast()
	pollFirst	pollLast()
返回元素	getFirst()	getLast()
	peekFirst()	peekLast()

表中每组操作有两个方法，第一个方法在操作失败时抛出异常，第二个方法操作失败返回一个特殊值。除表中定义的基本方法外，Deque 接口还定义了 removeFirstOccurence() 方法和 removeLastOccurence() 方法，分别用于删除第一次出现的元素和删除最后出现的元素。

10.5.2　ArrayDeque 类和 LinkedList 类

Deque 的常用实现类包括 ArrayDeque 类和 LinkedList 类，前者是可变数组的实现，后者是链表的实现。LinkedList 类比 ArrayDeque 类更灵活，它实现了链表的所有操作。

可以使用增强的 for 循环和迭代器访问队列的元素。

使用增强的 for 循环访问队列元素的代码如下：

```java
var aDeque = new ArrayDeque<String>();
…
for (var str : aDeque) {
    System.out.println(str);
}
```

使用迭代器访问队列元素的代码如下：

```java
var aDeque = new ArrayDeque<String>();
…
for (var iter = aDeque.iterator(); iter.hasNext();  ) {
    System.out.println(iter.next());
}
```

下面的程序 10-11 演示了 ArrayDeque 类的使用。

程序 10-11　DequeDemo.java

```java
package com.boda.xy;
import java.util.*;
public class DequeDemo{
    public static void main(String[]args){
        var elements = new int[]{1,2,3,0,7,8,9};
        var queue =   new ArrayDeque<>();
        queue.addFirst(5);                    // 将元素 5 添加到队列中
        // 将数组中前 3 个元素添加到队头
        for(var i = 0; i<3;i++){
            queue.addFirst(elements[i]);
        }
        System.out.println(queue);            // 输出:[3,2,1,5]
        // 将数组中后 3 个元素添加到队尾
        for(var i = 4; i<7;i++){
```

```
            queue.offerLast(elements[i]);
        }
        System.out.println(queue);           ←| 输出:[3,2,1,5,7,8,9]
        //访问 queue 中每个元素
        for(var v: queue)
            System.out.print(v + "  ");
        System.out.println("\nsize = " + queue.size());
    }
}
```

运行结果如图 10-10 所示。

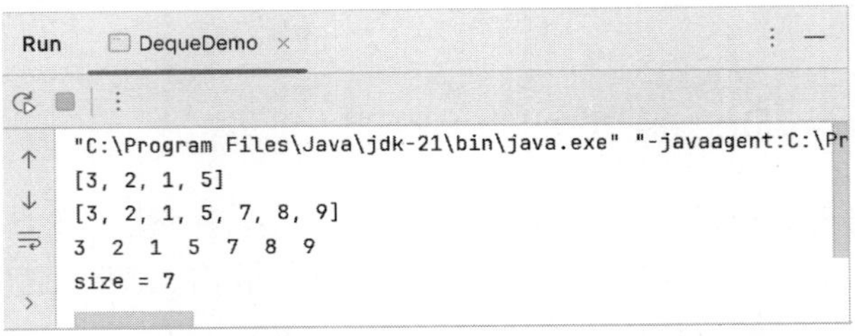

图 10-10 程序 10-11 的运行结果

队列的实现类一般不允许插入 null 元素，但 LinkedList 类是一个例外。由于历史的原因，它允许插入 null 元素。

如果需要经常在线性表的头部添加元素或在其内部删除元素，就应该使用 LinkedList。这些操作在 LinkedList 中是常量时间，在 ArrayList 中是线性时间。而对定位访问 LinkedList 是线性时间，ArrayList 是常量时间。

LinkedList 的常用构造方法如下所示。

- LinkedList()：创建一个空的链表。
- LinkedList(Collection c)：用集合 c 中的元素创建一个链表。

创建 LinkedList 对象不需要指定初始容量。LinkedList 类除了实现 List 接口中的方法外，还定义了 addFirst()、getFirst()、removeFirst()、addLast()、getLast()和 removeLast()等方法。注意，LinkedList 同时实现了 List 接口和 Queue 接口。

程序 10-12 使用了 LinkedList 类实现一个 10 秒倒计时器。程序首先将 10 到 1 存储到队列中，然后从 10 到 1 每隔 1 秒钟输出一个数。

程序 10-12　CountDown.java

```java
package com.boda.xy;
import java.util.*;
public class CountDown {
    public static void main(String[] args){
        var time = 10;
        var queue = new LinkedList<Integer>();
        for(var i = time; i > 0; i--)
            queue.add(i);                               // 将 10 到 1 存储到队列中
        while(!queue.isEmpty()){
            System.out.print(queue.remove() + "  ");    // 从队列中删除一个元素
            try{
                Thread.sleep(1000);                     // 当前线程睡眠 1 秒钟
```

```
        }catch(InterruptedException e){
            e.printStackTrace();
        }
    }
  }
}
```

运行结果如图 10-11 所示。

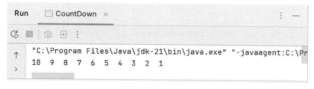

图 10-11　程序 10-12 的运行结果

为了模拟倒计时效果，程序在输出一个数后使用 Thread 类的 sleep() 方法使当前线程睡眠 1 秒钟，sleep() 方法会抛出异常 InterruptedException，因此需要使用 try…catch 结构处理异常。关于线程的概念请参阅其他教材。

10.5.3　集合转换

集合实现类的构造方法一般都接受一个 Collection 对象，这使得可以将 Collection 转换成不同类型的集合。下面是一些实现类的构造方法：

```
public ArrayList(Collection c)
public HashSet(Collection c)
public LinkedList(Collection c)
```

下面代码将一个 Queue 对象转换成一个 List：

```
Queue<String> queue = new LinkedList<>();
queue.add("hello");
queue.add("world");
List<String> myList = new ArrayList(queue);
```

以下代码又可以将一个 List 对象转换成 Set 对象：

```
Set<String> set = new HashSet(myList);
```

🔑 10.6　案例学习——用集合存储、遍历学生信息

扫一扫

视频讲解

1. 问题描述

设计学生类 Student，属性：学号（整型），姓名（字符串），语文成绩，数学成绩，英语成绩和总成绩，成绩均为 int 型。程序创建多个学生信息存储到集合中，学号相同时视为同一个对象，不重复存储，遍历集合将学生信息按总成绩降序输出到控制台。

2. 运行结果

下面是一次运行结果,如图 10-12 所示。

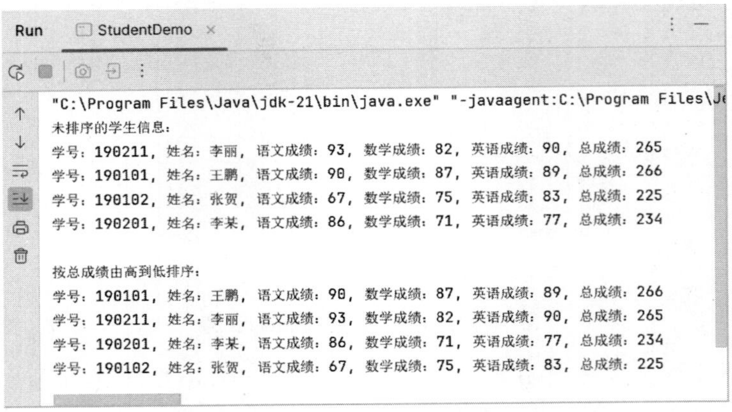

图 10-12 案例的运行结果

3. 设计思路

(1) 定义学生类,重写方法 hashCode()和 equals(),用学号识别是否为重复的对象。
(2) 创建 HashSet 集合对象,使用泛型限定只存储学生对象。
(3) 创建若干学生对象,把学生对象添加到集合。
(4) 遍历集合,输出学生信息到控制台。
(5) 修改学生类使其实现 Comparable 接口,让对象拥有自然序。实现接口中的抽象方法 compareTo(),按总成绩降序排序学生对象。
(6) 定义 TreeSet 集合,将 HashSet 集合中的学生对象添加到此 TreeSet 集合中,实现学生对象按总成绩降序存储。

4. 代码实现

下面两个程序是该案例的实现代码。Student 类的代码如程序 10-13 所示,录入和输出学生信息的代码如程序 10-14 所示。

程序 10-13 Student.java

```java
package com.boda.xy;
public class Student implements Comparable<Student>{
    private int sno;
    private String name;
    private int chineseScore;
    private int mathScore;
    private int englishScore;
    private int totalScore;        // 创建对象时由其他科成绩计算得到

    public Student(int sno, String name, int chineseScore, int mathScore, int englishScore) {
        this.sno = sno;
        this.name = name;
```

```java
        this.chineseScore = chineseScore;
        this.mathScore = mathScore;
        this.englishScore = englishScore;
        this.totalScore = chineseScore + mathScore + englishScore;
    }
    public Student() {
        super();
    }
    public String getName() {
        return name;
    }
    public void setName(String name) {
        this.name = name;
    }
    public int getChineseScore() {
        return chineseScore;
    }
    public void setChineseScore(int chineseScore) {
        this.chineseScore = chineseScore;
    }
    public int getMathScore() {
        return mathScore;
    }
    public void setMathScore(int mathScore) {
        this.mathScore = mathScore;
    }
    public int getEnglishScore() {
        return englishScore;
    }
    public void setEnglishScore(int englishScore) {
        this.englishScore = englishScore;
    }
    public int getSno() {              ←───  sno 属性和 totalScore 属性为只读属性
        return sno;
    }
    public int getTotalScore() {
        return totalScore;
    }
    @Override
    public int hashCode() {
        final int prime = 31;
        int result = 1;
        result = prime * result + sno;
        return result;
    }
    @Override
    public String toString() {
        return "学号:" + sno + ", 姓名:" + name
            + ", 语文成绩:" + chineseScore + ", 数学成绩:" + mathScore
            + ", 英语成绩:" + englishScore + ", 总成绩:" + totalScore;
    }
    @Override
    public boolean equals(Object obj) {
        if (this == obj)
            return true;
```

```java
        if (obj == null)
            return false;
        if (getClass() != obj.getClass())
            return false;
        Student other = (Student) obj;
        if (sno != other.sno)
            return false;
        return true;
    }

    @Override
    public int compareTo(Student o) {          ←── 实现 Comparable 接口的 compareTo()方法,
                                                    使对象具有自然顺序
        if(!(o instanceof Student))
            return -1;
        Student p = (Student)o;
        return p.totalScore - this.totalScore;
    }
}
```

程序 10-14　StudentSet.java

```java
package com.boda.xy;
import java.util.HashSet;
import java.util.Set;
import java.util.TreeSet;

public class StudentSet{
    public static void main(String[] args) {
        //创建学生对象
        Student stud1 = new Student(190101,"王鹏",90,87,89);
        Student stud2 = new Student(190102,"张贺",67,75,83);
        Student stud3 = new Student(190201,"李某",86,71,77);
        Student stud4 = new Student(190211,"李丽",93,82,90);
        Student stud5 = new Student(190101,"王鹏",61,73,68);

        //将学生对象添加到 HashSet 集合,学号重复的学生对象看作同一人,不重复添加
        Set<Student> studentSet = new HashSet<Student>();
        studentSet.add(stud1);
        studentSet.add(stud2);
        studentSet.add(stud3);
        studentSet.add(stud4);
        studentSet.add(stud5);          ←── 该学生不能添加到集合中
        System.out.println("未排序的学生信息:");
        for(Student stud:studentSet) {
            System.out.println(stud);
        }

        //将 HashSet 集合中的学生对象添加到 TreeSet 集合中,实现按总成绩降序存储
        Set<Student> studentTreeSet = new TreeSet<Student>();
        for(Student set:studentSet){
            studentTreeSet.add(set);
        }
        System.out.println("按总成绩由高到低排序:");
```

```
        for(Student stud:studentTreeSet) {
            System.out.println(stud);
        }
    }
}
```

可以看到,使用 HashSet 存储的对象没有顺序,但是如果添加的是集合已有的元素,它将不被添加到集合中,如程序中 stud5 这个对象,他的学号与 stud1 的学号相同。

提示 实现学生对象在 TreeSet 集合中降序存储,也可以不修改学生类。定义一个比较器类,使其实现 java.util.Comparator 接口,在其 compare 方法中实现两个对象的比较。

10.7　Map 接口及实现类

Map 是存储"键/值"对的对象,通常称为映射。在 Map 中存储的关键字和值都必须是对象,并要求关键字是唯一的,而值可以重复。

10.7.1　Map 接口

Map 接口实现基本操作的方法包括添加"键/值"对、返回指定键的值、删除"键/值"对等,如下所示。

- public V put(K key, V value):向映射对象中添加一个"键/值"对。
- public V get(Object key):返回指定键的值。
- public V remove(Object key):从映射中删除指定键的"键/值"对。
- public boolean containsKey(Object key):返回映射中是否包含指定的键。
- public boolean containsValue(Object value):返回映射中是否包含指定的值。
- public int size():返回映射中包含的"键/值"对的个数。
- public boolean isEmpty():返回映射是否为空。
- public void clear():删除映射中的所有"键/值"对。
- public Set<K> keySet():返回由键组成的 Set 对象。
- public Collection<V> values():返回由值组成的 Collection 对象。
- public Set<Map.Entry<K,V>> entrySet():返回包含 Map.Entry<K,V>的一个 Set 对象。

Map 接口常用的实现类有 HashMap 类、TreeMap 类、Hashtable 类和 LinkedHashMap 类。

10.7.2　HashMap 类

HashMap 类以散列方法存放"键/值"对,它的常用构造方法如下所示。

- public HashMap():创建一个空的映射对象,使用默认的装填因子(0.75)。
- public HashMap(int initialCapacity):用指定初始容量和默认装填因子创建一个映射对象。
- public HashMap(Map m):用指定的映射对象 m 创建一个新的映射对象。

程序 10-15 使用了 HashMap 存放几个国家名称和首都名称对照表，国家名称作为键，首都名称作为值，然后对其进行各种操作。

程序 10-15 MapDemo.java

```java
package com.boda.xy;
import java.util.*;
public class MapDemo {
    public static void main(String[] args) {
        var country = new String[]{"中国","印度","澳大利亚",
                "德国","古巴","希腊","日本"};
        var capital = new String[]{"北京","新德里","堪培拉","柏林",
                "哈瓦那","雅典","东京"};
        var m = new HashMap<>();
        for(var i = 0;i<country.length;i++){
            m.put(country[i], capital[i]);
        }
        System.out.println("共有 " + m.size() + " 个国家:");
        System.out.println(m);
        System.out.println(m.get("中国"));
        m.remove("日本");
        var coun = m.keySet();
        for(var c : coun)
            System.out.print(c + " ");
    }
}
```

运行结果如图 10-13 所示。

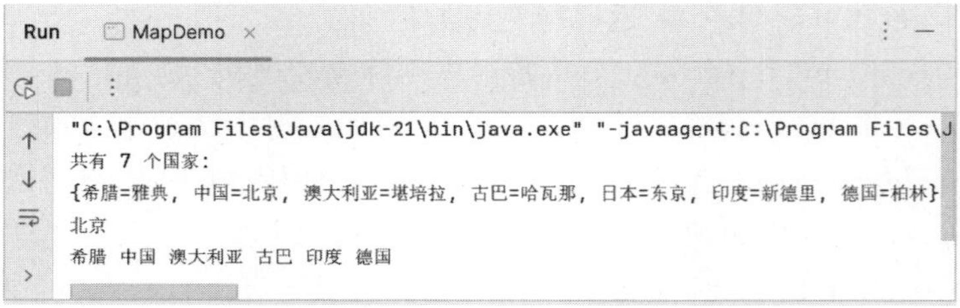

图 10-13 程序 10-15 的运行结果

10.7.3 TreeMap 类

TreeMap 类实现了 SortedMap 接口，它保证 Map 中的"键/值"对按关键字升序排序。TreeMap 类的常用构造方法如下所示。

- public TreeMap()：创建根据键的自然顺序排序的空的映射。
- public TreeMap(Comparator coll)：根据给定的比较器创建一个空的映射。
- public TreeMap(Map map)：用指定的映射对象 m 创建一个新的映射，根据键的自然顺序排序。

对程序 10-15 的例子，假设希望按国家名称的顺序输出 Map 对象，仅将 HashMap 改为 TreeMap 即可。输出结果如图 10-14 所示。

这里，键的顺序是按中文的 Unicode 码顺序输出的。"键/值"对是按键的顺序存放到 TreeMap 中。

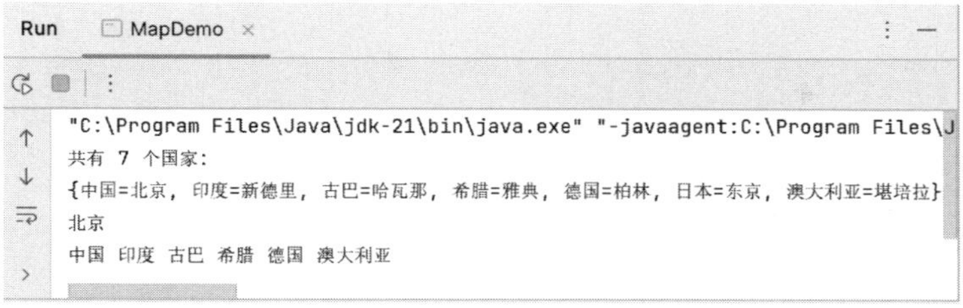

图 10-14　程序的运行结果

10.8　Collections 类

扫一扫

视频讲解

java.util.Collections 类提供了若干 static 方法实现集合对象的操作。这些操作大多对 List 操作，主要包括下面几方面：排序、重排、查找、求极值以及常规操作等。

1. 排序

使用 sort()方法可对列表中的元素排序，它有下面两种格式。
- public static < T > void sort(List < T > list)
- public static < T > void sort(List < T > list, Comparator <? super T > c)

该方法实现对 List 的元素按升序或指定的比较器顺序排序。该方法使用优化的归并排序算法，因此排序是快速的和稳定的。在排序时如果没有提供 Comparator 对象，则要求 List 中的对象必须实现 Comparable 接口。

下面代码对元素为 Integer 的 List 排序：

```
var numbers = Arrays.asList(20, -5, 49, 8);
Collections.sort(numbers);
for(var n :numbers){
    System.out.print(n + "  ");
}
```

代码的运行结果如图 10-15 所示。

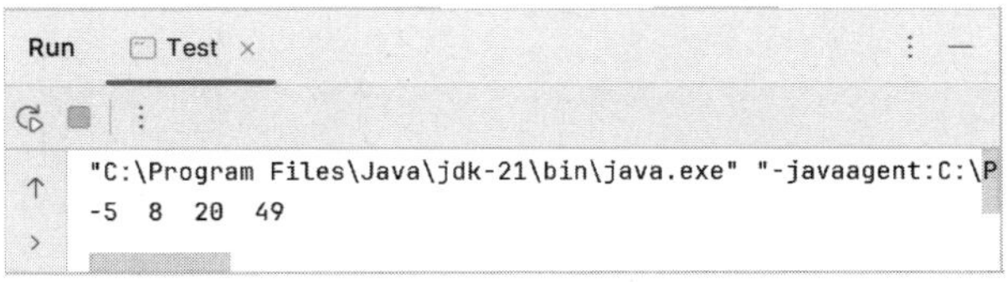

图 10-15　对元素为 Integer 的 List 排序

下面代码对字符串 List 按字符串长度升序排序。

```
var names = Arrays.asList("this", "is", "a", "string");
Collections.sort(names,new Comparator < String >(){
    public int compare(String a,String b){
        return a.length() - b.length();     ← 指定比较器对象
    }
```

```
        });
for(var name:names){
    System.out.print(name + "  ");
}
```

代码的运行结果如图 10-16 所示。

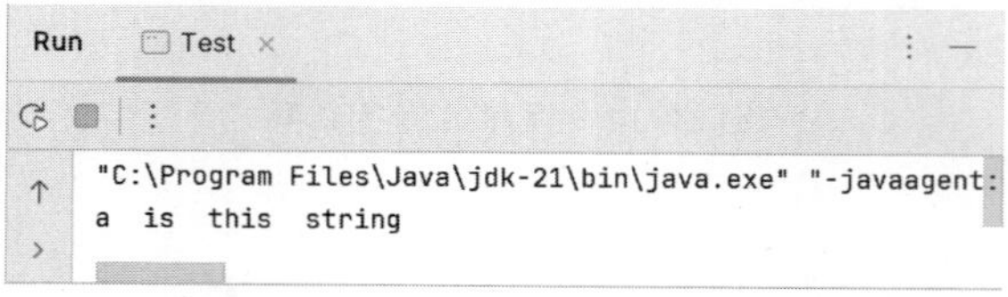

图 10-16　对 List 升序排序

2．查找

使用 binarySearch()方法可以在**已排序的** List 中查找指定的元素,该方法格式如下所示。

- public static < T > int binarySearch(List < T > list，T key)
- public static < T > int binarySearch(List < T > list，T key，Comparator c)

第一个方法指定 List 和要查找的元素。该方法要求 List 按元素的自然顺序的升序排序。第二个方法除了指定查找的 List 和要查找的元素外,还要指定一个比较器,并且假定 List 已经按该比较器升序排序。在执行查找算法前必须先执行排序算法。

如果 List 包含要查找的元素,方法返回元素的下标,否则返回值为(一插入点－1),插入点为该元素应该插入到 List 中的下标位置。

下面的代码可以实现在 List 中查找指定的元素,如果找不到,则将该元素插入到适当的位置。

```
var list = Arrays.asList(5,3,1,7);
Collections.sort(list);
Integer key = 4;
int pos = Collections.binarySearch(list, key);
if( pos < 0){                              ←┤ 小于 0 表示没有找到
    var nlist = new ArrayList< Integer >(list);
    nlist.add( - pos - 1, key);             ←┤ 将键插到正确位置
    System.out.println(nlist);              // 输出[1, 3, 4, 5, 7]
}
```

3．打乱元素次序

使用 shuffle()方法可以打乱 List 对象中元素的次序,该方法格式如下所示。

- public static void shuffle(List <?> list)：使用默认的随机数打乱 List 中元素的次序。
- public static void shuffle(List <?> list，Random rnd)：使用指定的 Random 对象打乱 List 中元素的次序。

下面的代码说明了 sort()方法和 shuffle()方法的使用。

```
var num = new Integer []{1, 3, 5, 6, 4, 2, 7, 9, 8, 10};
var list = Arrays.asList(num);
System.out.println(list);                    // 按插入顺序输出
```

```
Collections.sort(list);
System.out.println(list);              // 按排序后顺序输出
Collections.shuffle(list,new Random());
System.out.println(list);              // 打乱顺序后再输出
```

代码的运行结果如图 10-17 所示。

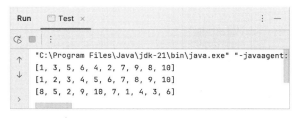

图 10-17　代码的运行结果

4．其他常用方法

在 Collections 类中还定义了一些其他方法，常用的方法如下所示。

- public static < T > T max(Collection <? extends T > coll)：返回集合中的最大值。
- public static < T > T min(Collection <? extends T > coll)：返回集合中的最小值。
- public static void reverse(List <?> list)：该方法用来反转 List 中元素的顺序。
- public static void fill(List <? super T > list，T obj)：用指定的值覆盖 List 中原来的每个值，该方法主要用于对 List 进行重新初始化。
- public static void copy(List <? super T > dest，List <? extends T > src)：该方法带有两个参数，目标 List 和源 List。它实现将源 List 中的元素复制到目标 List 中并覆盖其中的元素。使用该方法要求目标 List 的元素个数不少于源 List。如果目标 List 的元素个数多于源 List，其余元素不受影响。
- public static void swap(List <?> list，int i，int j)：交换 List 中指定位置的两个元素。
- public static void rotate(List <?> list，int distance)：旋转列表，将 i 位置的元素移动到(i+distance)％list.size()的位置。
- public static < T > boolean addAll(Collection <? super T > c，T…elements)：该方法用于将指定的元素添加到集合 c 中，可以指定单个元素或数组。
- public static int frequency(Collection <?> c，Object o)：返回指定的元素 o 在集合 c 中出现的次数。
- public static boolean disjoint(Collection <?> c1，Collection <?> c2)：判断两个集合是否不相交。如果两个集合不包含相同的元素，该方法返回 true。

10.9　本章小结

本章首先介绍了泛型，包括泛型的定义和使用、泛型方法以及通配符的使用，接下来介绍了 Java 集合，包括 List 接口及实现类、Set 接口及实现类、Queue 接口及实现类以及 Map 接口及实现类，最后介绍了 Collections 类的常用方法。

下一章将介绍 Java 语言的输入输出,包括 File 类、二进制 I/O 常用类和文本 I/O 常用类以及对象序列化。

10.10　习题与实践

习题

自测题

10.11　上机实验

上机实验

第11章

输入输出

CHAPTER 11

本章知识点思维导图

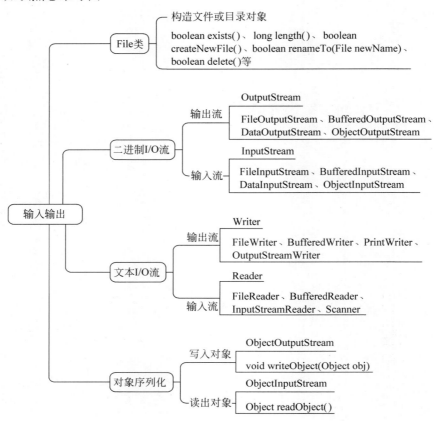

扫一扫

视频讲解

11.1 I/O 概述

输入输出（I/O）是任何编程语言都提供的功能，Java 语言从一开始就支持 I/O，最初是通过 java.io 包中的类和接口提供支持的。目前 Java 支持流式 I/O 和文件 I/O。流式 I/O 分为输入流和输出流。程序为了获得外部数据，可以在数据源（文件、内存及网络套接字）上创建一个输入流，然后用 read() 方法顺序读取数据。类似地，程序可以在输出设备上创建一个输出流，然后用 write() 方法将数据写到输出流中。

所有的数据流都是单向的。使用输入流，只能从中读取数据；使用输出流，只能向其写出数据，如图 11-1 所示。

按照处理数据的类型分，数据流又可分为二进制流和文本流，也分别称为字节流和字符流，它们处理的信息的基本单位分别是字节和字符。

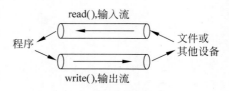

图 11-1 输入输出流示意

不管数据来自何处或流向何处，也不管是什么类型，顺序读写数据的算法基本上是一样的。如果需要从外界获得数据，首先需要建立输入流对象，然后从输入流中读取数据；如果需要将数据输出，需要建立输出流对象，然后向输出流中写出数据。

11.1.1 File 类

java.io.File 类表示物理磁盘上的实际文件或目录,但它不表示文件中的数据。在文件系统中,每个文件都存放在一个目录下。绝对文件名是由驱动器字母、完整的路径以及文件名组成的,如 D:\study\Hello.txt 是 Windows 系统下的一个绝对文件名。相对文件名是相对于当前工作目录的。对于相对文件名而言,完整目录被忽略。例如,Hello.txt 是一个相对文件名。如果当前的工作目录是 D:\study,则绝对文件名是 D:\study\Hello.txt。

注意 在 Windows 中目录的分隔符是反斜杠(\)。但是在 Java 中,反斜杠是一个特殊的字符,因此目录分隔符应该写成双反斜杠(\\)的形式。

下面的程序 11-1 通过 File 类的对象创建了一个文件,并演示了有关方法的使用。

程序 11-1 FileDemo.java

```
package com.boda.xy;
import java.io.*;
public class FileDemo {
   public static void main(String[] args){
      try{
         var success = false;
         var file = new File("Hello.txt");      // 此时文件还不存在!
         System.out.println(file.exists());     // 输出 false
         success = file.createNewFile();        // 创建文件是否成功
         System.out.println(success);           // 输出 true
         System.out.println(file.exists());     // 输出 true
      }catch(IOException e){
         System.out.println(e.toString());
      }
   }
}
```

运行结果如图 11-2 所示。

图 11-2 程序 11-1 的运行结果

输出结果的第一个 false 表示尽管已经创建了 File 对象,但文件现在不存在。接下来调用 File 类的 createNewFile()方法创建文件,文件创建成功返回 true,最后再次调用 File 类的 exists()方法返回 true,表示文件存在。在 IntelliJ IDEA 中执行该程序,可以在项目的根目录中找到创建的 Hello.txt 文件,该文件的大小为 0 字节,表示是一个空文件。

另外,这里把创建文件对象的代码写在 try…catch 结构中,因为大多数 I/O 操作都抛出 IOException 检查异常,必须处理。

下面是 File 类最常用的操作方法。
- public boolean exists():测试 File 对象是否存在。

- public long length()：返回指定文件的字节长度，文件不存在时返回 0。
- public boolean createNewFile()：当文件不存在时，创建一个空文件时返回 true，否则返回 false。
- public boolean renameTo(File newName)：重新命名指定的文件对象，正常重命名时返回 true，否则返回 false。
- public boolean delete()：删除指定的文件。若为目录，当目录为空时才能删除。
- public long lastModified()：返回文件最后被修改的日期和时间，它计算的是从 1970 年 1 月 1 日 0 时 0 分 0 秒开始的毫秒数。

11.1.2 文本 I/O 与二进制 I/O

在计算机系统中通常使用文件存储信息和数据。文件通常可以分为文本文件和二进制文件。**文本文件**（text file）是包含字符序列的文件，可以使用文本编辑器查看或通过程序阅读。而内容必须按二进制序列处理的文件称为**二进制文件**（binary file）。

实际上，计算机并不区分二进制文件与文本文件。所有的文件都是以二进制形式来存储的，因此，从本质上说，所有的文件都是二进制文件。

图 11-3 给出了文本 I/O 的操作过程。

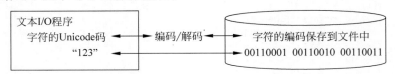

图 11-3 文本 I/O 的操作过程

对于文本 I/O 而言，在写入一个字符时，Java 虚拟机会将字符的统一码转换为文件指定的编码。在读取字符时，虚拟机将文件指定的编码转换为统一码。编码和解码是自动进行的。例如，如果使用文本 I/O 将字符串"123"写入文件，那么每个字符的二进制编码都会写入到文件。字符"1"的统一码是\u0031，所以虚拟机会根据文件的编码方案将统一码转换成一个字符。为了写入一个字符串"123"，就应该将 3 个字符\u0031、\u0032 和\u0033 发送到输出。

图 11-4 给出了二进制 I/O 的操作过程。

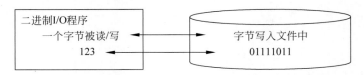

图 11-4 二进制 I/O 的操作过程

二进制 I/O 不需要进行转换。使用二进制 I/O 向文件写入一个数据，就是将内存中的值复制到文件中。例如，一个 byte 类型的数值 123 在内存中表示为 0111 1011，那么将它写入文件也是 0111 1011。使用二进制 I/O 读取一个字节时，会从输入流中读取一个字节的二进制编码。

由于二进制的 I/O 不需要编码和解码，所以它的优点是处理效率比文本文件高。二进制文件与主机的编码方案无关，因此它是可移植的。

11.2 二进制 I/O 流

扫一扫

视频讲解

二进制 I/O 流是**以字节为单位**的输入输出流,因此也称为**字节 I/O 流**。本节介绍几个常用的二进制输入输出流,使用它们可以实现二进制数据的读写。

11.2.1 OutputStream 类和 InputStream 类

OutputStream 类是二进制输出流的根类,它有多个子类。二进制输出流 OutputStream 类定义的方法如下。

- public void write(int b):把指定的整数 b 的低 8 位字节写入输出流。
- public void write(byte[] b):把指定的字节数组 b 的 b.length 个字节写入输出流。
- public void flush():刷新输出流,输出全部缓存内容。
- public void close():关闭输出流,并释放系统资源。

InputStream 类是二进制输入流的根类,它有多个子类。二进制输入流 InputStream 类定义的方法如下。

- public int read():从输入流中读取下一个字节并返回它的值,返回值是 0 到 255 的整数值。如果读到输入流末尾,返回 −1。
- public int read(byte[] b):从输入流中读取多个字节,存入字节数组 b 中,如果输入流结束,返回 −1。
- public int available():返回输入流中可读或可跳过的字节数。
- public void close():关闭输入流,并释放相关的系统资源。

上述这些方法的定义都抛出了 IOException 异常,当程序不能读写数据时就会抛出该异常,因此使用这些方法时要么使用 try…catch 结构捕获异常,要么声明方法抛出异常。

11.2.2 FileOutputStream 类和 FileInputStream 类

FileOutputStream 类和 FileInputStream 类用来实现文件的输入输出处理,由它们所提供的方法可以打开本地机上的文件,并进行顺序读写。

FileOutputStream 类的常用构造方法如下。

- FileOutputStream(String name):用表示文件的字符串创建文件输出流对象。若文件不存在,则创建一个新文件,若存在则原文件的内容被覆盖。也可用 File 对象作为参数创建文件输出流对象。
- FileOutputStream(String name, boolean append):用表示文件的字符串创建文件输出流对象。如果 append 参数为 true,则指明打开的文件输出流不覆盖原来的内容,而是从文件末尾写入新内容,否则覆盖原来的文件内容。使用该构造方法生成文件输出流对象时要特别注意,以免操作不当删除了原文件中的内容。

FileInputStream 类的两个常用的构造方法如下。

- FileInputStream(String name):用表示文件的字符串创建文件输入流对象。
- FileInputStream(File file):用 File 对象创建文件输入流对象。

若指定的文件不存在,则产生 FileNotFoundException 异常,它是检查异常,必须捕获或声明抛出。也可以先创建 File 对象,然后测试该文件是否存在,若存在再创建文件输入流。

FileOutputStream 类覆盖了父类的 write()方法,可以使用该方法向输出流中写数据。FileInputStream 类覆盖了父类的 read()、available()和 close()方法。

OutputStream 类和 InputStream 类及其子类都实现了 java.lang.AutoClosable 接口,因此可以在 try…with…resources 语句中使用,当流使用完自动将它们关闭。

程序 11-2 首先使用了 FileOutputStream 对象向 output.dat 文件中写入 10 个 10 到 99 的随机整数,程序 11-3 从 output.dat 文件中读出这 10 个数并输出。

程序 11-2 WriteByteDemo.java

```java
package com.boda.xy;
import java.io.*;
public class WriteByteDemo {
   public static void main(String[] args) {
      var outputFile = new File("output.dat");
      try(
        var out = new FileOutputStream(outputFile);)
      {
       for(var i = 0; i < 10;i++){
         int x = (int)(Math.random() * 90) + 10;
         out.write(x);           ←——┤只把整数低 8 位写入输出流
         System.out.print(x + " ");
      }
       out.flush();              // 刷新输出流
       System.out.println("\n已向文件写入 10 个两位数!");
      }catch(IOException e){
        System.out.println(e.toString());
      }
   }
}
```

运行结果如图 11-5 所示。

图 11-5 程序 11-2 的运行结果

如果用记事本打开 output.dat 文件,可以看到其内容是乱码,因为其中写入的是 10 个字节的二进制内容。若查看文件的大小,它是 10 字节。

下面的程序 11-3 从 output.dat 文件中读出了这 10 个数并输出。

程序 11-3 ReadByteDemo.java

```java
package com.boda.xy;
import java.io.*;
```

```java
public class ReadByteDemo {
    public static void main(String[] args) {
        var inputFile = new File("output.dat");
        try(
            var in = new FileInputStream(inputFile);
        ) {
            int c = in.read();
            while (c != -1){           // ← 读到文件尾返回 -1
                System.out.print(c + " ");
                c = in.read();          // ← 读下一个字节
            }
        }catch(IOException e){
            System.out.println(e.toString());
        }
    }
}
```

程序中使用了 try…with…resources 语句，它将自动关闭打开的资源（文件输入输出流）。运行结果如图 11-6 所示。

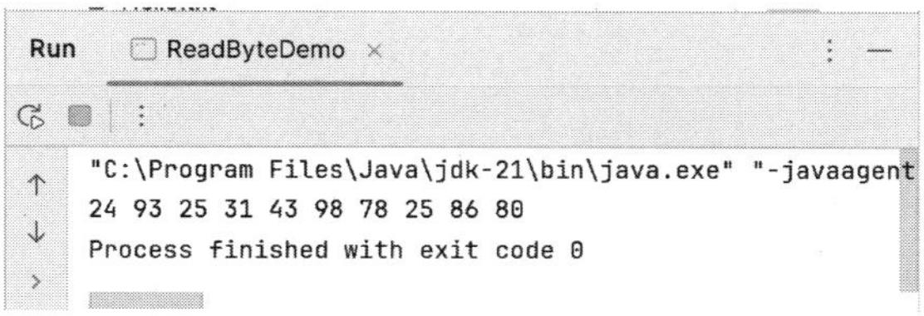

图 11-6　程序 11-3 的运行结果

11.2.3　缓冲 I/O 流

BufferedOutputStream 类为缓冲输出流，BufferedInputStream 类为缓冲输入流，这两个类用来对流实现缓冲功能。使用缓冲流可以减少读写数据的次数，加快输入输出的速度。缓冲流使用字节数组实现缓冲，当输入数据时，数据成块地读入数组缓冲区，然后程序再从缓冲区中读取单个字节；当输出数据时，数据先写入数组缓冲区，然后再将整个数组写到输出流中。

BufferedOutputStream 类的构造方法如下。

- BufferedOutputStream(OutputStream out)：使用参数 out 指定的输出流对象创建一个缓冲输出流。
- BufferedOutputStream(OutputStream out, int size)：使用参数 out 指定的输出流对象创建一个缓冲输出流，并且通过 size 参数指定缓冲区的大小，默认为 512 字节。

BufferedInputStream 类的构造方法如下。

- BufferedInputStream(InputStream in)：使用参数 in 指定的输入流对象创建一个缓冲输入流。
- BufferedInputStream(InputStream in, int size)：使用参数 in 指定的输入流对象创建一个缓冲输入流，并且通过 size 参数指定缓冲区的大小，默认为 512 字节。

使用上面两个类，可以把输入输出流包装成具有缓冲功能的流，从而提高输入输出的效率。

11.2.4 DataOutputStream 类和 DataInputStream 类

DataOutputStream 类和 DataInputStream 类分别是数据输出流和数据输入流。使用这两个类可以实现基本数据类型的输入输出。这两个类的构造方法如下。

- DataOutputStream(OutputStream outstream)：参数 outstream 是字节输出流对象。
- DataInputStream(InputStream instream)：参数 instream 是字节输入流对象。

下面语句分别创建了一个数据输出流和数据输入流。第一条语句为文件 output.dat 创建了缓冲输出流，然后将其包装成数据输出流，第二条语句为文件 input.dat 创建了缓冲输入流，然后将其包装成数据输入流。

```
var outFile = new DataOutputStream(
                  new BufferedOutputStream(
                      new FileOutputStream("output.dat")));
var inFile = new DataInputStream(
                  new BufferedInputStream(
                      new FileInputStream("input.dat")));
```

DataOutputStream 类和 DataInputStream 类中定义了读写基本类型数据和字符串的方法，这两个类分别实现了 DataOutput 和 DataInput 接口中定义的方法。

DataOutputStream 类定义的常用方法如下所示。

- public void writeByte(int v)：将 v 的低 8 位写入输出流，忽略高 24 位。
- public void writeShort(int v)：向输出流写一个 16 位的整数。
- public void writeInt(int v)：向输出流写一个 4 字节的整数。
- public void writeLong(long v)：向输出流写一个 8 字节的长整数。
- public void writeChar(int v)：向输出流写一个 16 位的字符。
- public void writeBoolean(boolean v)：将一个布尔值写入输出流。
- public void writeFloat(float v)：向输出流写一个 4 字节的 float 型浮点数。
- public void writeDouble(double v)：向输出流写一个 8 字节的 double 型浮点数。
- public void writeBytes(String s)：将参数字符串中每个字符的低位字节按顺序写到输出流中。
- public void writeChars(String s)：将参数字符串中的每个字符按顺序写到输出流中，每个字符占 2 字节。
- public void writeUTF(String s)：将参数字符串中的字符按 UTF-8 的格式写出到输出流中。UTF-8 格式的字符串中每个字符可能是 1、2 或 3 字节，另外字符串前要加 2 字节存储字符数量。

DataInputStream 类定义的常用方法如下所示。

- public byte readByte()：从输入流读 1 字节并返回该字节。
- public short readShort()：从输入流读 2 字节，返回一个 short 型值。
- public int readInt()：从输入流读 4 字节，返回一个 int 型值。
- public long readLong()：从输入流读 8 字节，返回一个 long 型值。

- public char readChar()：从输入流读 1 字符并返回该字符。
- public boolean readBoolean()：从输入流读一个字节，非 0 返回 true，0 返回 false。
- public float readFloat()：从输入流读 4 字节，返回一个 float 型值。
- public double readDouble()：从输入流读 8 字节，返回一个 double 型值。
- public String readLine()：从输入流读下一行文本。该方法已被标记为不推荐使用。
- public String readUTF()：从输入流读 UTF-8 格式的字符串。

程序 11-4 使用了 DataOutputStream 流将数据写入到文件中，这里还将数据流包装成缓冲流。之后，程序 11-5 使用了 DataInputStream 流从文件中读取数据并在控制台输出。

程序 11-4　WriteDataDemo.java

```java
package com.boda.xy;
import java.io.*;
public class WriteDataDemo{
    public static void main(String[] args){
        // 向文件中写数据
        try(
            var output = new FileOutputStream("data.dat");
            var dataOutStream = new DataOutputStream(
                    new BufferedOutputStream(output));
        ){
            dataOutStream.writeDouble(123.456);        // 写 8 字节
            dataOutStream.writeInt(100);               // 写 4 字节
            dataOutStream.writeUTF("Java 语言");       // 写 12 字节
        }catch(IOException e){
            e.printStackTrace();
        }
        System.out.println("数据已写到文件中。");
    }
}
```

运行结果如图 11-7 所示。

图 11-7　程序 11-4 的运行结果

该程序执行后，查看 data.dat 文件的属性可知该文件的大小是 24 字节。这是因为 double 型数占 8 字节，int 型数占 4 字节，用 writeUTF() 写字符串时每个英文字符占 1 字节，每个汉字占 3 字节，另有 2 字节记录字符串的字符个数。

如果将 writeUTF() 方法改为 writeBytes() 方法，每个字符写出 1 字节，文件大小将为 18 字节。若将 writeUTF() 方法改为 writeChars() 方法，每个字符用 2 字节输出，文件大小将为 24 字节。

程序 11-5　ReadDataDemo.java

```java
package com.boda.xy;
import java.io.*;
```

```java
public class ReadDataDemo{
    public static void main(String[] args){
        // 从文件中读取数据
        try(
            var input = new FileInputStream("data.dat");
            var dataInStream = new DataInputStream(
                new BufferedInputStream(input));
        ){
            while(dataInStream.available()>0){
                double d = dataInStream.readDouble();
                int i = dataInStream.readInt();
                String s = dataInStream.readUTF();
                System.out.println("d = " + d);
                System.out.println("i = " + i);
                System.out.println("s = " + s);
            }
        }catch(IOException e){
            e.printStackTrace();
        }
    }
}
```

运行结果如图 11-8 所示。

图 11-8　程序 11-5 的运行结果

从程序 11-5 中可以看到，从输入流中读取数据时应与写入的数据的顺序一致，否则读出的数据内容不可预测。

在从输入流中读数据时，如果到达输入流的末尾还继续从中读取数据，就会发生 EOFException 异常，这个异常可用来检测是否已经到达文件末尾。

11.2.5　PrintStream 类

PrintStream 类为打印各种类型的数据提供了方便。PrintStream 类定义了多个 print()方法和 println()方法，可以打印输出各种类型的数据，这些方法都是把数据转换成字符串，然后输出。如果输出到文件中则可以用记事本浏览。println()方法输出后换行，print()方法输出后不换行。当把对象传递给这两个方法时先调用对象的 toString()方法将对象转换为字符串形式，然后输出。在前面章节中大量使用的 System.out 对象就是 PrintStream 类的一个实例，用于向控制台输出数据。

11.2.6　标准输入输出流

计算机系统都有标准输入设备和标准输出设备。对一般系统而言，标准输入设备通常是键盘,而标准输出设备是屏幕。Java 系统事先定义了两个对象 System.in 和 System.out,分别与系统的标准输入和标准输出相联系,另外还定义了标准错误输出流 System.err。

System.in 是 InputStream 类的实例。可以使用 read()方法从键盘上读取字节,也可以将它包装成数据流读取各种类型的数据和字符串。

System.out 和 System.err 是 PrintStream 类的实例,可以使用该类定义的方法输出各种类型数据。System.in 和 System.out 默认是键盘和屏幕,可以用 System 类的 setIn()方法和 setOut()方法对输入输出重定向。

11.3 案例学习——文件加密解密

扫一扫

视频讲解

1. 问题描述

编写一个简单的文件加密、解密程序。文件加密、解密有多种方法,本案例使用一种简单的算法,对文件的内容使用异或运算进行加密后保存到指定的文件中。要对文件解密,需要先读取文件中的加密内容,再次使用异或运算解密得到原文件内容。

2. 运行结果

这里假设有一个 java.png 图片文件,存放在当前项目的根目录,现在要对该文件加密和解密。运行加密程序,如图 11-9 所示。

图 11-9　加密程序的运行结果

文件加密后,不能打开 java2.png 文件。现在运行解密程序,如图 11-10 所示。解密得到的 java3.png 与原来的 java.png 文件相同,可以打开该文件。但要注意,解密文件时要使用与加密文件时相同的秘钥,否则得不到原来的文件。

图 11-10　解密程序的运行结果

3. 设计思路

本案例使用异或运算进行加密、解密的原理可以描述如下，按位异或运算符的运算规则是：两个操作数中，如果相应位相同，结果为 0，否则为 1，如下所示。

$$00101010 \wedge 00010111 = 00111101$$

异或运算符的特点是：用同一个数 k 对操作数 n 进行两次异或运算，结果仍然为原值 n。就是说，如果 c=n^k，那么 n=c^k，即用同一个数 k 对数 n 进行两次异或运算的结果还是数 n。

利用异或运算的这个性质，可以实现简单的字节加密、解密操作。本案例设计思路如下：

（1）程序首先要求用户输入要加密的文件名、加密后的文件名以及加密使用的秘钥，也就是要在读取的字节上做异或运算。

（2）使用 FileInputStream 和 FileOutputStream 创建输入流（源文件）和输出流（加密文件），从源文件中读取每个字节然后对它做异或运算，将结果写入加密的文件。

（3）文件解密的过程与加密的过程类似。使用 FileInputStream 和 FileOutputStream 创建输入流（要解密的文件）和输出流（解密后文件），从输入流中读取每字节然后对它做异或运算，将结果写入解密后的文件。这里要注意，解密使用的密钥需要与加密使用的秘钥相同，否则得不到源文件。

4. 代码实现

下面程序 11-6 是文件加密程序，程序 11-7 是文件解密程序。

程序 11-6 FileEncription.java

```java
package com.boda.xy;
import java.io.InputStream;
import java.io.OutputStream;
import java.util.Scanner;
import java.io.File;
import java.io.IOException;
import java.io.FileInputStream;
import java.io.FileOutputStream;

public class FileEncription{
    public static void main(String[] args) throws IOException{
        var input = new Scanner(System.in);
        String sourceFile = null;
        String secretFile = null;
        var keyValue = 0;
        System.out.print("请输入源文件名：");
        sourceFile = input.nextLine();
        System.out.print("请输入加密文件名：");
        secretFile = input.nextLine();
        System.out.print("请输入秘钥：");
        keyValue = input.nextInt();

        var srcFile = new File(sourceFile);
```

```java
    var encFile = new File(secretFile);

    if(!srcFile.exists()) {
        System.out.println("源文件不存在!");
        System.exit(0);
    }

    if(!encFile.exists()) {
        System.out.println("创建加密文件!");
        encFile.createNewFile();
    }
    try(
        var fis = new FileInputStream(srcFile);
        var fos = new FileOutputStream(encFile);
    ) {
        var dataOfFile = fis.read();
        while(dataOfFile != -1) {
            dataOfFile = dataOfFile ^ keyValue;   // 对读出的字节做异或运
            fos.write(dataOfFile);                //  算,然后写入加密文件中
            dataOfFile = fis.read();
        }
    }
    System.out.println("文件加密完成!");
    input.close();
    }
}
```

程序 11-7 FileDecription.java

```java
package com.boda.xy;
import java.io.File;
import java.io.FileInputStream;
import java.io.FileOutputStream;
import java.io.IOException;
import java.io.InputStream;
import java.io.OutputStream;
import java.util.Scanner;

public class FileDecription {
    public static void main(String[] args) throws IOException{
        var input = new Scanner(System.in);
        String secretFile = null;
        String resultFile = null;
        var keyValue = 0;
        System.out.print("请输入要解密文件: ");
        secretFile = input.nextLine();
        System.out.print("请输入解密后文件名: ");
        resultFile = input.nextLine();
        System.out.print("请输入秘钥: ");
        keyValue = input.nextInt();
        var encFile = new File(secretFile);
        var decFile = new File(resultFile);
        if(!encFile.exists()) {
            System.out.println("解密的文件不存在!");
            System.exit(0);
```

```
        }
        if(!decFile.exists()) {
            System.out.println("创建目标文件！");
            decFile.createNewFile();
        }
        try(
            var fis = new FileInputStream(encFile);
            var fos = new FileOutputStream(decFile);
        ) {
            var dataOfFile = fis.read();
            while(dataOfFile != -1) {
                dataOfFile = dataOfFile ^ keyValue;    ← 对读出的字节做异或运算，
                fos.write(dataOfFile);                    然后写入解密文件中
                dataOfFile = fis.read();
            }
        }
        System.out.println("文件解密完成！");
        input.close();
    }
}
```

这里介绍的加密方法是一种极简单的加密方法。实际上加密和解密技术是计算机领域一个非常重要和复杂的学科，感兴趣的读者可以参考有关文献学习。

视频讲解

11.4 文本 I/O 流

11.2 节介绍的二进制输入输出流是以字节作为信息的基本单位的，本节将介绍**以字符为基本单位**的文本 I/O 流，也叫**字符 I/O 流**。

11.4.1 Writer 类和 Reader 类

抽象类 Writer 和 Reader 分别是文本输出流和输入流的根类，它们实现字符的写读。Writer 类定义的常用方法如下。

- public void write(int c)：向输出流中写一个字符，实际是将 int 型的 c 的低 16 位写入输出流。
- public void write(char [] cbuf)：把字符数组 cbuf 中的字符写入输出流。
- public void write(String str)：把字符串 str 写入输出流中。
- public void flush()：刷新输出流。
- public void close()：关闭输出流。

Reader 类定义的方法如下。

- public int read()：读取一个字符，返回范围为 0 到 65 535 的 int 型值，如果到达流的末尾返回-1。
- public int read(char[] cbuf)：读取多个字符到字符数组 cbuf 中，如果到达流的末尾返回-1。
- public void close()：关闭输入流。

Writer 类和 Reader 类的方法在发生 I/O 错误时都会抛出 IOException 异常,因此在程序中应该捕获异常或声明抛出异常。

11.4.2　FileWriter 类和 FileReader 类

FileWriter 类是文件输出流,FileReader 类是文件输入流。当操作的文件中是文本数据时,推荐使用这两个类。

FileWriter 类的常用构造方法如下所示。

- public FileWriter(String fileName):用参数 fileName 指定的文件创建一个文件输出流对象。
- public FileWriter(File file):用参数 file 指定的 File 对象创建一个文件输出流对象。
- public FileWriter(String fileName,boolean append):使用该构造方法创建文件输出流对象时,如果参数 appent 指定为 true,可以向文件末尾追加数据,否则覆盖文件原来的数据。

FileReader 类的常用构造方法如下所示。

- public FileReader(String fileName):用字符串表示的文件构造一个文件输入流对象。
- public FileReader(File file):用 File 对象表示的文件构造一个文件输入流对象。

FileWriter 类是 OutputStreamWriter 的子类,它实现文本输出流向二进制输出流的转换功能;FileReader 类是 InputStreamReader 的子类,它实现二进制输入流向文本输入流的转换功能。

下面的程序 11-8 使用了 FileReader 和 FileWriter 将文件 input.txt 的内容复制到 output.txt 文件中。

程序 11-8　FileCopyDemo.java

```java
package com.boda.xy;
import java.io.*;
public class FileCopyDemo{
    public static void main(String[] args){
        var inputFile = new File("input.txt");
        var outputFile = new File("output.txt");
        try(
            var in = new FileReader(inputFile);
            var out = new FileWriter(outputFile);)
         {
            int c = in.read();
            while(c != -1){           ←┤ 读到文件尾返回-1
              out.write(c);
              c = in.read();
            }
            System.out.println("文件成功复制完成!");
        }catch(IOException e){
            System.out.println(e.toString());
        }
    }
}
```

假设已在项目根目录中创建了 input.txt 文件，程序的运行结果如图 11-11 所示。

图 11-11　程序 11-8 的运行结果

11.4.3　BufferedWriter 类和 BufferedReader 类

BufferedWriter 类和 BufferedReader 类分别实现了具有缓冲功能的文本输入输出流。这两个类用来将其他的文本流包装成缓冲文本流，以提高读写数据的效率。

BufferedWriter 类的构造方法如下所示。
- BufferedWriter(Writer out)：使用默认的缓冲区大小创建缓冲文本输出流。
- BufferedWriter(Writer out，int sz)：使用指定的缓冲区大小创建缓冲文本输出流。

除了继承 Writer 类的方法外，该类还提供了一个 void newLine() 方法，用来写一个行分隔符。它是系统属性 line.separator 定义的分隔符。通常 Writer 直接将输出发送到基本的字符或字节流，建议在 Writer 上（如 FileWriter 和 OutputStreamWriter）包装 BufferedWriter，如下所示：

```
var br = new BufferedWriter(new FileWriter("output.txt"));
```

BufferedReader 类的构造方法如下所示。
- public BufferedReader(Reader in)：使用默认的缓冲区大小创建缓冲文本输入流。
- public BufferedReader(Reader in，int sz)：使用指定的缓冲区大小创建缓冲文本输入流。

下面代码创建了一个 BufferedReader 对象：

```
var in = new BufferedReader(new FileReader("input.txt"));
```

BufferedReader 类除了覆盖了父类 Reader 类的方法外，还定义了 readLine() 方法用于从输入流中读取一行文本。

下面程序 11-9 用 BufferedReader 类读取文本文件 article.txt，统计文件中的单词数量。假设文本文件名为 article.txt，文件保存在项目根目录中。这里单词的分隔符只用空格、逗号和点号三种，内容如下：

```
no pains,no gains.
well begun is half done.
where there is a will,there is a way.
```

程序 11-9　WordsCount.java

```
package com.boda.xy;
import java.io.*;
```

```java
public class WordsCount{
    public static void main(String[] args) throws Exception{
        var fileName = "article.txt";
        var inFile = new FileReader(fileName);
        var reader = new BufferedReader(inFile);
        int sum = 0;
        String []words;
        var aLine = reader.readLine();          ←| 读取一行文本
        while(aLine != null){
            words = aLine.split("[ ,.]");       ←| 将每个单词解析到 words 数组中
            sum = sum + words.length;
            aLine = reader.readLine();          ←| 读取下一行
        }
        reader.close();
        System.out.println("共有单词 = " + sum);
    }
}
```

程序逐行读取文本文件，对每行解析出单词数组并统计每个单词数组的元素之和，从而统计出文章中的单词数量。运行结果如图 11-12 所示。

图 11-12　程序 11-9 的运行结果

11.4.4　PrintWriter 类

PrintWriter 类为文本打印输出流，它的常用构造方法如下所示。

- PrintWriter(Writer out)：使用参数指定的输出流对象 out 创建一个打印输出流。
- PrintWriter(Writer out，boolean autoFlush)：如果 autoFlush 指定为 true，则在输出之前自动刷新输出流。
- PrintWriter(OutputStream out)：使用二进制输出流创建一个打印输出流。
- PrintWriter(OutputStream out，boolean autoFlush)：如果 autoFlush 指定为 true，则在输出之前自动刷新输出流。

PrintWriter 类定义的常用方法如下所示。

- public void println(boolean b)：输出一个 boolean 型数据。
- public void println(char c)：输出一个 char 型数据。
- public void println(char[] s)：输出一个 char 型数组数据。
- public void println(int i)：输出一个 int 型数据。
- public void println(long l)：输出一个 long 型数据。
- public void println(float f)：输出一个 float 型数据。
- public void println(double d)：输出一个 double 型数据。
- public void println(String s)：输出一个 String 型数据。

- public void println(Object obj)：将 obj 转换成 String 型数据，然后输出。
- public PrintWriter printf(String format, Object...args)：使用指定的格式 format，输出 args 参数指定的数据。

这些方法都是把数据转换成字符串，然后输出。当把对象传递给这两类方法时则先调用对象的 toString()方法将对象转换为字符串，然后输出。

下面程序 11-10 随机产生 10 个 100～200 的整数，然后使用 PrintWriter 对象输出到文件 number.txt 中。之后再从文件中读出这 10 个数。

程序 11-10　　PrintWriterDemo.java

```java
package com.boda.xy;
import java.io.*;
public class PrintWriterDemo{
    public static void main(String[]args) throws IOException{
        var fileName = "number.txt";
        var out = new FileWriter(new File(fileName));
        var pw = new PrintWriter(out,true);
        // 向文件中随机写入 10 个整数
        for(int i = 0; i < 10; i++){
            int num = (int)(Math.random() * 101) + 100;
            pw.println(num);
        }
        pw.close();
        //从文件中读出 10 个整数
        var in = new FileReader(new File(fileName));
        var reader = new BufferedReader(in);
        var aLine = reader.readLine();
        while(aLine != null){
            System.out.print(aLine + "  ");
            aLine = reader.readLine();
        }
        reader.close();
    }
}
```

运行结果如图 11-13 所示。

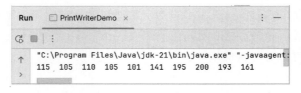

图 11-13　程序 11-10 的运行结果

该程序运行后在项目目录下创建了一个 number.txt 文本文件，并且写入了 10 个整数，该文件可以用记事本打开。

11.4.5　使用 Scanner 对象

使用 Scanner 类可以从键盘读取数据，这是在创建 Scanner 对象时将标准输入设备 System.in 作为其构造方法的参数。使用 Scanner 还可以关联文本文件，从文本文件中读取数据。

Scanner 类的常用的构造方法如下所示。
- public Scanner(String source)：用指定的字符串构造一个 Scanner 对象，以便从中读取数据。
- public Scanner(InputStream source)：用指定的输入流构造一个 Scanner 对象，以便从中读取数据。

创建 Scanner 对象后，就可以根据分隔符对源数据进行解析。使用 Scanner 类的有关方法可以解析出每个标记(token)。默认的分隔符是空白，包括回车、换行、空格和制表符等，也可以指定分隔符。

Scanner 类的常用方法如下所示。
- public byte nextByte()：读取下一个标记并将其解析成 byte 型数。
- public short nextShort()：读取下一个标记并将其解析成 short 型数。
- public int nextInt()：读取下一个标记并将其解析成 int 型数。
- public long nextLong()：读取下一个标记并将其解析成 long 型数。
- public float nextFloat()：读取下一个标记并将其解析成 float 型数。
- public double nextDouble()：读取下一个标记并将其解析成 double 型数。
- public boolean nextBoolean()：读取下一个标记并将其解析成 boolean 型数。
- public String next()：读取下一个标记并将其解析成字符串。
- public String nextLine()：读取当前行作为一个 String 型字符串。
- public Scanner useDelimiter(String pattern)：设置 Scanner 对象使用的分隔符的模式。pattern 为一个合法的正则表达式。
- public void close()：关闭 Scanner 对象。

对上述每个 nextXxx()方法，Scanner 类还提供了一个 hasNextXxx()方法。使用该方法可以判断是否还有下一个标记。

下面程序 11-11 使用了 Scanner 类从程序 11-10 创建的文本文件 number.txt 中读出每个整数。

程序 11-11 TextFileDemo.java

```
package com.boda.xy;
import java.io.*;
import java.util.Scanner;
public class TextFileDemo{
   public static void main(String[] args){
      var file = new File("number.txt");
      try(
         var input = new FileInputStream(file);
           var sc = new Scanner(input) )
      {
       while (sc.hasNextInt()) {
           int token = sc.nextInt();
           System.out.println(token + "  ");
       }
      }catch(IOException e){
         e.printStackTrace();}
   }
}
```

运行程序将输出 number.txt 文件中的内容,结果如图 11-14 所示。

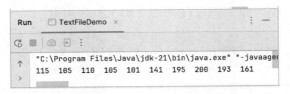

图 11-14　程序 11-11 的运行结果

11.5　案例学习——统计文件字符数、单词数和行数

1. 问题描述

经常需要对一个文本文件分析,比如在其中查找有关内容,进行某种统计等。本案例要求编写程序,统计一个英文文本文件中的字符数、单词数和行数。单词由空格和逗号、句号、分号和感叹号这 4 个标点符号分隔,文件名由键盘读入。

2. 运行结果

运行程序,输入文件名 cambridge.txt,运行结果如图 11-15 所示。

图 11-15　案例的运行结果

3. 设计思路

java.util.Scanner 类可以从控制台读取字符串,可以用它读取文件名。读取文件内容可以使用文本输入流对象 FileReader。对读取的每行可以使用 split()方法解析,从而得到单词数量。由此,本案例的设计思路如下所示。

(1) 创建 Scanner 对象,从键盘读取要统计的源文件名,并判断文件是否存在,存在继续,不存在则强制程序结束。

(2) 创建 FileReader 和 BufferedReader 对象,使用 readLine()方法从指定的文件读取字符串进行解析。

(3) 对每一行的字符串,用 String 类的 length()方法计算字符数,再使用 String 类的 split()方法根据分隔符来解析所包含的单词数。

4. 代码实现

下面程序 11-12 是该案例的实现代码。

程序 11-12　WordsCount.java

```java
package com.boda.xy;
import java.io.BufferedReader;
import java.io.File;
import java.io.FileReader;
import java.io.IOException;
import java.util.Scanner;
public class WordsCount {
    public static void main(String args[]){
        var input = new Scanner(System.in);
        var filename = "";
        System.out.print("请输入文本文件名：");
        filename = input.nextLine();
        var file = new File(filename);
        if(!file.exists()) {
            System.out.println("您输入的文件不存在！");
            System.exit(0);
        }
        try(
            var fis = new BufferedReader(new FileReader(file));
        ){
            var charNums = 0;
            var wordsNums = 0;
            var lineNums = 0;
            var aLine = fis.readLine();              // 读取每一行，进行分析
            while(aLine != null){
                charNums = charNums + aLine.length();
                var words = aLine.split("[ ,;.!]");   // 指定 5 种分隔符号
                wordsNums = wordsNums + words.length;
                lineNums = lineNums + 1;              // 行数加 1
                aLine = fis.readLine();
            }
            System.out.println("文件 = " + filename );
            System.out.println("总共字符数 = " + charNums + "个");
            System.out.println("单词数 = " + wordsNums + "个" );
            System.out.println("共有行数 = " + lineNums + "行");
        }catch(IOException ioe) {
            ioe.printStackTrace();
        }
    }
}
```

本程序使用 FileReader 对象从文件中读取每一行，然后通过循环统计字符数、单词数和行数。该案例也可以使用 Scanner 对象，调用它的 nextLine() 方法读取每一行，然后对结果分析，读者可自行编写程序实现。

11.6 对象序列化

有时需要将对象持久化到永久存储设备中,以便保存对象的状态供以后检索。Java 通过对象序列化支持这一点。要序列化对象,即将其保存到永久存储设备中,可以使用 ObjectOutputStream。要反序列化对象,即检索保存的对象,可以使用 ObjectInputStream。

11.6.1 对象序列化与对象流

将程序中的对象输出到外部设备(如磁盘、网络)中,称为**对象序列化**(serialization)。反之,从外部设备将对象读入程序中称为**对象反序列化**(deserialization)。一个类的对象要实现对象序列化,必须实现 java.io.Serializable 接口,该接口的定义如下:

```
public interface Serializable{}
```

Serializable 接口只是标识性接口,其中没有定义任何方法。一个类的对象要序列化,除了必须实现 Serializable 接口外,还需要创建对象输出流和对象输入流,然后,通过对象输出流将对象状态保存下来,通过对象输入流恢复对象的状态。要序列化的类如果没有实现该接口,在序列化时将抛出 java.io.NotSerializableException 异常。

在 java.io 包中定义了两个类 ObjectInputStream 和 ObjectOutputStream,分别称为对象输入流和对象输出流。ObjectInputStream 类继承了 InputStream 类,实现了 ObjectInput 接口,而 ObjectInput 接口又继承了 DataInput 接口。ObjectOutputStream 类继承了 OutputStream 类,实现了 ObjectOutput 接口,而 ObjectOutput 接口又继承了 DataOutput 接口。

11.6.2 向 ObjectOutputStream 中写对象

若将对象写到外部设备需要建立 ObjectOutputStream 类的对象,构造方法如下所示:

```
public ObjectOutputStream(OutputStream out)
```

参数 out 为一个字节输出流对象。创建了对象输出流后,就可以调用它的 writeObject()方法将一个对象写入流中,该方法的格式如下所示:

```
public final void writeObject(Object obj) throws IOException
```

若写入的对象不是可序列化的,该方法会抛出 NotSerializableException 异常。由于 ObjectOutputStream 类实现了 DataOutput 接口,该接口中定义了多个方法用来写入基本数据类型,如 writeInt()、writeFloat()及 writeDouble()等,可以使用这些方法向对象输出流中写入基本数据类型。

下面代码将一些数据和对象写到对象输出流中:

```
var fos = new FileOutputStream("data.ser");
var oop = new ObjectOutputStream(fos);
```

```
oos.writeInt(2022);
oos.writeObject("你好");            ← 可向对象流中写入基本类型和各种对象
oos.writeObject(LocalDate.now());
```

ObjectOutputStream 必须建立在另一个字节流上,该例是建立在 FileOutputStream 上的。然后向文件中写入一个整数、字符串"你好"和一个 LocalDate 对象。

11.6.3 从 ObjectInputStream 中读对象

若要从外部设备上读取对象,需建立 ObjectInputStream 对象,该类的构造方法如下所示:

```
public ObjectInputStream(InputStream in)
```

参数 in 为字节输入流对象。通过调用 ObjectInputStream 类的 readObject() 方法可以将一个对象读出,该方法的声明格式如下所示:

```
public final Object readObject() throws IOException
```

在使用 readObject() 方法读出对象时,其类型和顺序必须与写入时一致。由于该方法返回 Object 类型,因此在读出对象时需要适当的类型转换。

ObjectInputStream 类实现了 DataInput 接口,该接口中定义了读取基本数据类型的方法,如 readInt()、readFloat() 及 readDouble() 等,使用这些方法可以从 ObjectInputStream 流中读取基本数据类型。

下面代码在 InputStream 对象上建立一个对象输入流对象:

```
var fis = new FileInputStream("data.ser");
var oip = new ObjectInputStream(fis);
int i = ois.readInt();
String today = (String)ois.readObject();
LocalDate date = (LocalDate)ois.readObject();
```

与 ObjectOutputStream 一样,ObjectInputStream 也必须建立在另一个流上,本例中就是建立在 FileInputStream 上的。接下来使用 readInt() 方法和 readObject() 方法读出整数、字符串和 LocalDate 对象。

下面的程序 11-13 说明了如何实现对象的序列化和反序列化,这里的对象是 Customer 记录类型的对象,它实现了 Serializable 接口。

程序 11-13　Customer.java

```
package com.boda.xy;
import java.io.Serializable;
public record Customer(int id,String name,String address)
            implements Serializable{
}
```

下面的程序 11-14 实现了将 Customer 类的对象序列化和反序列化。

程序 11-14 ObjectSerializeDemo.java

```java
package com.boda.xy;
import java.io.*;
import java.time.LocalDate;
public class ObjectSerializeDemo {
   public static void main(String[]args){
      var customer = new Customer(101,"刘明","北京市海淀区");
      var today = LocalDate.now();
      //序列化
      try(
        var output = new FileOutputStream("D:\\study\\customer.dat");
        var oos = new ObjectOutputStream(output)){
        oos.writeObject(customer);               // 写入一个客户对象
        oos.writeObject(today);                  // 写入一个日期对象
      }catch(IOException e){
         e.printStackTrace();
      }
      // 反序列化
      try(
        var input = new FileInputStream("D:\\study\\customer.dat");
        var ois = new ObjectInputStream(input)){
        while(true){
          try{
             customer = (Customer)ois.readObject();
             System.out.println("客户号:" + customer.id());
             System.out.println("姓名:" + customer.name());
             System.out.println("地址:" + customer.address());
             today = (LocalDate)ois.readObject();
             System.out.println("日期:" + today);
          }catch(EOFException e){
             break;
          }
        }
      }catch(ClassNotFoundException | IOException e){
          e.printStackTrace();
      }
   }
}
```

运行结果如图 11-16 所示。

图 11-16 程序 11-14 的运行结果

对象序列化需要注意的事项如下所示。

- 序列化只能保存对象的非 static 成员,不能保存任何成员方法和 static 成员变量,而且序列化保存的只是变量的值。

- 用 transient 关键字修饰的变量为临时变量,不能被序列化。
- 当成员变量为引用类型时,引用的对象也被序列化。

11.6.4 序列化数组

如果数组中的所有元素都是可序列化的,这个数组就是可序列化的。一个完整的数组可以用 writeObject()方法存入文件,之后用 readObject()方法读取到程序中。

下面程序 11-15 将一个有 5 个元素的 int 型数组和一个有 3 个元素的 String 型数组存储到文件中,然后将它们从文件中读取并显示在控制台上。

程序 11-15 ArraySerialDemo.java

```java
package com.boda.xy;
import java.io.*;
public class ArraySerialDemo {
    public static void main(String[]args){
        try{
            var numbers = new int[]{1, 2, 3, 4, 5};
            var cities = new String []{"北京","上海","广州"};
            // 序列化
            try(
                var output = new FileOutputStream("array.dat",true);
                var oos = new ObjectOutputStream(output);
            ){
                oos.writeObject(numbers);          // 将 numbers 数组写入文件
                oos.writeObject(cities);           // 将 cities 数组写入文件
            }catch(IOException e){
                e.printStackTrace();
            }
            // 反序列化
            try(
                var input = new FileInputStream("array.dat");
                var ois = new ObjectInputStream(input);
            ){
                // 读取数组对象
                var newNumbers = (int[])ois.readObject();
                var newStrings = (String[])ois.readObject();
                for(var n : newNumbers)
                    System.out.print(n + "  ");
                System.out.println();
                for(var s : newStrings)
                    System.out.print(s + "  ");
            }catch(ClassNotFoundException | IOException e){
                e.printStackTrace();
            }
        }
    }
}
```

运行结果如图 11-17 所示。

程序将两个数组 numbers 和 cities 写入文件 array.dat,之后将这两个数组按存储的顺序从文件中读出。由于 readObject()方法返回 Object 对象,所以程序使用类型转换将其分别转换成 int[]和 String[]。

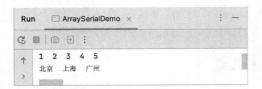

图 11-17 程序 11-15 的运行结果

11.7 本章小结

本章简单介绍了 Java 语言的输入输出,重点介绍了二进制 I/O 类及常用类、文本 I/O 流及常用类,最后介绍了 Java 的对象序列化的概念。

下一章将介绍 Java Swing 图形界面编程基本技术,包括组件和容器的概念,容器布局,事件处理及常用组件。

11.8 习题与实践

扫一扫

习题

扫一扫

自测题

11.9 上机实验

扫一扫

上机实验

第 12 章

图形界面编程

CHAPTER 12

本章知识点思维导图

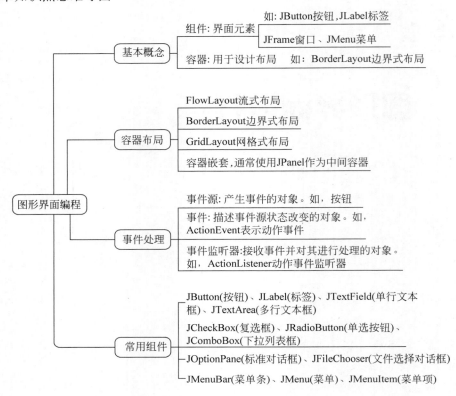

扫一扫

视频讲解

12.1 组件和容器

为了开发图形界面程序,Java 从 1.0 版就提供了一个 AWT 类库,称为抽象窗口工具箱(Abstract Window Toolkit,AWT)。AWT 为程序员提供了构建 GUI 程序的组件,如 Frame、Button、Label 等。使用 AWT 创建 GUI 存在严重缺陷,最重要的是它将可视组件转换为它们各自的特定平台的对应元素。由于 AWT 组件使用了本机代码资源,所以它们称为重量级的组件(heavyweight)。Java 从 1.2 版开始提供了一个新的组件库 Swing,该库可以说是第二代 GUI 开发工具集。

12.1.1 Swing 概述

Swing 组件完全用 Java 编写,它们不依赖于特定平台,因此是轻量级的组件(lightweight component)。轻量级组件具有许多重要优点,包括高效性和灵活性。轻量级组件不会转换为特定平台的元素,每一个组件的外观都由 Swing 确定,而不是由操作系统决定,这意味着组件在任何平台下都有一致的行为方式。

由于 Swing 组件比 AWT 组件有许多优点,所以新开发的程序应该使用 Swing 组件。但要注意 Swing 并没有完全取代 AWT,它只是替代了 AWT 包中的 UI 组件(如 Button、TextField 等),AWT 中的一些辅助类(如 Graphics、Color、Font 等)仍然保持不变。另外,

Swing 仍然使用 AWT 的事件模型。

12.1.2 组件

Swing 的图形界面元素称为组件，大多数组件都派生于 JComponent 类（顶级容器除外）。JComponent 类提供了所有组件的通用功能。例如，JComponent 类支持可插入式外观。JComponent 类继承了 AWT 的 Container 类和 Component 类，因此，Swing 组件仍然是建立在 AWT 组件的基础上的，并且与 AWT 兼容。所有的 Swing 组件类都定义在 javax.swing 包中，表 12-1 列出了 Swing 常用的组件类。

表 12-1 Swing 常用的组件类

类 名	类 名	类 名	类 名
JButton	JCheckBox	JColorChooser	JComboBox
JComponent	JDialog	JFileChooser	JFrame
JLabel	JList	JMenu	JMenuBar
JMenuItem	JOptionPane	JPanel	JPasswordFied
JPopupMenu	JProgressBar	JRadioButton	JRadioButtonMenuItem
JScrollBar	JScrollPane	JSeparator	JTable
JTextArea	JTextField	JToolTip	JTree

注意，所有的 Swing 组件类都以大写字母"J"开头，前 2 个字母都大写。例如，表示标签的类是 JLabel，表示按钮的类是 JButton，表示复选框的类是 JCheckBox。

12.1.3 容器

Swing 组件需要放置到容器中，Swing 定义了两种类型的容器，第一种是顶级容器，如 JFrame、JDialog 和 JApplet（从 JDK 9 开始，JApplet 已被废弃）。这些容器继承自 AWT 的 Container 类，而不是继承自 JComponent 类。与 Swing 的其他组件是轻量级组件不同，顶级容器是重量级组件，它们是 Swing 组件库中的特殊情况。

顾名思义，顶级容器必须位于容器层次结构的顶层。顶级容器不能被其他任何容器包含。而且，每一个容器的层次结构都必须由顶级容器开始。通常用于应用程序的顶级容器是 JFrame。

Swing 还支持轻量级容器，它们继承自 JComponent 类，包括 JPanel、JScrollPane、JRootPane 等。轻量级容器通常用来组织和管理一组相关的组件，因为轻量级容器可以包含在另一个容器中，因此，可以使用轻量级容器来创建相关控件子组，让它们包含在一个外部容器中。

12.1.4 简单的 Swing 程序

每个使用 Swing 的程序都必须至少有一个顶层 Swing 容器。对 GUI 应用程序来说，一般应该有一个主窗口，或称框架窗口。在 Swing 中，窗口是由 JFrame 对象实现的。

下面程序 12-1 使用 JFrame 类创建了一个空的框架窗口容器，其上放置一个标签对象，调用它的方法设置有关属性，最后显示该窗口。

程序 12-1 HelloSwing.java

```java
package com.boda.xy;
import javax.swing.*;

public class HelloSwing {
    public static void main(String[] args) {
        var frame = new JFrame("HelloWorldSwing");
        var label = new JLabel("第一个 Swing 程序。",SwingConstants.CENTER);
        frame.setSize(300,100);

        frame.add(label);                                       ←| 将标签添加到容器中
        frame.setLocationRelativeTo(null);                      ←| 窗口在屏幕上居中显示
        frame.setVisible(true);                                 ←| 设置窗口可见
        frame.setDefaultCloseOperation(JFrame.EXIT_ON_CLOSE);   ←| 关闭窗口时终止应用程序
    }
}
```

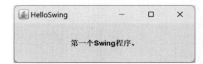

图 12-1　程序 12-1 的运行结果

运行结果如图 12-1 所示。

本程序在 main() 方法中用 JFrame 类的构造方法创建了一个窗口对象 frame。JFrame 对象是一个矩形窗口,其中包含标题栏以及关闭、最小化、最大化等按钮。也就是说,使用 JFrame 类可以创建一个顶级窗口。通过为构造方法传递一个字符串可以指定窗口标题。

接下来使用 JLabel 类的构造方法创建了一个标签对象,该构造方法的第二个参数指定标签文本的对齐方式,这里使用 SwingConstants 类的常量,CENTER 表示居中对齐。标签是一个最容易使用的 Swing 组件,它不接受用户的输入,而只是显示信息,包括文本、图标以及二者的组合。

框架窗口创建后,默认的大小是 0×0 像素的,所以使用了 setSize() 方法设置窗口的大小,两个参数是用像素表示的宽度和高度,这里分别是 300 像素宽,100 像素高。

下面一行代码实现了将标签对象添加到窗口的内容窗格中:

```
frame.add(label);
```

这里,调用了 add() 方法将组件添加到窗口的内容窗格中。实际上,要向框架的内容窗格中添加组件,可以调用 getContentPane() 方法返回窗口的内容窗格,然后调用 add() 方法将组件添加到窗口的内容窗格中,如下所示:

```
frame.getContentPane().add(label);
```

setLocationRelativeTo() 方法可以用来设置窗口显示的位置,使用 null 参数实现将窗口显示在屏幕中央。

窗口创建之后是不可见的,使用 setVisible() 方法可以将窗口设置为可见,这样在屏幕上才可以看到运行结果。

默认情况下,当关闭顶级窗口时(用户单击"关闭"按钮),窗口从屏幕上消失,但是应用程序并没有终止。这种默认行为在一些情况下很有用,但是并非对大多数应用程序都合适。

相反，通常希望在顶级窗口关闭时终止这个应用程序，调用 setDefaultCloseOperation()方法可以实现这一点，如下所示：

```
frame.setDefaultCloseOperation(JFrame.EXIT_ON_CLOSE);
```

需要说明的是，上面的程序并不能响应任何事件，因为 JLabel 是一种被动组件，即 JLabel 不会生成任何事件。因此，程序中没有包含任何事件处理程序。

12.2 容器布局

视频讲解

在 Java 的图形界面程序中，是通过为每种容器提供布局管理器来实现组件布局的。所谓布局管理器就是为容器设置一个 LayoutManager 对象（布局管理器对象），由它来管理组件在容器中摆放的顺序、位置、大小以及当窗口大小改变后组件如何变化等特征。

通过使用布局管理器机制就可以实现 GUI 的跨平台性，同时避免为每个组件设置绝对位置。常用的布局管理器有 FlowLayout、BorderLayout、GridLayout、CardLayout 和 GridBagLayout。每种容器都有默认的布局管理器，也可以为容器指定新的布局管理器。使用容器的 setLayout(LayoutManager layout)方法可以设置容器的布局。其中参数 LayoutManager 是接口。

下面分别介绍几种常用的布局管理器在 GUI 设计中的应用。

12.2.1 FlowLayout 布局

FlowLayout 布局叫流式布局，它是最简单的布局管理器。当容器设置为这种布局时，那么添加到容器中的组件将从左到右，从上到下，一个一个地放置到容器中，一行放不下，放到下一行。当调整窗口大小后，布局管理器会重新调整组件的摆放位置，组件的大小和相对位置不变，组件的大小采用最佳尺寸。

下面是 FlowLayout 类常用的构造方法：

```
public FlowLayout(int align, int hgap, int vgap)
```

创建一个流式布局管理器对象，并指定添加到容器中组件的对齐方式（align）、水平间距（hgap）和垂直间距（vgap）。对齐方式 align 的取值必须为下列三者之一：FlowLayout.LEFT、FlowLayout.RIGHT、FlowLayout.CENTER，它们是 FlowLayout 定义的整型常量，分别表示左对齐、右对齐和居中对齐。水平间距是指水平方向上两个组件之间的距离，垂直间距是指行之间的距离，单位都是像素。

下面程序 12-2 使用了 FlowLayout 布局管理器，并在内容窗格中添加了多个按钮，这些按钮的大小不同。

程序 12-2 FlowLayoutDemo.java

```
package com.boda.xy;
import java.awt.*;
import javax.swing.*;
```

```java
public class FlowlayoutDemo{
    public static void main(String[] args) {
        var frame = new JFrame("FlowLayoutDemo");
        // 创建一个FlowLayout对象
        var layout = new FlowLayout(FlowLayout.CENTER,10,20);
        frame.setLayout(layout);                       // 设置容器的布局管理器
        frame.add(new JButton("Button 1"));
        frame.add(new JButton("2"));
        frame.add(new JButton("Button 3"));
        frame.add(new JButton("Long - Named Button 4"));
        frame.add(new JButton("Button 5"));
        frame.setSize(300,150);
        frame.setLocationRelativeTo(null);
        frame.setVisible(true);
        frame.setDefaultCloseOperation(JFrame.EXIT_ON_CLOSE);
    }
}
```

运行结果如图12-2所示。

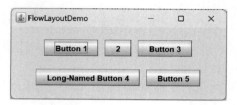

图 12-2　程序 12-2 的运行结果

12.2.2　BorderLayout 布局

BorderLayout 布局叫边界式布局，它将容器分成上、下、左、右、中五个区域，每个区域可放置一个组件或其他容器。中间区域是在上、下、左、右都填满后剩下的区域。

BorderLayout 布局管理器的构造方法如下所示：

```
public BorderLayout(int hgap, int vgap)
```

参数 hgap 和 vgap 分别指定使用这种布局时组件之间的水平间隔和垂直间隔距离，单位是像素。

向边界式布局的容器中添加组件应该使用 add(Component c, int index)方法，c 为添加的组件，index 为指定的位置。指定位置需要使用 BorderLayout 类定义的 5 个常量，PAGE_START(页头)、PAGE_END(页尾)、LINE_START(行首)、LINE_END(行尾)和 CENTER(中部)。如果不指定位置，组件将添加到中部位置。

下面程序 12-3 演示了 BorderLayout 边界式布局的使用，在其 5 个区域各自添加一个按钮。

程序 12-3　BorderLayoutDemo.java

```
package com.boda.xy;
import java.awt.*;
```

```java
import javax.swing.*;
public class BorderLayoutDemo{
    public static void main(String[] args) {
        var frame = new JFrame("BorderLayoutDemo");
        var jButton1 = new JButton("页头");
        var jButton2 = new JButton("页尾");
        var jButton3 = new JButton("行头");
        var jButton4 = new JButton("行尾");
        var jTextField = new JTextField("中央");
        frame.setLayout(new BorderLayout(10,10));              // 设置边界式布局
        frame.add(jButton1, BorderLayout.PAGE_START);
        frame.add(jButton2, BorderLayout.PAGE_END);
        frame.add(jButton3, BorderLayout.LINE_START);
        frame.add(jButton4, BorderLayout.LINE_END);
        frame.add(jTextField, BorderLayout.CENTER);
        frame.setSize(300,150);
        frame.setLocationRelativeTo(null);
        frame.setVisible(true);
        frame.setDefaultCloseOperation(JFrame.EXIT_ON_CLOSE);
    }
}
```

运行结果如图 12-3 所示。

实际上，JFrame 窗口的默认布局管理器是 BorderLayout，但是要改变布局的特征就需要使用 setLayout() 方法设置。使用 BorderLayout 布局管理器，当窗口的大小改变时，容器中的组件大小也相应改变。当窗口垂直延伸时，左、右、中区域也延伸；当窗口水平延伸时，上、下、中区域也延伸。JFrame 和 JDialog 默认使用的是 BorderLayout 布局管理器。

图 12-3　程序 12-3 的运行结果

注意　当某个区域没有添加组件时，中央组件会占据无组件的空间，但若没有中央组件，四周组件都有时，中央区域空出。

12.2.3　GridLayout 布局

GridLayout 布局叫网格式布局，这种布局简单地将容器分成大小相等的单元格，每个单元格可放置一个组件，每个组件占据单元格的整个空间，调整容器的大小，单元格大小随之改变。

下面是 GridLayout 类的常用构造方法：

```
public GridLayout(int rows, int cols, int hgap, int vgap)
```

参数 rows 和 cols 分别指定网格布局的行数和列数，hgap 和 vgap 分别指定组件的水平间隔和垂直间隔距离，单位为像素。行和列参数至少有一个为非 0 值。

向网格式布局的容器中添加组件，只需调用容器的 add() 方法即可，不用指定位置，系统按照先行后列的次序依次将组件添加到容器中。

下面程序 12-4 演示了 GridLayout 布局的使用。

程序 12-4　GridLayoutDemo.java

```java
package com.boda.xy;
import java.awt.*;
import javax.swing.*;
public class GridLayoutDemo{
    public static void main(String[] args) {
        var frame = new JFrame("GridLayoutDemo");
        frame.setLayout(new GridLayout(3,2));
        // 向容器中添加 8 个按钮
        for(var i = 1; i <= 8; i++){
            frame.add(new JButton("Button " + i));
        }
        frame.setSize(300,150);
        frame.setLocationRelativeTo(null);
        frame.setDefaultCloseOperation(JFrame.EXIT_ON_CLOSE);
        frame.setVisible(true);
    }
}
```

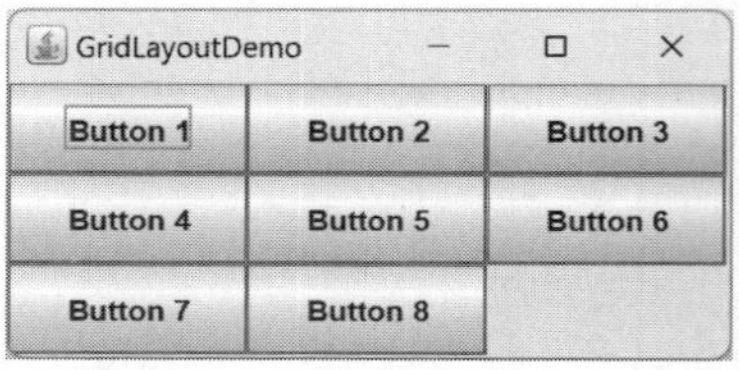

图 12-4　程序 12-4 的运行结果

程序中为容器设置的布局管理器为 3 行、2 列的网格式布局,结果添加 8 个组件,组件的添加顺序是以行为优先。运行结果如图 12-4 所示。

除了上面介绍的布局管理器外,Swing 还提供了其他布局管理器,例如 CardLayout、GridBagLayout、BoxLayout、GroupLayout 和 SpringLayout 等。每种布局管理器都有自己的特点,应用在特殊的场合。其中有些布局管理器非常复杂,可应用于较复杂的图形用户界面的设计中。如果界面复杂,可以考虑使用 NetBeans 集成开发环境(Integrated Development Environment,IDE)来设计用户界面。

在设计图形界面时,Java 也支持组件绝对定位的设计。如果需要手工控制组件在容器中的大小和位置,应该将容器的布局管理器设置为 null,即调用容器的 setLayout(null) 方法,然后调用组件的 setLocation() 方法设置组件在容器中的位置、调用 setSize() 或 setBounds() 方法设置组件的大小。但不推荐使用这种方法。

12.2.4　JPanel 类及容器的嵌套

由于某一种布局管理器的能力有限,在设计复杂布局时通常采用容器嵌套的方式,即把组件添加到一个中间容器中,再把中间容器作为组件添加到另一个容器中,从而实现复杂的布局。

为实现这个功能,经常使用 JPanel 类,该类是 JComponent 类的子类,称为面板容器。它是一个通用的容器,可以把它放入其他容器中,也可以把其他容器和组件放到它上面,因此它经常在构造复杂布局中作为中间容器,但它不能单独显示,需要放到 JFrame 或 JDialog 这样的顶层容器中。

使用面板容器作为中间容器构建 GUI 程序的一般做法是:先将组件添加到面板上,然后将面板作为一个组件再添加到顶层容器中。

使用面板作为中间容器,首先需要创建面板对象,JPanel 类的构造方法如下:

```
public JPanel(LayoutManager layout)
```

参数 layout 指定面板使用的布局管理器对象，缺省将使用默认的布局管理器创建一个面板，面板的默认的布局管理器是 FlowLayout。也可以在创建面板对象后重新设置它的布局。

程序 12-5 通过一个简单的例子说明了面板对象的使用。程序中创建了两个 JPanel 对象，然后在一个 JPanel 对象上放置了 4 个按钮，将该 JPanel 对象添加了到框架的下方，再将另一个 JPanel 对象添加了到窗口的中央。

程序 12-5　FrameAndPanel.java

```java
package com.boda.xy;
import java.awt.*;
import javax.swing.*;
public class FrameAndPanel extends JFrame{           ← 继承 JFrame 类
    public FrameAndPanel(String title){              ← 构造方法
        super(title);
        JPanel panel1 = new JPanel(),
               panel2 = new JPanel();
        panel1.setBackground(Color.CYAN);            ← 设置面板背景颜色
        panel2.setLayout(new FlowLayout(FlowLayout.CENTER,20,10));
        panel2.add(new JButton("红色"));              ← 在面板上添加按钮
        panel2.add(new JButton("绿色"));
        panel2.add(new JButton("蓝色"));
        panel2.add(new JButton("黄色"));
        add(panel1,BorderLayout.CENTER);             ← 将面板上添加到容器中
        add(panel2,BorderLayout.PAGE_END);
        setSize(350,150);
        setLocationRelativeTo(null);
        setDefaultCloseOperation(JFrame.EXIT_ON_CLOSE);
        setVisible(true);
    }
    public static void main(String[] args) {
        var frame = new FrameAndPanel("FrameAndPanel");
    }
}
```

运行结果如图 12-5 所示。

本程序与前面程序的不同之处是程序继承了 JFrame 类，然后在 FrameAndPanel 类的构造方法中构建了程序的界面，如在面板对象上添加按钮对象、将面板对象添加到顶级容器中等操作。最后，在 main() 方法中使用了 FrameAndPanel 的构造方法创建并显示窗口对象。

图 12-5　程序 12-5 的运行结果

12.3　事件处理

图形界面程序不应该是静态的，它应该能够响应用户的操作。比如，当用户在 GUI 上单击鼠标或输入一个字符，都会发生事件，程序根据事件类型作出反应就是事件处理。

12.3.1 事件处理模型

Java事件处理采用事件代理模型,即将事件的处理从事件源对象代理给一个或多个称为事件监听器的对象,事件由事件监听器处理。事件代理模型把事件的处理代理给外部实体进行处理,实现了事件源和监听器分离的机制。

事件代理模型涉及三种对象:事件源、事件和事件监听器。

事件源(event source):产生事件的对象,一般来说可以是组件,如按钮、对话框等。当这些对象的状态改变时,就会产生事件。事件源可以是可视化组件,也可以是计时器等不可视的对象。

事件(event):描述事件源状态改变的对象。如按钮被单击,就会产生ActionEvent动作事件。

事件监听器(listener):接收事件并对其进行处理的对象。事件监听器对象必须是实现了相应接口的类的对象。

Java的事件处理模型如图12-6所示。

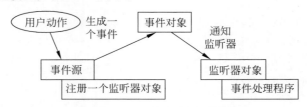

图12-6 Java的事件处理模型

首先在事件源上注册事件监听器,当用户动作触发一个事件时,运行时系统将创建一个事件对象,然后寻找事件监听器对象来处理该事件。

12.3.2 事件类

Swing组件可产生多种事件,如单击按钮、选择菜单项会产生动作事件(ActionEvent),移动鼠标将发生鼠标事件(MouseEvent)等。为了实现事件处理,Java定义了大量的事件类,这些类封装了事件对象。

java.util.EventObject类是所有事件类的根类,该类定义了getSource()方法,它返回触发事件的事件源对象。java.awt.AWTEvent是EventObject类的子类,同时又是所有组件AWT事件类的根类,该类中定义了getID()方法,它返回事件的类型。AWTEvent类的常用子类定义在java.awt.event包中,表12-2列出了常用事件及产生事件的组件。

表12-2 常用事件及产生事件的组件

事件类型	事件名称	产生事件的组件
ActionEvent	动作事件	当按下按钮、双击列表项或选择菜单项时产生该事件
AdjustmentEvent	调整事件	操作滚动条时产生该事件
ComponentEvent	组件事件	当组件被隐藏、移动、调整大小、变为可见时产生该事件
ContainerEvent	容器事件	从容器中添加或删除一个组件时产生该事件
FocusEvent	焦点事件	当一个组件获得或失去键盘焦点时产生该事件

续表

事件类型	事件名称	产生事件的组件
ItemEvent	选项事件	当复选框或列表项被单击时,以及在做出选择、选择或取消一个可选菜单项时产生该事件
KeyEvent	键盘事件	当从键盘接收输入时产生该事件
MouseEvent	鼠标事件	当拖动、移动、按下或释放鼠标时,或当鼠标进入或退出一个组件时产生该事件
MouseWheelEvent	鼠标轮事件	当滚动鼠标滚轮时产生该事件
TextEvent	文本事件	当一个文本域的值或文本域改变时产生该事件
WindowEvent	窗口事件	当窗口被激活、取消激活、图标化、解除图标化、打开或关闭时产生该事件

12.3.3 事件监听器

事件的处理必须由实现了相应的事件监听器接口的类对象处理。Java 为每类事件定义了相应的接口。事件类和接口都是在 java.awt.event 包中定义的。表 12-3 列出了常用的事件监听器接口、接口中定义的方法以及所处理的事件。

表 12-3 事件监听器接口、接口中定义的方法及处理的事件

监听器接口	接口中的方法	所处理的事件
ActionListener	actionPerformed(ActionEvent e)	ActionEvent
ItemListener	itemStateChanged(ItemEvent e)	ItemEvent
MouseListener	mouseClicked(MouseEvent e) mouseEntered(MouseEvent e) mouseExited(MouseEvent e) mousePressed(MouseEvent e) mouseReleased(MouseEvent e)	MouseEvent
MouseMotionListener	mouseMoved(MouseEvent e) mouseDragged(MouseEvent e)	MouseEvent
KeyListener	keyPressed(KeyEvent e) keyReleased(KeyEvent e) keyTyped(KeyEvent e)	KeyEvent
CompomentListener	componentMoved(ComponentEvent e) componentHiden(ComponentEvent e) componentResized(ComponentEvent e) componentShown(ComponentEvent e)	ComponentEvent
WindowListener	windowOpened(WindowEvent e) windowClosing(WindowEvent e) windowClosed(WindowEvent e) windowActivated(WindowEvent e) windowDeactivated(WindowEvent e) windowIconified(WindowEvent e) windowDeiconified(WindowEvent e)	WindowEvent
TextListener	textValueChanged(TextEvent e)	TextEvent

大多数监听器接口与事件类有一定的对应关系，如对于 ActionEvent 事件，对应的接口为 ActionListener。对于 WindowEvent 事件，对应的接口为 WindowListener。这里有一个例外，即 MouseEvent 对应两个接口 MouseListener 和 MouseMotionListener。接口中定义了一个或多个方法，这些方法都是抽象方法，必须由实现接口的类实现，Java 程序就是通过这些方法实现对事件处理的。

12.3.4 事件处理的基本步骤

实现事件处理的一般步骤如下所示。

（1）实现相应的监听器接口：根据要处理的事件确定实现哪个监听器接口。例如，要处理单击按钮事件，即 ActionEvent 事件，就需要实现 ActionListener 接口。

（2）为组件注册监听器：每种组件都定义了可以触发的事件类型，使用相应的方法为组件注册监听器。如果程序运行过程中，对某事件无须处理，也可以不注册监听器，甚至注册了监听器也可以注销。注册和注销监听器的一般方法如下所示：

```
public void addXxxListener(XxxListener  el)           // 注册监听器
public void removeXxxListener(Xxxlistener  el)        // 注销监听器
```

只有为组件注册了监听器后，在程序运行时，当发生该事件时才能由监听器对象处理，否则即使发生了相应的事件，事件也不会被处理。

一个事件源可能发生多种事件，因此可以由多个事件监听器处理；反过来一个监听器对象也可以处理多个事件源的同一类型的事件，如上述程序中的两个按钮可以用一个监听器对象处理。

下面程序 12-6 说明了使用事件代理模型处理事件的主要步骤。程序运行当单击"确定"或"取消"按钮时，在标签中显示相应信息。

程序 12-6 ActionEventDemo.java

```
package com.boda.xy;
import java.awt.*;
import java.awt.event.*;
import javax.swing.*;
public class ActionEventDemo{
    JLabel jLabel = new JLabel("请单击按钮.",
            SwingConstants.CENTER);
    JButton btn1 = new JButton(" OK "),
            btn2 = new JButton("Cancel");
    JPanel  jp = new JPanel();
    public ActionEventDemo(){
        var frame = new JFrame("动作事件");
        frame.add(jLabel,BorderLayout.CENTER);
        jp.add(btn1);
        jp.add(btn2);
        frame.add(jp,BorderLayout.PAGE_END);
        var listener = new ButtonClickListener();
        btn1.addActionListener(listener);              // 为按钮注册监听器
        btn2.addActionListener(listener);
        frame.setSize(300,100);
```

```java
        frame.setLocationRelativeTo(null);
        frame.setVisible(true);
        frame.setDefaultCloseOperation(JFrame.EXIT_ON_CLOSE);
    }
    // 定义内部类,实现 ActionListener 接口
    public class ButtonClickListener implements ActionListener{
        public void actionPerformed(ActionEvent e){
            if((JButton)e.getSource() == btn1)
                jLabel.setText("你单击了'确定'按钮");// 修改标签的内容
            else if((JButton)e.getSource() == btn2)
                jLabel.setText("你单击了'取消'按钮");
        }
    }
    public static void main(String[]args){
        SwingUtilities.invokeLater(new Runnable() {
            public void run() {
                new ActionEventDemo();         ←┤ 在事件分派线程中创建界面
            }
        });
    }
}
```

运行结果如图 12-7 所示。

程序定义了一个内部类 ButtonClickListener,它实现了 ActionListener 接口中定义的 actionPerformed()方法。该方法中的参数 e 是系统传递给该方法的事件对象。通过该对象可以确定触发该事件的对象,这里使用事件类的 getSource()方法返回触发事件的对象。因为该方法的返回值类型为 Object,因此需要转换成 JButton 类型,然后与按钮对象 btn1、btn2 进行比较,确定哪个按钮触发的事件。最后根据触发事件的按钮不同,重新设置标签上的文本。setText()方法是 JLabel 类的实例方法,用来动态设置标签上的文本内容。

图 12-7　程序 12-6 的运行结果

最后在要触发事件的组件上注册监听器,首先应创建监听器对象,然后为组件注册监听器对象,代码如下所示:

```
ButtonClickListener listener = new ButtonClickListener();
btn1.addActionListener(listener);                    // 为按钮注册监听器
btn2.addActionListener(listener);
```

这里调用了 JButton 对象的 addActionListener(listener)方法为按钮注册事件监听器,其中参数 listener 为监听器对象。

注意　在编写事件处理程序中,忘记注册事件监听器是一个常见的错误。因为没有监听器,所以事件源对象发生事件不能被响应。

程序中为两个按钮注册监听器使用的是一个对象,这是允许的,即多个组件可以注册一个监听器对象,同样,一个组件对象也可以注册多个监听器对象。

1. 使用匿名内部类

还可以使用匿名内部类为组件注册监听器,对程序 12-6 就可以使用匿名内部类实现,

代码如下所示：

```
btn1.addActionListener(new ActionListener(){          // 匿名内部类
    public void actionPerformed(ActionEvent e){
        jLabel.setText("你单击了'确定'按钮");
    }
});                                                   // 这里是分号，表示语句的结束
btn2.addActionListener(new ActionListener(){
    public void actionPerformed(ActionEvent e){
        jLabel.setText("你单击了'取消'按钮");
    }
});
```

这种方法可以使代码更简洁，一般适用于监听器对象只使用一次的情况。

✍ **多学一招**

由于 ActionListener 接口中只定义了一个抽象方法，因此该例可以使用 Lambda 表达式实现，具体代码如下：

```
btn1.addActionListener((e) -> jLabel.setText("你单击了'确定'按钮"));
btn2.addActionListener((e) -> jLabel.setText("你单击了'取消'按钮"));
```

可见，使用 Lambda 表达式可以使事件处理代码更简洁。Lambda 表达式是 Java 8 增加的功能。关于 Lambda 表达式的内容超出了本书范围，感兴趣的读者可参阅其他材料。

2．在分派线程中创建界面

在程序的 main() 方法中只包含一个语句，内容如下：

```
SwingUtilities.invokeLater(new Runnable() {
    public void run() {
        new ActionEventDemo();
    }
});
```

该语句的功能是在一个事件分派线程中创建用户界面，而不是在应用程序的主线程中创建用户界面。事件处理程序应该在 Swing 提供的事件分派线程上执行，而不是在应用程序的主线程上执行。因此，尽管事件处理程序是应用程序定义的，但调用它们的线程却不是由用户的程序创建的。为了避免产生问题（如两个不同的线程同时更新相同的组件），所有的 Swing 组件都必须从事件分派线程创建和更新。而 main() 则是在主线程上执行的，因此它不能直接执行创建用户界面的代码，而是创建一个在事件分派线程上执行的 Runnable 对象，再由该对象创建 GUI。

为了能够在事件分派线程上创建 GUI 代码，必须使用 SwingUtilities 类定义的两个方法之一。这两个方法是 invokeLater(Runnable obj) 和 invokeAndWait(Runnable obj)，如下所示：

```
static void invokeLater(Runnable obj)
static void invokeAndWait(Runnable obj)
        throws InterruptedException, InvocationTargetException
```

这里，obj 是一个 Runnable 对象，它的 run()方法将由事件分派线程调用。这两个方法的区别是 invokeLater()方法会立即返回，而 invokeAndWait()方法将会等待 obj.run()返回后才返回。我们通常使用 invokeLater()方法。

12.4 常用组件

Swing 包含了大量的组件，如 JLabel、JButton、JTextField、JComboBox、JList、JMenu 等。前面已经使用了 JLabel、JButton、JTextField 等，本节将再介绍另外几个常用组件。

12.4.1 JTextArea 类

使用 JTextArea 对象可以显示多行文本。下面是 JTextArea 的常用构造方法：

```
JTextArea(String text, int rows, int columns)
```

text 为文本区的初始文本，rows 和 columns 分别指定文本区的行数和列数。JTextArea 类的常用方法如下所示。

- public void setText(String text)：设置文本区的文本。
- public void setFont(Font f)：设置文本区当前使用的字体。
- public void copy()：将选定的文本复制到剪贴板。
- public void cut()：将选定的文本剪切掉。
- public void paste()：将剪贴板中的文本粘贴到当前光标的所在位置。
- public void selectAll()：选定所有文本。
- public void replaceSelection(String content)：用指定的文本替换选定的文本。
- public String getSelectedText()：返回选定的文本。

由于 JTextArea 不能管理滚动条，若需要使用滚动条，可将其放入 JScrollPane 内。如下代码所示：

```
JTextArea ta = new JTextArea();
JScrollPane pane = new JScrollPane(ta);
add(pane,BorderLayout.CENTER);
```

12.4.2 JCheckBox 类

JCheckBox 类称为复选框或检查框。创建复选框的同时可以为其指明文本说明标签，这个文本标签用来说明复选框的意义和作用。创建复选框需使用 JCheckBox 类的构造方法，其常用的构造方法如下所示：

```
JCheckBox(String text, Icon icon, boolean selected)
```

在上述构造方法中的参数 text 为复选框上的标签；selected 为状态，值为 true 为选中状态，false 则为非选中状态；icon 为使用图标的复选框。

使用 JCheckBox 类的实例方法 isSelected() 可以返回复选框的状态,如果复选框被选中返回 true,否则返回 false。

在复选框上可以产生 ItemEvent 事件,因此要处理该事件必须实现 ItemListener 接口的 itemStateChanged() 方法,以决定在复选框是否选中时作出的响应。

实现 ItemListener 接口的一般方法如下所示:

```java
public void itemStateChanged(ItemEvent e){
    if(e.getSource() instanceof JCheckBox){
        if(jchk1.isSelected())
            // 处理代码
        if(jchk2.isSelected())
            // 处理代码
    }
}
```

12.4.3　JRadioButton 类

JRadioButton 类称为单选按钮,外观上类似于复选框。不过复选框不管选中与否外观都是方形的,而单选按钮是圆形的。另外它只允许用户从一组选项中选择一个选项。

JRadioButton 类的常用构造方法如下所示:

```
JRadioButton(String text, Icon icon, boolean selected)
```

该构造方法中的参数含义与复选框构造方法中的参数含义相同。通常将多个单选按钮作为一组,此时一个时刻只能选中一个按钮。将多个单选按钮作为一组,需要创建一个 javax.swing.ButtonGroup 类的实例,并用 add() 方法将单选按钮添加到该实例中,如下所示:

```
ButtonGroup btg = new ButtonGroup();
btg.add(jrb1);                //将单选按钮添加到按钮组中
btg.add(jrb2);
```

上述代码创建了一个单选按钮组,这样就不能同时选择 jrb1 和 jrb2 了。也可以使用 ButtonGroup 的 remove() 方法将单选按钮从组中去掉。

对于单选按钮可以使用 isSelected() 方法判断是否被选中,用 getText() 方法获得按钮的文本。JRadioButton 对象也可以产生 ItemEvent 事件,该事件的处理方法与 JCheckBox 的处理方法相同。

下面程序 12-7 演示了 JRadioButton、JCheckBox、JTextArea 和 JScrollPane 等组件的使用。

程序 12-7　RadioCheckDemo.java

```java
package com.boda.xy;
import java.awt.*;
import java.awt.event.*;
import javax.swing.*;
public class RadioCheckDemo extends JFrame
                    implements ItemListener{
```

```java
        JPanel panelCheck = new JPanel();
        JPanel panelRadio = new JPanel();
        JRadioButton jrb1 = new JRadioButton("苹果"),
                jrb2 = new JRadioButton("橘子"),
                jrb3 = new JRadioButton("香蕉");
        ButtonGroup btg = new ButtonGroup();
        JCheckBox ck1 = new JCheckBox("文学"),
                ck2 = new JCheckBox("艺术"),
                ck3 = new JCheckBox("体育");
        JTextArea ta = new JTextArea(3,20);
        JScrollPane jsp = new JScrollPane(ta);
        public RadioCheckDemo(){
            super("RadioCheckBox Demo");
            panelCheck.add(ck1);
            panelCheck.add(ck2);
            panelCheck.add(ck3);
            btg.add(jrb1);   btg.add(jrb2);   btg.add(jrb3);
            panelRadio.add(jrb1);
            panelRadio.add(jrb2);
            panelRadio.add(jrb3);
            add(panelRadio,BorderLayout.PAGE_START);
            add(panelCheck,BorderLayout.CENTER);
            add(jsp,BorderLayout.PAGE_END);
            ck1.addItemListener(this);
            ck2.addItemListener(this);
            ck3.addItemListener(this);
            jrb1.addItemListener(this);
            jrb2.addItemListener(this);
            jrb3.addItemListener(this);
            setSize(300,180);
            setLocationRelativeTo(null);
            setDefaultCloseOperation(JFrame.EXIT_ON_CLOSE);
            setVisible(true);
        }
        public void itemStateChanged(ItemEvent e){
            var s1 = "你最喜欢的水果是:";
            var s2 = "你的爱好包括:";
            if(jrb1.isSelected())    s1 = s1 + jrb1.getText() + "\n";
            if(jrb2.isSelected())    s1 = s1 + jrb2.getText() + "\n";
            if(jrb3.isSelected())    s1 = s1 + jrb3.getText() + "\n";
            if(ck1.isSelected())
                s2 = s2 + ck1.getText() + "   ";
            if(ck2.isSelected())
                s2 = s2 + ck2.getText() + "   ";
            if(ck3.isSelected())
                s2 = s2 + ck3.getText() + "   ";
            ta.setText(s1 + s2);
        }
        public static void main(String[]args){
            SwingUtilities.invokeLater(new Runnable() {
                public void run() {
                    new RadioCheckDemo();
                }
            });
        }
}
```

运行结果如图 12-8 所示。

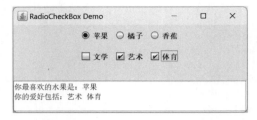

图 12-8　程序 12-7 的运行结果

12.4.4　JComboBox 类

JComboBox 一般叫组合框或下拉列表框，它是一些项目的简单列表，用户能够从中进行选择。使用它可以限制用户的选择范围并可避免对输入数据的有效性检查。

JComboBox 类的构造方法如下所示：

```
JComboBox(Object[] items)
```

这里，items 通常是一个字符串数组，它构成组合框的选项。

JComboBox 类常用的方法如下所示。

- public void addItem(Object anObject)：向组合框中添加一个选项，它可以是任何对象。
- public void removeItem(Object anObject)：删除指定的选项。
- public void removeAllIItem()：删除所有的选项。
- public int getSelectedIndex()：得到组合框中的被选中的选项的序号，序号从 0 开始。
- public Object getSelectedItem()：得到组合框中的被选中的选项。

JComboBox 对象可以引发 ActionEvent 事件、ItemEvent 事件以及其他事件。当使用鼠标选中某个选项时将引发 ItemEvent 事件。

下面的程序 12-8 演示了组合框的使用。

程序 12-8　ComboBoxDemo.java

```
package com.boda.xy;
import java.awt.*;
import java.awt.event.*;
import java.time.LocalDate;
import javax.swing.*;

public class ComboBoxDemo extends JFrame implements ItemListener {
    JPanel panel = new JPanel();
    JComboBox<String> leave = new JComboBox<>(),     //这里使用了泛型语法
        arrive = new JComboBox<>();
    JTextField leavedate = new JTextField(LocalDate.now().toString());
    JTextArea ta = new JTextArea(4, 20);
    JScrollPane jsp = new JScrollPane(ta);

    public ComboBoxDemo() {
        super("组合框案例");
        leave.addItem("请选择出发地");
```

```
        leave.addItem("北京");
        leave.addItem("上海");
        leave.addItem("广州");
        arrive.addItem("请选择到达地");
        arrive.addItem("南京");
        arrive.addItem("武汉");
        arrive.addItem("海口");

        panel.add(leave);
        panel.add(arrive);
        panel.add(leavedate);
        add(panel, BorderLayout.PAGE_START);
        add(jsp, BorderLayout.CENTER);

        leave.addItemListener(this);
        arrive.addItemListener(this);
        setSize(350, 180);
        setLocationRelativeTo(null);
        setDefaultCloseOperation(JFrame.EXIT_ON_CLOSE);
        setVisible(true);
    }

    public void itemStateChanged(ItemEvent e) {
        String s1 = "出发地:", s2 = "到达地:", s3 = "出发日期:";
        s1 = s1 + leave.getSelectedItem() + "\n";
        s2 = s2 + arrive.getSelectedItem() + "\n";
        s3 = s3 + leavedate.getText();
        ta.setText(s1 + s2 + s3);
    }

    public static void main(String[] args) {
        SwingUtilities.invokeLater(new Runnable() {
            public void run() {
                new ComboBoxDemo();
            }
        });
    }
}
```

程序的运行结果如图 12-9 所示。

图 12-9　程序 12-8 的运行结果

12.4.5　JOptionPane 类

对话框通常用来显示消息或接受用户的输入。使用 Java 可以创建两种类型的对话框：用户定制对话框和标准对话框。创建用户定制的对话框可以使用 JDialog 类，创建标准对话框需要使用 JOptionPane 类。

标准对话框通常包括图标区域、消息区域、输入值区域和选项按钮区域等。可以使用 JOptionPane 类的静态方法弹出一个对话框。在 JOptionPane 类中定义了几个静态方法，可以用来创建标准对话框。使用 JOptionPane 类创建的对话框都是**模态的**，每个对话框都阻塞当前线程直到用户交互结束。使用 JOptionPane 类创建的标准对话框有消息对话框、输入对话框、确认对话框和选项对话框。

使用 showInputDialog()方法可以创建输入对话框，如图 12-10 所示。使用 showMessageDialog()方法可以创建消息对话框，如图 12-11 所示。使用 showConfirmDialog()方法可以创建确认对话框，如图 12-12 所示。使用 showOptionDialog()方法可以创建选项对话框，如图 12-13 所示。

图 12-10　输入对话框

图 12-11　消息对话框

图 12-12　确认对话框

图 12-13　选项对话框

程序 12-9 实现的功能是程序运行时随机生成一个 1 到 100 的整数，要求用户通过标准对话框猜出该数。

程序 12-9　GuessNumber.java

```java
package com.boda.xy;
import javax.swing.*;
public class GuessNumber{
    public static void main(String[] args){
        int magic = -1;                    // 存放随机产生的整数
        int guess = -1;                    // 存放用户猜的数
        String s = null;
        while(true){
            magic = (int)(Math.random() * 100) + 1;
            try{
                s = JOptionPane.showInputDialog(null," 请输入你猜的数(1～100)");
                guess = Integer.parseInt(s);
                while(guess != magic ){
                    if(guess > magic)
                        JOptionPane.showMessageDialog(
                                null," 猜的数太大了!");
                    else
                        JOptionPane.showMessageDialog(
                                null," 猜的数太小了!");
```

```
                s = JOptionPane.showInputDialog(
                            null," 请输入你猜的数(1～100)");
                guess = Integer.parseInt(s);
            }
            int i = JOptionPane.showOptionDialog(
                            null," 恭喜你!答对了!\n" + "继续猜吗?",
                        "是否继续", JOptionPane.YES_NO_OPTION,
                    JOptionPane.QUESTION_MESSAGE,null,null,null);
            if(i == 0)
                continue;
            else
                break;
        }catch(NumberFormatException e){
            JOptionPane.showMessageDialog(null,"数字非法!");
            continue;
        }
    }// end while
  }
}
```

程序中使用 showInputDialog()方法接收用户输入的整数,使用 showMessageDialog() 方法为用户显示提示信息,使用 showOptionDialog()方法提示用户是否继续猜数。用户输入的数据存放在 String 变量 s 中,因此需要使用 Integer 类的 parseInt()方法转换,并且需要捕获 NumberFormatException 异常。

12.4.6　JFileChooser 类

扫一扫

视频讲解

JFileChooser 类用来创建文件对话框。有两种类型的文件对话框:打开文件对话框和保存文件对话框。打开文件对话框是用于打开文件的,保存文件对话框是用于保存文件的。

文件对话框也是模态的,即当文件对话框显示时,它阻塞程序其他部分运行,直到关闭为止。要创建文件对话框对象,可以使用 JFileChooser 类的构造方法,它的常用构造方法如下所示。

- public JFileChooser():创建一个指向用户默认目录的文件对话框对象。
- public JFileChooser(File currentDirectory):使用 File 对象指定的目录,创建一个文件对话框对象。
- public JFileChooser(String currentDirectory):使用 String 对象指定的目录,创建一个文件对话框对象。

JFileChooser 类常用的方法如下所示。

- public int showOpenDialog(Componemt parent):显示打开文件对话框,parent 为对话框的父组件,返回值类型为 int,它可以与 JFileChooser 类的常量 APPROVE_OPTION、CANCEL_OPTION 比较判断单击是哪个按钮。
- public int showSaveDialog(Component parent):显示保存文件对话框,参数的含义与打开对话框相同。
- public void setDialogTitle(String dialogTitle):设置文件对话框的标题。
- public String getDialogTitle():返回文件对话框的标题。

- public void setDialogType(int dialogType)：设置文件对话框的类型，类型有 3 种，可以通过下面的 JFileChooser 类的常量指定类型：OPEN_DIALOG、SAVE_DIALOG、CUSTOM_DIALOG。
- public int getDialogType()：返回文件对话框的类型。
- public void setCurrentDirectory(File dir)：设置当前的路径。
- public File getCurrentDirectory()：返回当前的路径。
- public void setSelectedFile(File dir)：设置当前选择的文件。
- public File getSelectedFile()：返回当前选择的文件。
- public void setFileFilter(FileFilter filter)：设置文件过滤器对象。

12.4.7 菜单组件

在大多数的图形界面程序中都提供菜单的功能。Java 语言支持两种类型的菜单：下拉式菜单和弹出式菜单。可在 Swing 的所有顶级容器(JFrame、JDialog)中添加菜单。

Java 提供了 6 个实现菜单的类：JMenuBar、JMenu、JMenuItem、JCheckBoxMenuItem、JRadioButtonMenuItem、JPopupMenu。

JMenuBar 是最上层的菜单栏，用来存放菜单。JMenu 是菜单，它由用户可以选择的菜单项 JMenuItem 组成。JCheckBoxMenuItem 和 JRadioButtonMenuItem 分别是检查框菜单项和单选按钮菜单项，JPopupMenu 是弹出菜单。

1. 下拉式菜单

在 Java 程序中实现下拉式菜单首先需要创建一个顶级容器，然后创建一个菜单栏并把它与顶级容器关联，如下所示：

```
JMenuBar jmb = new JMenuBar();           // 创建一个菜单栏对象
frame.setJMenuBar(jmb);                  // 将菜单栏与框架关联
```

然后创建菜单，然后把菜单添加到菜单栏上。可以使用下列构造方法创建菜单，下面是创建菜单的例子：

```
JMenu fileMenu = new JMenu("文件(F)");   //创建菜单
JMenu helpMenu = new JMenu("帮助(H)");
jmb.add(fileMenu);                        //将菜单添加到菜单栏上
jmb.add(helpMenu);
```

最后创建菜单项并把它们添加到菜单上，如下所示：

```
fileMenu.add(new JMenuItem("新建"));     //创建一个菜单项并添加到菜单上
fileMenu.add(new JMenuItem("打开"));
fileMenu.addSeparator();                  // 向菜单中添加一条分隔线
fileMenu.add(new JMenuItem("打印"));
```

2. 弹出式菜单

弹出式菜单是当用户在界面中右击时弹出的菜单，也叫上下文菜单。在 Java 中用

JPopupMenu 实现弹出式菜单。弹出式菜单与下拉式菜单一样,通过 add() 方法添加 JMenuItem 菜单项。

```java
JPopupMenu popupMenu = new JPopupMenu();
JMenuItem item1 = new JMenuItem("查看");
JMenuItem item2 = new JMenuItem("刷新");
popupMenu.add(item1);
popupMenu.addSeparator();
popupMenu.add(item2);
```

弹出式菜单默认是不可见的,要显示出来,则必须调用它的 show() 方法。

3. 菜单事件处理

当菜单项被选中时,将引发 ActionEvent 事件,要处理该事件,必须实现 ActionListener 接口,下面是一个简单的示例:

```java
public class ML implements ActionListener{
    public void actionPerformed(ActionEvent e){
        String m = e.getActionCommand();
        if(m.equals("关于")){
            JOptionPane.showMessageDialog(MenuDemo.this,
                "菜单案例");
        }
    }
}
```

程序 12-10 演示了下拉式菜单和弹出式菜单的使用。

程序 12-10　MenuDemo.java

```java
package com.boda.xy;
import java.awt.event.*;
import javax.swing.*;
public class MenuDemo extends JFrame implements ActionListener{
    private JMenuBar jmb;
    private JMenu fileMenu, editMenu, helpMenu;
    private JMenu fontMenu, colorMenu;
    private JMenuItem jmiNew, jmiOpen, jmiAbout;

    public MenuDemo() {
        setTitle("菜单案例");
        jmb = new JMenuBar();
        setJMenuBar(jmb);                    // 将菜单栏添加到窗口上
        fileMenu = new JMenu("文件(F)");
        fileMenu.setMnemonic('F');           // 设置热键
        editMenu = new JMenu("编辑");
        helpMenu = new JMenu("帮助(H)");
        helpMenu.setMnemonic('H');

        jmb.add(fileMenu);                   // 将菜单添加到菜单条中
        jmb.add(editMenu);
        jmb.add(helpMenu);
```

```java
        jmiNew = new JMenuItem("新建");
        jmiNew.setMnemonic('N');                    // 设置热键
        jmiNew.setIcon(new ImageIcon("images/new.gif"));
        jmiOpen = new JMenuItem("打开");
        jmiOpen.setMnemonic('O');
        jmiOpen.setIcon(new ImageIcon("images/open.gif"));

        // 为菜单项设置快捷键
        jmiOpen.setAccelerator(KeyStroke.getKeyStroke(
                    KeyEvent.VK_O, ActionEvent.CTRL_MASK));
        fileMenu.add(jmiNew);
        fileMenu.add(jmiOpen);
        fileMenu.addSeparator();
        fileMenu.add(new JMenuItem("打印"));
        fileMenu.addSeparator();
        fileMenu.add(new JMenuItem("退出"));

        fontMenu = new JMenu("字体");
        editMenu.add(fontMenu);
        fontMenu.add(new JMenuItem("正常"));
        fontMenu.add(new JMenuItem("粗体"));
        fontMenu.add(new JMenuItem("斜体"));
        editMenu.add(new JCheckBoxMenuItem("格式化"));
        colorMenu = new JMenu("颜色");
        editMenu.add(colorMenu);

        helpMenu.add(jmiAbout = new JMenuItem("关于..."));
        jmiAbout.addActionListener(this);

        JPopupMenu popupMenu = new JPopupMenu();
        JMenuItem item1 = new JMenuItem("查看");
        JMenuItem item2 = new JMenuItem("刷新");

        popupMenu.add(item1);
        popupMenu.addSeparator();
        popupMenu.add(item2);

        addMouseListener(new MouseAdapter() {
            public void mouseClicked(MouseEvent e) {
                if(e.getButton() == MouseEvent.BUTTON3) {
                    popupMenu.show(e.getComponent(),e.getX(),e.getY());
                }
            }
        });
        setSize(300, 200);
        setVisible(true);
        setLocationRelativeTo(null);
        setDefaultCloseOperation(JFrame.EXIT_ON_CLOSE);
    }
    public void actionPerformed(ActionEvent e) {
        String m = e.getActionCommand();
        if (m.equals("关于...")) {
            JOptionPane.showMessageDialog(MenuDemo.this, "菜单案例");
        }
    }
```

```
    public static void main(String[] args) {
        JFrame frame = new MenuDemo();
    }
}
```

程序的运行结果如图 12-14 所示。

图 12-14　程序 12-10 的运行结果

扫一扫

视频讲解

12.5　案例学习——八皇后问题解

1．问题描述

八皇后问题是指在一个 8×8 格的国际象棋盘上放置 8 个皇后（每个皇后只能占一个格子），使其不能互相攻击，即任意两个皇后都不能处于同一行、同一列或同一斜线上，问有多少种摆法。

2．运行结果

程序运行后首先显示棋盘，用户单击某个格子将皇后放置到棋盘上，如果某个格子不允许放置皇后，程序会显示一个标准对话框，图 12-15 是一个解。

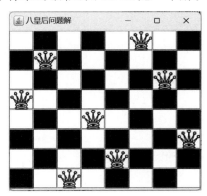

图 12-15　八皇后问题的一个解

3．设计思路

使用 Swing 组件开发八皇后问题求解的基本思路如下所示。

（1）本案例界面采用网格式布局，每个单元格放置一个按钮，每个按钮根据国际象棋的要求设置背景颜色为黑色和白色。按钮是一个 8 行 8 列的数组，代码如下所示：

```
JButton [][]cells = new JButton[8][8];
if((i+j)%2 == 0) {
      cells[i][j].setBackground(Color.WHITE);
   }else {
      cells[i][j].setBackground(Color.BLACK);
}
```

（2）为了判断某个格子是否可以放置皇后，定义一个 8 行 8 列的布尔型数组，并将每个元素的初值设置为 true，表示可以放置皇后，当该格中被放置皇后时，将该元素所在行、列以及斜行上的元素值都设置为 false，之后就不能在那些格中放置皇后。

（3）在格子中放置皇后，通过按钮的动作事件处理，当用户单击按钮时，事件处理代码首先判断该格对应的 ok 数组元素值是否是 true，如果是，将按钮的图标设置为皇后，否则弹出对话框，显示"这里不能放皇后！"消息。

（4）放置皇后通过将按钮的图标设置为皇后图片实现，代码如下所示：

```
cells[i][j].setIcon(new ImageIcon("image\\queen.jpg"));
```

程序运行后，用户通过在棋盘上单击某个格子，如果该格子允许放置皇后，则显示皇后图标，否则显示对话框。

4．代码实现

八皇后问题的实现代码如程序 12-11 所示。

程序 12-11　EightQueen.java

```java
package com.boda.xy;
import java.awt.Color;
import java.awt.GridLayout;
import java.awt.event.ActionEvent;
import java.awt.event.ActionListener;
import javax.swing.ImageIcon;
import javax.swing.JButton;
import javax.swing.JFrame;
import javax.swing.JOptionPane;

public class EightQueen extends JFrame implements ActionListener{
    JButton [][]cells = new JButton[8][8];
    boolean [][] ok = new boolean[8][8];
    public EightQueen(String title){
        super(title);
        setLayout(new GridLayout(8,8,0,0));
        for(int i = 0;i < 8;i++) {
           for(int j = 0;j < 8;j++) {
              ok[i][j] = true;
           }
        }
        for(int i = 0;i < 8;i++) {
           for(int j = 0;j < 8;j++) {
```

```java
            cells[i][j] = new JButton();
            cells[i][j].addActionListener(this);
            if((i + j) % 2 == 0) {
                cells[i][j].setBackground(Color.WHITE);
            }else {
                cells[i][j].setBackground(Color.BLACK);
            }
           add(cells[i][j]);
          }
       }
    setSize(350,350) ;
    setLocationRelativeTo(null) ;
    setDefaultCloseOperation(Jframe.EXIT_ON_CLOSE) ;
    setVisible(true) ;
   }

   public void actionPerformed(ActionEvent e){
      for(int i = 0 ;i < 8 ;i++) {
         for(int j = 0 ;j < 8 ;j++) {
            if((Jbutton)e.getSource() == cells[i][j]) {
               if(ok[i][j]) {
                 cells[i][j].setIcon(
                    new ImageIcon("image\\queen.jpg")) ;
                 ok[i][j] = false ;
                 for(int r = 0 ; r < 8 ;r++) {
                  ok[r][j] = false ;
                 }
                 for(int c = 0 ; c < 8 ;c++) {
                  ok[i][c] = false ;
                 }

                 for(int r = i,c = j ; r >= 0 && c >= 0 ; r--,c-- ) {
                   ok[r][c] = false ;
                 }

                 for(int r = i,c = j ; r < 8 && c < 8 ; r++,c++) {
                   ok[r][c] = false ;
                 }

                 for(int r = i,c = j ; r >= 0 && c < 8 ; r--,c++) {
                   ok[r][c] = false ;
                 }
                 for(int r = i,c = j ; r < 8 && c >= 0 ;r++,c-- ) {
                   ok[r][c] = false ;
                 }
              }else {
                 JoptionPane.showMessageDialog(null, "这里不能放皇后!") ;
              }
            }
         }
      }
   }
   public static void main(String[] args) {
      var frame = new EightQueen("八皇后问题解") ;
   }
}
```

扫一扫

视频讲解

12.6 案例学习——简单的日历程序

1．问题描述

使用 Swing 有关组件开发一个简单的图形界面日历程序，要求程序运行显示当前月的日历，通过组合框选择年份和月份，可显示指定年月的日历。

2．运行结果

案例的运行结果如图 12-16 所示。

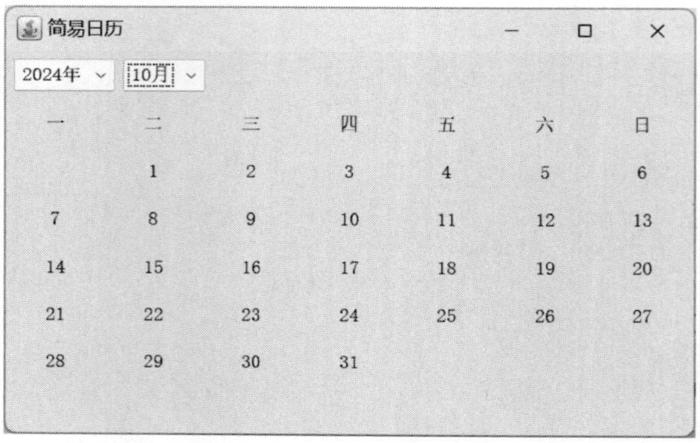

图 12-16　简单日历程序

3．设计思路

该日历程序是一个图形界面应用程序，设计思路如下所示。

（1）使用 JFrame 框架创建窗口界面，它的布局采用 BorderLayout 边界式布局，显示年月列表的组件使用两个组合框 ComboBox，并将它们添加到一个面板对象上，面板对象添加到窗口的上方。下面显示的日期部分也是一个面板对象，但它的布局设置为网格式布局。日期存放到一个标签数组中，根据年月的不同将标签的文本设置为不同的日期。

（2）为组合框定义事件监听器，当组合框的年或月改变时，根据年月的日期改变标签数组中显示的日期。

（3）日期使用 LocalDate 类计算，下面代码根据用户选择的年月创建每月的第一天日期，计算该月的天数以及第一天是星期几。

```
int y = Integer.parseInt(((String)(year.getSelectedItem())).substring(0,4));
int m = Integer.parseInt(((String)(month.getSelectedItem())).substring(0,2));
var dates = LocalDate.of(y,m,1);
var daysOfMonth = dates.lengthOfMonth();              //月天数
var dayOfWeek = dates.getDayOfWeek().getValue();      // 第一天周几
```

（4）下面代码在用户选择不同日期时在标签数组中显示不同月的日期。首先将标签的文本设置为空串，其他标签日期从 1 开始显示，一直到本月最后一天为止。

```
int n = 1;
for(int i = 0;i < 6;i++) {
  for(int j = 0;j < 7;j++) {
    day[i][j].setText("");
    if(i == 0 && j <= dayOfWeek - 2) {
      // 前面的标签不显示内容
    }else {
      // 修改标签上显示的日期
      if(n <= daysOfMonth) {
        day[i][j].setText(n + "");
        n++;
      }
    }
  }
}
```

4．代码实现

简单日历程序的实现代码如程序 12-12 所示。

程序 12-12 CalendarDemo.java

```
package com.boda.xy;
import java.awt.*;
import java.awt.event.*;
import javax.swing.*;
import java.time.LocalDate;

public class CalendarDemo extends JFrame implements ItemListener {
    JPanel top = new JPanel();
    JPanel center = new JPanel();
    JComboBox<String> year = new JComboBox<>();
    JComboBox<String> month = new JComboBox<>();
    JLabel [][]day = new JLabel[6][7];
    public CalendarDemo() {
        super("简易日历");
        // 6 行 7 列的 JLabel 数组用于显示日期
        for(var i = 0; i < 6;i++) {
            for(var j = 0;j < 7;j++) {
                day[i][j] = new JLabel("",SwingConstants.CENTER);
            }
        }
        
        for(int y = 2010;y < 2031;y++) {                    // 2010 到 2031 年
            year.addItem(y + "年");
        }
        for(int m = 1;m <= 12;m++) {                        // 显示月份
            month.addItem((m < 10?("0" + m):m) + "月");
        }
        top.setLayout(new FlowLayout(FlowLayout.LEFT));
        top.add(year);
        top.add(month);
        center.setLayout(new GridLayout(0,7,1,1));
        
        String []week = {"一","二","三","四","五","六","日"};
```

```java
            for(var i = 0;i < 7;i++) {
                center.add(new JLabel(week[i],SwingConstants.CENTER));
            }
            // 创建当前日期
            var dates = LocalDate.of(
                LocalDate.now().getYear(),LocalDate.now().getMonthValue(),1);
            var daysOfMonth = dates.lengthOfMonth();                //月天数
            var dayOfWeek = dates.getDayOfWeek().getValue();        // 第一天是周几
            int n = 1;
            for(int i = 0;i < 6;i++) {
              for(int j = 0;j < 7;j++) {
                center.add(day[i][j]);
                if(i == 0 && j <= dayOfWeek - 2) {
                  day[i][j].setText("");
                }else {
                  if(n <= daysOfMonth) {
                    day[i][j].setText(n + "");
                    n++;
                  }
                }
              }
            }

        add(top, BorderLayout.PAGE_START);
        add(center, BorderLayout.CENTER);
        year.addItemListener(this);
        month.addItemListener(this);

        setSize(450, 300);
        setLocationRelativeTo(null);
        setDefaultCloseOperation(JFrame.EXIT_ON_CLOSE);
        setVisible(true);
    }
    public void itemStateChanged(ItemEvent e) {
        int y = Integer.parseInt(
            ((String)(year.getSelectedItem())).substring(0,4));
        int m = Integer.parseInt(
            ((String)(month.getSelectedItem())).substring(0,2));

        var dates = LocalDate.of(y,m,1);                        //月的第一天
        var daysOfMonth = dates.lengthOfMonth();                //月天数
        var dayOfWeek = dates.getDayOfWeek().getValue();        // 第一天是周几

        int n = 1;
        for(int i = 0;i < 6;i++) {
            for(int j = 0;j < 7;j++) {
                day[i][j].setText("");
                if(i == 0 && j <= dayOfWeek - 2) {
                    // 前面的标签不显示内容
                }else {
                    // 修改标签上显示的日期
                    if(n <= daysOfMonth) {
                        day[i][j].setText(n + "");
                        n++;
                    }
```

```
                }
            }
        }
    }
    public static void main(String[] args) {
        try{
            UIManager.setLookAndFeel(
                    UIManager.getSystemLookAndFeelClassName());
        }catch (Exception e) {
        }
        SwingUtilities.invokeLater(new Runnable() {
            public void run() {
                new CalendarDemo();
            }
        });
    }
}
```

12.7 本章小结

本章首先介绍了 Java Swing 图形界面编程的基本技术,其中包括组件和容器的概念;容器的布局管理器,其中包括边界式布局、流式布局和网格式布局。然后介绍了事件处理方法和常用组件。

12.8 习题与实践

习题

自测题

12.9 上机实验

上机实验

参 考 文 献

[1] 沈泽刚. Java 语言程序设计[M]. 4 版. 北京：清华大学出版社，2023.
[2] 沈泽刚，伞晓丽. Java 基础入门(项目案例＋微课视频＋题库)[M]. 北京：清华大学出版社，2021.
[3] ［加］布迪·克尼亚万(Budi Kurniawan). Java 经典入门指南[M]. 沈泽刚，译. 北京：人民邮电出版社，2020.
[4] 梁勇(Y. Daniel Liang). Java 语言程序设计[M]. 戴开宇，译. 北京：机械工业出版社，2021.
[5] 凯·S. 霍斯特曼(Cay S. Horstmann). Java 核心技术 卷Ⅰ 开发基础[M]. 林琪，苏钰涵，译. 北京：电子工业出版社，2023.
[6] Bruce Eckel. Java 编程思想[M]. 4 版. 陈昊鹏，译. 北京：机械工业出版社，2007.
[7] 黑马程序员. Java 基础入门[M]. 3 版. 北京：清华大学出版社，2022.
[8] The Java Tutorials[OE]. https://docs.oracle.com/javase/tutorial/，2024.